Statistische Methoden

Springer-Verlag
Berlin Heidelberg GmbH

Statistische Methoden

Highlights aus dem Analytiker-Taschenbuch

Herausgegeben von

H. Günzler, A.M. Bahadir, R. Borsdorf, K. Danzer,
W. Fresenius, R. Galensa, W. Huber, I. Lüderwald,
G. Schwedt, G. Tölg, H. Wisser

Mit 43 Abbildungen

Springer

PROF. DR. HELMUT GÜNZLER
Bismarkstraße 4
69469 Weinheim

ISBN 978-3-642-88252-4

Die Deutsche Bibliothek – CIP-Einheitsaufnahme

Statistische Methoden : Highlights aus dem Analytiker-Taschenbuch / hrsg. von H. Günzler ...

ISBN 978-3-642-88252-4 ISBN 978-3-642-88251-7 (eBook)
DOI 10.1007/978-3-642-88251-7

NE: Günzler, Helmut [Hrsg.]

Ursprünglich erschienen bei Springer-Verlag Berlin Heidelberg New York 1996
Softcover reprint of the hardcover 1st edition 1996

SPIN: 10499227 52/3136 – 5 4 3 2 1 0 – Gedruckt auf säurefreiem Papier

Inhaltsverzeichnis

Größen- und Einheitensysteme; SI-Einheiten

Professor Dr. J. F. Cordes

Chemisch-technologisches Laboratorium
der Universität Mannheim, Schloß, D-6800 Mannheim 1

1. Historisches

Nach mehrjährigen vorbereitenden Gesprächen und Konferenzen wurde im Jahre 1875 die *Meterkonvention* als Staatsvertrag von 17 Staaten unterzeichnet; am 1. 5. 1975, nach einem Jahrhundert, waren 44 Staaten diesem metrologischen Vertragswerk beigetreten.

Vertreter der Signatarstaaten versammeln sich mindestens alle sechs Jahre in Paris zu einer Vollversammlung, der „Generalkonferenz für Maß und Gewicht" (GKMG). Ausführende Organe für die Beschlüsse der Generalkonferenzen sind das „Internationale Komitee für Maß und Gewicht" (IKMG, das aus 18 metrologischen Experten als persönlichen Mitgliedern bestehende ständige Gremium, dem die Leitung der von den Signatarstaaten der Meterkonvention beschlossenen wissenschaftlichen und technischen Arbeiten obliegt), das „Internationale Büro für Maß und Gewicht" (IBMG, ein wissenschaftliches Institut, das unter der ausschließenden Leitung des IKMG arbeitet) sowie die „Beratenden Komitees" aus wissenschaftlichen Experten, nationalen oder internationalen Instituten oder Organisationen, die das IKMG zu speziellen Fragestellungen beraten. Für die Bundesrepublik Deutschland ist die Physikalisch-Technische Bundesanstalt (PTB) das nationale metrologische Laboratorium, das in Zusammenarbeit mit dem IBMG die Einheiten im Meßwesen mit höchster Präzision herstellt und für die Bedürfnisse von Interessenten aus Wissenschaft, Wirtschaft und Industrie bereithält. Die erste GKMG ist im Jahre 1889, die sechzehnte 1979 zusammengetreten. Die GKMG-Beschlüsse über Einheiten im Meßwesen sind in den Signatarstaaten, die das metrische System gesetzlich verankert haben, mit juristischen Normen vergleichbar; zu ihrer Wirksamkeit müssen sie aber noch in nationale Gesetze umgesetzt werden.

Die Erarbeitung und Festlegung von Größen, Einheiten, Normen, Standardisierungs- und Nomenklaturvorschlägen für die verschiedenen Gebiete der Wissenschaft und Technik im Rahmen der GKMG-Vorschläge und der dazu erlassenen Gesetze und Verordnungen wird in der Bundesrepublik Deutschland insbesondere vom Deutschen Institut für Normung (DIN) und seinen zahlreichen Normen- und Fachnormenausschüssen geleistet. Dachorganisation der nationalen Normungsinstitutionen ist die Internationale Organisation für Standardisierung (ISO). Die Internationale Union für reine und angewandte Chemie (IUPAC) hat eigene Kommissionen ins Leben gerufen, die sich mit Fragen von Symbolen, Einheiten, Vereinbarungen und Nomenklaturregeln in der Chemie beschäftigen.

Von der 10. GKMG ist im Jahre 1954 ein sowohl für die Wissenschaft als auch für die Technik geltendes physikalisch-technisches Einheitensystem („Système International d'Unités" — SIU) formuliert und von der 11. GKMG 1960 für den allgemeinen internationalen Gebrauch vorgeschlagen und empfohlen worden. Im Bereich der Chemie sind die damit abgestimmten Vorschläge der „Commission on Symbols, Terminology, and Units" der „Division of Physical Chemistry" in der IUPAC zu beachten.

Für die Bundesrepublik Deutschland und für West-Berlin ist das Internationale Einheitensystem durch das am 9. 5. 1969 vom Bundestag verabschiedete, am 2. 7. 1969 verkündete und zum 2. 7. 1970 in Kraft gesetzte „Gesetz über Einheiten im Meßwesen" (Einh. G.) für den amtlichen und geschäftlichen Verkehr eingeführt worden. Die ergänzende Ausführungsverordnung vom 26. 6. 1970 ließ noch einige der nicht in das neue System passenden älteren Einheiten für begrenzte Übergangsfristen zu; die letzte darin vorgesehene Frist ist am 31. 12. 1977 abgelaufen. Inzwischen sind die Übergangsfristen für einige Einheiten durch Änderung der Ausführungsverordnung zum Einh. G. (vom 12. 12. 1977) verlängert worden.

Die internationale Diskussion um die sinnvollsten Größen und die zweckmäßigsten Einheiten ist aber keineswegs abgeschlossen. Praktisch jede neue GKMG bringt Modifikationen der bis dahin geltenden Vereinbarungen. Die Beschlüsse der 14. GKMG haben z. B. mit der Einführung der Stoffmenge als Basisgröße mit dem Mol als Basiseinheit zum „Gesetz zur Änderung des Gesetzes über Einheiten im Meßwesen" vom 6. 7. 1973 und der zugehörigen Ausführungsverordnung vom 27. 11. 1973 geführt.

2. Größen, Einheiten und Dimensionen

Die in Naturwissenschaft, Technik und Wirtschaft gebräuchlichen Maßsysteme schließt man im allgemeinen an wichtige in Raum und Zeit anschaulich erfaßbare Größen an. Unter physikalischen *Größen* versteht man meßbare Eigenschaften physikalischer Objekte, Vorgänge oder Zustände, z. B. Länge, Zeit, Masse, Geschwindigkeit, Energie usw. (DIN 1313). Eine *Einheit* ist eine aus der Menge der durch Messung miteinander vergleichbaren Größen unter Gesichtspunkten der Zweckmäßigkeit aber willkürlich ausgewählte und gemäß Übereinkunft festgelegte Bezugsgröße.

Der *Zahlenwert* einer Größe ist das Verhältnis der Größe zur Einheit oder:

$$\text{Größe} = \text{Zahlenwert} \cdot \text{Einheit}$$

Die Größe ist invariant gegenüber einem Wechsel der Einheit. Die Namen und die Formelzeichen für physikalische Größen sollen keine Hinweise auf Einheiten, in denen die Größen gemessen werden können, enthalten; die Zeichen werden in kursiver Schrift gedruckt, z. B.

Länge l, Geschwindigkeit v, Druck p.

Die Zeichen für Einheiten werden in senkrechter Schrift gedruckt (DIN 1313).

Das alte physikalische Maßsystem kannte die drei Basisgrößen Länge, Masse und Zeit (Dauer) mit den Basiseinheiten Zentimeter

Zeichen: cm), Gramm (g) und Sekunde (s); es war ein sogenanntes Dreiersystem und wurde als CGS-System bezeichnet. Unzuträglichkeiten bei der Beschreibung elektrischer Phänomene führten vor etwa 80 Jahren zu dem Vorschlag, die Stromstärke als vierte Basisgröße mit der Basiseinheit Ampere (A) einzuführen; da gleichzeitig als Basiseinheit für die Länge das Meter und als Basiseinheit für die Masse das Kilogramm gewählt wurde, sprach man vom MKSA-System. In der Praxis wurde ein anderes Vierersystem, das technische Maßsystem, mit der Kraft statt der Masse als Basisgröße und dem Kilopond (kp) als Basiseinheit verwendet. Vor allem die Schwierigkeiten beim gleichzeitigen Gebrauch von zwei (oder gar noch mehr) Basisgrößensystemen führten zu dem GKMG-Vorschlag von 1960, international ein einziges System, und zwar ein Sechsersystem, einzuführen. Schließlich ergänzte die 14. GKMG 1971 die Basisgrößen um die Stoffmenge mit der Basiseinheit Mol (mol) auf ein Siebenersystem.

Die Dimension einer Größe (DIN 1313) ist das Produkt der Potenzen der Basisgrößen, durch das die Größe dargestellt wird. Bei der Angabe der Dimension schreibt man die Größenzeichen meist in senkrechter Grotesk-Schrift:

$$\dim l = \mathsf{L}; \quad \dim v = \mathsf{L} \cdot \mathsf{T}^{-1}; \quad \dim p = \mathsf{M} \cdot \mathsf{L}^{-1} \cdot \mathsf{T}^{-2}$$

(Länge) (Geschwindigkeit) (Druck)

Ungelöste Probleme im Größensystem kann man z. B. daran erkennen, daß manche, ihrer Natur nach offensichtlich verschiedene Größen die gleiche Dimension haben.

3. Das internationale Einheitensystem und wichtige Ergänzungen

3.1. SI-Einheiten

Der Inhalt der internationalen Übereinkunft, die Übertragung — mit gewissen Modifikationen — ins Einh. G. und die Erweiterung zum System der gesetzlich zugelassenen Einheiten sei mit Betonung der für die Chemie wichtigen Teile zusammenfassend dargestellt. Man unterscheidet bei den SI-Einheiten

1. Basiseinheiten (siehe auch Tabelle 1):

a) die Basiseinheit 1 Meter für die Basisgröße Länge,
b) die Basiseinheit 1 Kilogramm für die Basisgröße Masse,
c) die Basiseinheit 1 Sekunde für die Basisgröße Zeit,
d) die Basiseinheit 1 Ampere für die Basisgröße Stromstärke,
e) die Basiseinheit 1 Kelvin für die Basisgröße Temperatur,
f) die Basiseinheit 1 Mol für die Basisgröße Stoffmenge,
g) die Basiseinheit 1 Candela für die Basisgröße Lichtstärke.

Tabelle 1. SI-Basiseinheiten

Name Zeichen	Definition
1 Meter 1 m	Das 1650763,73fache der Wellenlänge der von Atomen des Nuklids ^{86}Kr beim Übergang vom Zustand $5d_5$ zum Zustand $2p_{10}$ ausgesandten, sich im Vakuum ausbreitenden Strahlung.
1 Kilogramm 1 kg	Die Masse des Internationalen Kilogrammprototyps.
1 Sekunde 1 s	Das 9192631770fache der Periodendauer der dem Übergang zwischen den beiden Hyperfeinstrukturniveaus des Grundzustandes von Atomen des Nuklids ^{133}Cs entsprechenden Strahlung.
1 Ampere 1 A	Die Stärke eines zeitlich unveränderlichen elektrischen Stromes, der, durch zwei im Vakuum parallel im Abstand 1 Meter voneinander angeordnete, geradlinige, unendlich lange Leiter von vernachlässigbar kleinem, kreisförmigem Querschnitt fließend, zwischen diesen Leitern je 1 Meter Leiterlänge elektrodynamisch die Kraft $2 \cdot 10^{-7}$ Newton hervorrufen würde.
1 Kelvin 1 K	Der 273,16te Teil der thermodynamischen Temperatur des Tripelpunktes des Wassers.
1 Mol 1 mol	Die Stoffmenge eines Systems, das aus ebensoviel Einzelteilchen besteht, wie Atome in 12/1000 Kilogramm des Kohlenstoffnuklids ^{12}C enthalten sind. Bei Verwendung des Mol müssen die Einzelteilchen des Systems spezifiziert sein und können Atome, Moleküle, Ionen, Elektronen sowie andere Teilchen oder Gruppen solcher Teilchen genau angebbarer Zusammensetzung sein.
1 Candela 1 cd	Die Lichtstärke einer Quelle in einer gegebenen Richtung, die eine monochrometische Strahlung der Frequenz $540 \cdot 10^{12}$ Hertz ausstrahlt und deren Strahlstärke in dieser Richtung 1/683 Watt je Steradiant beträgt (Definition der 16. GKMG 1979).

2. Supplementeinheiten oder ergänzende Einheiten (Tabelle 2).

3. Abgeleitete Einheiten.

Alle abgeleiteten Einheiten sind als Produkte aus Potenzen von Basiseinheiten (und evtl. Supplementeinheiten) ohne von 1 abweichende Zahlenfaktoren definiert. Einige abgeleitete Einheiten sind in Tabelle 3

Tabelle 2. Die SI-Supplementeinheiten nach GKMG (1954). Das Einh. G. führt sie als abgeleitete Einheiten mit eigenen Namen auf.

Name Zeichen	Definition
1 Radiant 1 rd	Der ebene Winkel, der als Zentriwinkel eines Kreises vom Halbmesser 1 m aus dem Kreis einen Bogen der Länge 1 m ausschneidet. Nach Einh. G.: $1\ \mathrm{rd} = 1\ \mathrm{m} \cdot \mathrm{m}^{-1} = 1$
1 Steradiant 1 sr	Der räumliche Winkel, der als gerader Kreiskegel mit der Spitze im Mittelpunkt einer Kugel vom Halbmesser 1 m aus der Kugeloberfläche eine Kalotte der Fläche $1\ \mathrm{m}^2$ ausschneidet. Nach Einh. G.: $1\ \mathrm{sr} = 1\ \mathrm{m}^2 \cdot \mathrm{m}^{-2} = 1$

Tabelle 3. Abgeleitete SI-Einheiten

Größe	Einheitenzeichen (Potenzprodukte von Basiseinheiten)
Flächeninhalt	$1\ \mathrm{m}^2$
Volumen	$1\ \mathrm{m}^3$
Dichte	$1\ \mathrm{kg} \cdot \mathrm{m}^{-3}$
Geschwindigkeit	$1\ \mathrm{m} \cdot \mathrm{s}^{-1}$
Beschleunigung	$1\ \mathrm{m} \cdot \mathrm{s}^{-2}$
Stoffmengenkonzentration	$1\ \mathrm{mol} \cdot \mathrm{m}^{-3}$
Leuchtdichte	$1\ \mathrm{cd} \cdot \mathrm{m}^{-2}$
Winkelgeschwindigkeit	$1\ \mathrm{rad} \cdot \mathrm{s}^{-1}$

als Beispiele aufgeführt. Für manche in der Praxis viel verwendete abgeleitete Einheiten sollen eigene Namen, die von der Generalkonferenz vorgeschlagen worden sind, den Gebrauch erleichtern; sie sind in Tabelle 4 mit ihrer Verknüpfung zu den Basiseinheiten, ihren Namen und den Zeichen zusammengestellt.

Diese Einheiten bilden mit ihren Zeichen gemeinsam ein *kohärentes Einheitensystem*, das internationale Einheitensystem (SI-Einheiten).

Man hat sich bei den Generalkonferenzen bisher nicht entschließen können, die Einheiten für ebene und räumliche Winkel als Basiseinheiten festzusetzen. Sie werden als Supplementeinheiten bezeichnet; man hat ihnen aber eigene Namen und Zeichen zugeordnet. Das Einh. G. spricht sie als abgeleitete Einheiten an. Wären sie Basiseinheiten, läge ein Neunersystem vor. Dann hätten manche Größen zur Beschreibung von Rotationsvorgängen nicht mehr die gleichen Dimensionen wie andersartige rotationsfreie Größen; ein bekanntes Beispiel für diese wenig befriedigende

Tabelle 4. Abgeleitete SI-Einheiten mit eigenen Namen

Größe	Abgeleitete Einheit	
	Name Zeichen	als Potenzprodukt von Basiseinheiten
Kraft	1 Newton 1 N	$1\ \mathrm{N} = 1\ \mathrm{kg} \cdot \mathrm{m} \cdot \mathrm{s}^{-2}$
Druck	1 Pascal 1 Pa	$1\ \mathrm{Pa} = 1\ \mathrm{N} \cdot \mathrm{m}^{-2} = 1\ \mathrm{kg} \cdot \mathrm{m}^{-1} \cdot \mathrm{s}^{-2}$
Energie	1 Joule 1 J	$1\ \mathrm{J} = 1\ \mathrm{N} \cdot \mathrm{m} = 1\ \mathrm{kg} \cdot \mathrm{m}^2 \cdot \mathrm{s}^{-2}$
Leistung	1 Watt 1 W	$1\ \mathrm{W} = 1\ \mathrm{J} \cdot \mathrm{s}^{-1} = 1\ \mathrm{kg} \cdot \mathrm{m}^2 \cdot \mathrm{s}^{-3}$
Elektrische Ladung	1 Coulomb 1 C	$1\ \mathrm{C} = 1\ \mathrm{A} \cdot \mathrm{s}$
Elektrische Spannung	1 Volt 1 V	$1\ \mathrm{V} = 1\ \mathrm{W} \cdot \mathrm{A}^{-1} = 1\ \mathrm{kg} \cdot \mathrm{m}^2 \cdot \mathrm{s}^{-3} \cdot \mathrm{A}^{-1}$
Elektrischer Widerstand	1 Ohm 1 Ω	$1\ \Omega = 1\ \mathrm{V} \cdot \mathrm{A}^{-1} = 1\ \mathrm{kg} \cdot \mathrm{m}^2 \cdot \mathrm{s}^{-3} \cdot \mathrm{A}^{-2}$
Elektrische Leitfähigkeit	1 Siemens 1 S	$1\ \mathrm{S} = 1\ \mathrm{A} \cdot \mathrm{V}^{-1} = 1\ \mathrm{kg}^{-1} \cdot \mathrm{m}^{-2} \cdot \mathrm{s}^3 \cdot \mathrm{A}^2$
Elektrische Kapazität	1 Farad 1 F	$1\ \mathrm{F} = 1\ \mathrm{A} \cdot \mathrm{s} \cdot \mathrm{V}^{-1} = 1\ \mathrm{kg}^{-1} \cdot \mathrm{m}^{-2} \cdot \mathrm{s}^4 \cdot \mathrm{A}^2$
Induktivität	1 Henry 1 H	$1\ \mathrm{H} = 1\ \mathrm{V} \cdot \mathrm{s} \cdot \mathrm{A}^{-1} = 1\ \mathrm{kg} \cdot \mathrm{m}^2 \cdot \mathrm{s}^{-2} \cdot \mathrm{A}^{-2}$
Magnetischer Fluß	1 Weber 1 Wb	$1\ \mathrm{Wb} = 1\ \mathrm{V} \cdot \mathrm{s} = 1\ \mathrm{kg} \cdot \mathrm{m}^2 \cdot \mathrm{s}^{-2} \cdot \mathrm{A}^{-1}$
Magnetische Flußdichte	1 Tesla 1 T	$1\ \mathrm{T} = 1\ \mathrm{V} \cdot \mathrm{s} \cdot \mathrm{m}^{-2} = 1\ \mathrm{kg} \cdot \mathrm{s}^{-2} \cdot \mathrm{A}^{-1}$
Frequenz	1 Hertz 1 Hz	$1\ \mathrm{Hz} = 1\ \mathrm{s}^{-1}$
Aktivität	1 Bequerel 1 Bq	$1\ \mathrm{Bq} = 1\ \mathrm{s}^{-1}$
Energiedosis	1 Gray 1 Gy	$1\ \mathrm{Gy} = 1\ \mathrm{m}^2 \cdot \mathrm{s}^{-1}$
Äquivalentdosis	1 Sievert 1 Sv	$1\ \mathrm{J} \cdot \mathrm{kg}^{-1}$ (16. GKMG)
Lichtstrom	1 Lumen 1 lm	$1\ \mathrm{lm} = 1\ \mathrm{cd} \cdot \mathrm{sr}^{-1}$
Beleuchtungsstärke	1 Lux 1 Lx	$1\ \mathrm{lx} = 1\ \mathrm{lm} \cdot \mathrm{m}^{-2} = 1\ \mathrm{cd} \cdot \mathrm{sr}^{-1} \cdot \mathrm{m}^{-2}$

Koinzidenz liefern die Größen Energie E und Drehmoment M:

$$\dim E = \mathsf{M} \cdot \mathsf{L}^2 \cdot \mathsf{T}^{-2}; \quad \dim M = \mathsf{M} \cdot \mathsf{L}^2 \cdot \mathsf{T}^{-2}$$

Aber auch aus anderen Gebieten von Physik und Chemie liegen vergleichbare Fälle vor.

3.2. Die Stoffmenge und ihre Einheit Mol

Die Einführung der Stoffmenge als Basisgröße (14. GKMG von 1971) macht — wegen der Besonderheiten, die im Vergleich zu den anderen Basisgrößen mit ihrem praktischen Gebrauch verbunden sind — einige Erläuterungen erforderlich. So wie die Basisgrößen Stromstärke, Temperatur und Lichtstärke mit den Basiseinheiten 1 Ampere, 1 Kelvin und 1 Candela auf die Bedürfnisse von Teilgebieten der Physik (Elektrizitätslehre, Wärmelehre und Optik) abgestellt sind, so ist die Basisgröße Stoffmenge mit der Basiseinheit 1 Mol den Bedürfnissen der Chemie angepaßt. Der Einheitenname Mol ist von früher her übernommen worden, seine alte Definition stand aber außerhalb des damals vereinbarten Maßsystems. Er hat jetzt — wie das Wort Stoffmenge — eine modifizierte und präzisierte Bedeutung. Man kann die Stoffmenge heute auch als *Abzählgröße* ansprechen, und die Einheit Mol gibt dann jeweils eine normierte Anzahl der abzählbaren Dinge an (vgl. Abschn. 3.2.5). Von Fall zu Fall muß aber vor einer Anwendung der Einheit Mol angegeben werden, um welche abzuzählenden Teilchen (siehe Tabelle 1) bzw. elementaren Einheiten es sich handeln soll. Neben den Teilchen selber sind auch „Gruppen solcher Teilchen", die *Formeleinheiten*, zugelassen. Die früher mit dem Molbegriff eng verbundenen Namen Atomgewicht, Molekulargewicht und Äquivalentgewicht passen nicht in das neue Maßsystem und sind heute überflüssig; an ihrer Stelle sind ins System passende Größen und Einheiten eingeführt worden.

3.2.1. Atom-, Molekular- und Äquivalentgewichte; Mol und Val

Die „Atomgewichte" haben sich nach 1800 schnell zu wichtigen Kennzahlen für die Elemente entwickelt. Dabei handelte es sich aber, wenn man den Namen ernst nahm, um fiktive Größen; weder Abmessungen noch Massen von Atomen waren experimentell zugänglich. Man konnte nur feststellen, in welchen Verhältnissen makroskopische Portionen der Elemente oder Verbindungen ohne Rückstand miteinander reagieren oder welche Portionen von je zwei Stoffen zueinander chemisch äquivalent sind.

Da sich das Wasserstoffgas als der spezifisch leichteste aller bekannten Stoffe erwies, lag es nahe, von möglichst vielen Elementen die Massen (damals Gewichte) derjenigen Portionen zu ermitteln, die direkt oder indirekt mit jeweils einem Gramm Wasserstoffgas rückstandslos reagieren; man bestimmte also die auf 1 g Wasserstoff bezogenen *Äquivalentmassen* der Elemente. Der Quotient von jeweils zwei äquivalenten Massen, eine relative Masse mit der Dimension 1, bei der stets die Masse einer Wasserstoffportion im Nenner stand, wurde voreilig als „Atomgewicht“ bezeichnet.

Die Meßergebnisse jener Zeit hatten ausschließlich makroskopisch wägbare Stoffportionen zum Gegenstand, die ihrem Wesen nach nichts über einen kontinuierlichen oder diskontinuierlichen Feinbau der Materie aussagen konnten. Aufgrund der spekulationsfreien experimentellen Erfahrungen mit makroskopischen Stoffportionen waren die „Atomgewichte“ Kontinuumsgrößen. Daß die aus makroskopischen Wägungen erschlossenen Grundgesetze der Stöchiometrie unter der Annahme einer Existenz von Atomen zwanglos und elegant erklärbar waren, steht dem nicht entgegen; diese Ergebnisse waren zwar Hinweise auf, aber keine Beweise für das Vorhandensein von Atomen.

In der ersten Hälfte des 18. Jahrhunderts sind für die Ermittlung der „Atomgewichte“ neben dem Wasserstoff auch noch andere Elemente als Bezugselemente verwendet worden. Berzelius hat seinen umfangreichen Berechnungen das „Atomgewicht“ 100 für den Sauerstoff zugrunde gelegt.

Eine Klärung bahnte sich an, als um 1850 die unterschiedlichen *Wertigkeiten* der Elemente („Atomigkeiten“ nach Kekulé) in der ersten, noch primitiven Bedeutung erkannt wurden. Die Wertigkeit eines Elementes war damals eine Zahl, die angab, wieviele Wasserstoffatome direkt oder indirekt von einem Atom dieses Elementes gebunden oder verdrängt werden können.

Auf dieser Basis hat Cannizzaro den Begriffen Atom und Molekül die uns noch heute geläufige Bedeutung gegeben und die endgültige Klärung der Inhalte für diese grundlegenden Begriffe eingeleitet. Erst damit wurde eine Unterscheidung zwischen den „Atom-“, „Molekular-“ und „Äquivalentgewichten“ möglich. Das „Molekulargewicht“ war für die mehratomigen Teilchen (Einheiten bzw. Moleküle) die Summe der „Atomgewichte“ der in ihnen enthaltenen Atome, und die „Äquivalentgewichte“ ergaben sich als Quotienten aus den „Atom-“ bzw. „Molekulargewichten“ und den jeweiligen Wertigkeiten. Die internationale Verbreitung dieser neuen Ideen hat der Chemiker-Kongreß des Jahres 1860 in Karlsruhe nachhaltig gefördert.

Neben den Definitionen mit dem Diskontinuumsbild können aber auch — und grundsätzlich gleichberechtigt — solche mit Hilfe des Kontinuumsbildes herangezogen werden. In der Praxis wurde für die Ermittlung stöchiometrisch, d. h. vollständig und ohne Rückstand ablaufender Reaktionen mit individuellen Massen makroskopischer Stoffportionen gerechnet. Diese Massen wurden jeweils durch die Zahlenwerte der „Atomgewichte“, „Molekulargewichte“ oder besonders der „Äquivalentgewichte“ angegeben. Die zu den Zahlenwerten gehörenden individuellen Hilfs(massen)einheiten waren Grammatom, Grammolekül und Grammäquivalent. Als zweckmäßige Abkürzung für das Grammolekül, das „in Grammen abgewogene Molekulargewicht“ (vgl. L. Meyer, Grundzüge der theoretischen Chemie, 3. Auflage, Leipzig 1902, Seite 30), wurde der Name „Mol“ (W. Ostwald) eingeführt. Der entsprechende Name für das Grammäquivalent war das „Val“; für das Grammatom hat sich keine Abkürzung durchsetzen können (gelegentlich begegnet man dem Namen „Tom“). Alle diese Überlegungen bewegten sich im Kontinuumsbild; für ihre Begründung war die Frage nach der Existenz oder Nichtexistenz kleinster Teilchen überflüssig. Die Annahme eines diskontinuierlichen Aufbaues der Materie blieb weiterhin eine — wenn auch durch manche experimentelle Erfahrungen nahegelegte — reine Spekulation. Für die Gesamtproblematik ist es auch belanglos, wie intensiv die Naturforscher dieser Periode an die Existenz von Atomen geglaubt oder auch nicht geglaubt haben. Die Definitionen für das Grammatom usw. nahmen keinerlei Bezug auf kleinste Teilchen.

Zu den Bemühungen, die Atomvorstellung abzusichern, kann man auch die Überlegungen des Physikers J. Loschmidt (1865) zählen, der aus gaskinetischen Untersuchungen die Anzahl der kleinsten Teilchen (Atome oder Moleküle) in der Volumeinheit ermittelt hat. Bei Berücksichtigung der Regel von Avogadro ermittelte er damit auch die Teilchenanzahl in einer Portion Wasserstoff(H_2)gas von 2 Gramm unter Normalbedingungen oder in entsprechenden Portionen anderer gasiger Elemente oder Verbindungen. Der beste heute bekannte Wert dieser Avogadro-Konstanten N_L bzw. der Loschmidt-Zahl L lautet:

$$N_L = 6{,}022045 \cdot 10^{23}\ \mathrm{mol}^{-1}$$

$$L = 6{,}022045 \cdot 10^{23}$$

3.2.2. Zur Bedeutung des Namens Stoffmenge

Atome oder Moleküle kann man nicht direkt abzählen oder wiegen. Betrachtet man jedoch eine immer gleiche Anzahl von Atomen oder Molekülen verschiedener Stoffe, dann stehen die Summen der jeweiligen Massen in den makroskopischen Stoffportionen natürlich auch im Verhältnis der Atom- bzw. Molekülmassen zueinander. In der Praxis wählt man sinnvollerweise so große Teilchenanzahlen, daß eine Messung und ein Vergleich mit der Waage möglich wird. Die makroskopischen Stoffportionen können nun einerseits als Portionen des Kontinuumsbildes behandelt werden; andererseits kann man im Diskontinuumsbild ihren Aufbau aus kleinsten Teilchen betonen. Die für die Praxis wichtige Verknüpfung beider Bilder erfolgt über das Mol. Seit den Untersuchungen von Loschmidt war die Anzahl N_L der Teilchen in Stoffportionen aus 1 mol zugänglich, und umgekehrt kann seit der Zeit 1 mol als Ansammlung von L Teilchen gedeutet werden. Dem ausschließlich im Kontinuumsbild entstandenen Mol kann damit nachträglich auch das Teilchenbild übergestülpt werden; genau das ist in der Definition der Einheit 1 mol im Einh. G. geschehen. Die gelegentlich aufgeworfene Frage, ob die Stoffmenge eine Kontinuums- oder Diskontinuumsgröße sei, spricht ein Scheinproblem an; sie kann in beiden Bildern definiert werden und man wählt den jeweils zweckmäßigeren Weg.

Die Einheit Gramm zur Angabe von einem Mol eines Stoffes in der Bedeutung des früheren Grammoleküls (Ostwald) war willkürlich, aber vom allgemein verwendeten Einheitensystem her vorgezeichnet. Statt dessen hätten aber grundsätzlich genau so gut andere Einheiten gewählt werden können; geändert hätte sich dann nur der Zahlenwert der Avogadro-Konstanten N_L. Dieses Vorgehen hat den Blick dafür getrübt, daß der Chemiker beim Abwiegen von einem Mol das Abzählen der Teilchen oder die Bestimmung der Teilchenanzahl in einer makroskopischen Stoffportion durch eine Wägung — bei Gasen oft durch eine Volumenmessung — ersetzt. Vergleichbares ist bei der Temperaturmessung üblich; meist ersetzt man sie durch eine Längen- oder Volumenmessung.

3.2.3. Die Stoffportion

Die Stoffmenge ist seit 1970 im Sinne einer Teilchenanzahl offiziell als Basisgröße des international vereinbarten Größen- und Einheitensystems mit der Basiseinheit 1 Mol (SI-Einheit — Definition in Tabelle 1) definiert worden. Man sollte sich aber daran erinnern, daß das Mol schon lange vor 1970 in der Chemie an vielen Stellen — etwa bei der Angabe der Gaskonstanten — wie eine Quasi-Basiseinheit (ohne definierte Basisgröße) behandelt worden ist.

In den zurückliegenden Jahrzehnten ist aber auch häufiger darauf hingewiesen worden, daß eine derartige Verwendung des Mols eine „Erfindung" der Chemiker sei, die das Einheitensystem nicht abdecke und daher als unzulässige Erweiterung des international vereinbarten Einheitensystems angesehen werden müsse. In der Chemie wäre es andererseits sehr unzweckmäßig, stöchiometrische und thermochemische Angaben oder das Gasgesetz nur mit der Basiseinheit Gramm oder Kilogramm für die Masse auszudrücken; stöchiometrische Rechnungen würden dann sehr kompliziert.

Für die Beschreibung der Eigenschaften „abgegrenzter Materiebereiche" (DIN — Normblatt-Entwurf 32629 vom März 1978) ist daher neben der Basisgröße Masse noch eine weitere Basisgröße für die Angabe der mit der Masse gleichzeitig auftretenden Anzahl elementarer Einheiten (Atome, Moleküle usw.) sehr zweckmäßig. Aus abzählbaren kleinsten Teilchen aufgebaut zu sein, gehört also zu den möglichen meßbaren Eigenschaften einer Stoffportion. Die Diskussion um die Benennung dieser Basisgröße hat bei der IUPAC zur Bezeichnung „amount of substance" und anschließend in den deutschen Normungsgremien zu dem — u. a. wegen der im Bewußtsein vieler Chemiker verankerten Mehrdeutigkeit zweifellos nicht gerade glücklich gewählten — Namen Stoffmenge geführt.

Die Aufnahme der Stoffmenge in die Reihe der Basisgrößen hat aber die Konsequenz, daß dieser Terminus nur noch eine ganz bestimmte Bedeutung hat und — um Verwirrungen zu vermeiden — auch nur noch mit dieser Bedeutung gebraucht werden darf; er erfaßt eine meßbare Eigenschaft von Stoffen, nämlich die in einer Stoffportion enthaltene Anzahl von Teilchen in Vielfachen von N_L. Der Name Stoffmenge steht daher für andere Begriffe nicht mehr zur Verfügung; seine Verwendung an anderen Stellen führt heute zu falschen Aussagen.

Damit ergab sich insbesondere die Notwendigkeit, für die allgemeine Bezeichnung eines abgegrenzten Materiebereiches — gerade dafür ist der Name Stoffmenge in der Vergangenheit oft verwendet worden — eine neue Bezeichnung zu finden und einzuführen. Von Weninger ist 1959 dafür der Name *Stoffportion* vorgeschlagen worden. Inzwischen hat er sich in der Literatur zunehmend eingebürgert; nähere Angaben finden sich im Normblatt-Entwurf 32629. Zur vollständigen Beschreibung einer Stoffportion (z. B. „Kupferwürfel von 2 cm Kantenlänge") sind drei Angaben erforderlich:

1. zum Stoff, aus dem die Stoffportion besteht,
2. zur „Größe" der Stoffportion und
3. zur Form der Stoffportion.

In der Praxis fehlt oft die letzte Angabe („1 g Kupfer"). Eine Stoffportion hat also unter den verschiedenen meßbaren Eigenschaften, wie Masse, Volumen, Temperatur, Dichte usw. jetzt auch die eigens benannte Eigenschaft Stoffmenge, die man gelegentlich auch als „Quantität einer Stoffportion" bezeichnet.

3.2.4. Mol und Val im Kontinuums- und Diskontinuumsbild

An sich hätten alle stöchiometrischen Rechnungen mit den „Atomgewichten" und den „Molekulargewichten" sowie ihren Grammanalogen durchgeführt werden können. Aber schon die frühesten Untersuchungen über quantitative Beziehungen bei chemischen Reaktionen von J. B. Richter (1762–1807) und seinen Zeitgenossen hatten gezeigt, daß die Äquivalentgewichte" mit den zugehörigen Grammäquivalenten für den praktischen Gebrauch sehr nützlich sind; mit ihnen wurden bekanntlich die elementaren Einheiten, die auf 1 g Wasserstoff bezogenen „letzten Teilchen" bei chemischen Reaktionen erfaßt. Bei den mit Bezug zum Wasserstoff einwertigen Atomen, Ionen usw. waren die Zahlenwerte von Mol und Val gleich; bei ihnen handelte es sich um makroskopische Stoffportionen gleicher Masse. Bei mehrwertigen Gebilden ging das Val aus dem Mol durch Division durch die Wertigkeit hervor.

Mol und Val waren in diesem Bild aber verschiedene Einheiten, auch wenn das damalige Einheitensystem keine Möglichkeit zur deutlichen Unterscheidung bot; weder das Mol, noch das Val und schon gar nicht die Wertigkeit waren im vereinbarten Einheitensystem enthalten. Trotzdem hatte man es sich in der Chemie angewöhnt, mit ihnen umzugehen, als seien sie zugelassen.

Erst mit der Verifizierung des Diskontinuumsbildes wurde die Anzahl der Teilchen in einer Stoffportion eine Größe mit der man uneingeschränkt arbeiten konnte; mit dieser Größe entstand eine gemeinsame Basis, von der aus mikroskopisch-quantitative Aussagen für das Mol und das Val bei Stoffportionen möglich wurden. Wenn beide Größen mit Teilchenanzahlen definiert werden können, fließen sie zu einer Größe zusammen. Aus der Makroperspektive, im Kontinuumsbild, ist es widersinnig, Mol und Val auf eine Größe zu reduzieren; aus der Mikroperspektive, im Diskontinuumsbild, ist das eine zwangslose Folge einer sinnvollen Definition der abzählbaren Teilchen bzw. Einheiten. Ein Val wird dann zu einem Mol Äquivalente. Allerdings müssen dafür auch Bruchteile von miteinander reagierenden Teilchen chemischer Stoffe (Atome, Moleküle und deren Ionen), die Reaktionsäquivalente oder Äquivalente, für das Abzählen zugelassen werden. Nach ihrem Charakter gehören die Äquivalente zu den Formeleinheiten (Abschn. 3.2). Man kann daher über-

Tabelle 5. Einige früher in der Stöchiometrie verwendete „Größen", die durch gesetzliche Größen und Einheiten — in Anlehnung an das Internationale Einheitensystem — abgelöst worden sind

Alte „Größen"		Neue Größen mit ihren Einheiten
Atomgewicht	→	Atommasse m_a (in u oder g)
Molekulargewicht	→	Molekülmasse m_m (in u oder g)
Äquivalentgewicht	→	Äquivalentmasse m_v (in u oder g)
		Formelmasse m_g (in u oder g)
Grammatom (Tom) Grammolekül (Mol) Grammäquivalent (Val)	} →	molare Masse M (in g/mol)

legen, ob nicht auch dieser Name überflüssig geworden sei; mit Blick auf Praxis und Lehre gibt es aber gute Gründe für seine Beibehaltung. Die Einführung des Namens „Äquivalentteilchen" (DIN 32625) erscheint aber irreführend und überflüssig; die zugrunde liegende Übersetzung des englischen „equivalent entity" ist sehr unglücklich. 1 Grammatom wird zu 1 mol Atome. Bei der Verwendung der Einheit Mol muß aber von Fall zu Fall vorher festgelegt werden, welche elementare Einheit der Zählung — die durchaus über eine Massenbestimmung erfolgen kann — zugrunde gelegt werden soll.

Der Wechsel von einigen alten zu neuen Größen ist in Tabelle 5 zusammenfassend dargestellt.

3.2.5. Zur Kritik von Stoffmenge und Mol

Der Name für die Basisgröße Stoffmenge und die Definition ihrer Basiseinheit Mol im Einh. G. sind in sich widersprüchlich, unvollständig und von der ursprünglichen Konzeption her (vgl. Abschn. 3.2.2) Bestandteile des Kontinuumsbildes. Der Name Stoffmenge besteht aus einem Teil (Stoff), der nach seiner ganzen Vorgeschichte ein Begriff des Kontinuumsbildes ist, und einem zweiten Teil, der eigentlich ins Diskontinuumsbild gehört. Eine Menge ist aus diskreten Elementen zusammengesetzt. Man könnte anstelle des Namens Stoffmenge die Bezeichnung Teilchenmenge bevorzugen. Doch auch dieser Name wäre nicht vollauf zufriedenstellend. In der heutigen Mol-Definition, die sich im zweiten Teil ausdrücklich auf Teilchen bezieht, fehlen die Bruchteile von Teilchen und Teilchengruppen; diese sind aber für die Erfassung der Äquivalente unentbehrlich. Derartige Ungereimtheiten sind darauf zurückzuführen, daß das Teilchenbild nachträglich auf vorher im Kontinuumsbild geprägte Begriffe übertragen worden ist.

Besser ist die Mol-Definition im IUPAC-Manual. Dort wird statt von Teilchen von *elementaren Einheiten* (elementary units oder elementary entities) gesprochen. Die elementaren Einheiten bedürfen — wie die Teilchen im Einh. G. — von Fall zu Fall einer besonderen Spezifikation. Dann werden neben den materiellen auch immaterielleEntitäten (Photonen usw.) und auch Teile von Teilchen und Teilchengruppen erfaßbar.

Die physikalischen Größen beschreiben von ihrer Konzeption her stets Kontinuumseigenschaften. Sie können beliebig unterteilt werden. Das gilt auch, wenn eine Eigenschaft, beispielsweise die Ladung eines Elektrons, gequantelt auftritt.

Eine echte Diskontinuumsgröße ist die Anzahl. Sie erfaßt die ganzzahligen Vielfachen einer elementaren Einheit. Sie hat von ihrer Konzeption her keinen konkreten physikalischen Inhalt, sondern ist eine reine Zähl- oder Abzähleinheit; um welche Sache es sich bei der elementaren Einheit handeln soll, muß von Fall zu Fall gesondert angegeben werden. Bis in die Gegenwart im Alltagsleben verwendete abgeleitete Einheiten dieser Art sind

1 Dutzend = 12 elementare Einheiten
1 Schock = 60 elementare Einheiten
1 Gros = 144 elementare Einheiten

Damit wird deutlich, daß die heutige Anbindung des Mol im Einh. G. an $6{,}02 \cdot 10^{23}$ Teilchen vom Kenntnisstand der Chemiker vor reichlich einhundert Jahren herrührt und von den experimentellen Möglichkeiten beim Umgang mit makroskopischen Stoffportionen sowie der gängigen Masseneinheit 1 g bestimmt worden ist. Die Wahl ist zufällig; sie war damals aber kaum anders möglich.

Die Verknüpfung des Teilchenbildes mit makroskopischen Stoffportionen unterliegt aber nicht zwangsläufig diesen Einschränkungen. Ausgehend vom Teilchenbild könnte sich die Einheit der Stoffmenge statt auf 2 g Wasserstoff (H_2)-Gas oder 12 g des Nuclids ^{12}C beispielsweise auf die Teilchenanzahl in

1 l Wasserstoff (H_2)-Gas (1013 mbar und 273,15 K) oder
10 l Wasserstoff (H_2)-Gas (1000 mbar und 300 K) oder
10 g, 20 g oder 100 g Natriumfluorid oder aber direkt auf 10^{23} oder 10^{24} Teilchen

beziehen.

Der Zusammenhang zwischen beiden Bildern sei mit einigen Zahlenbeispielen verdeutlicht:

Diskontinuumsbild	**Kontinuumsbild**
Masse m(H) des Wasserstoffatoms	Molare Masse M_H des atomaren Wasserstoffs:
$m(H) = 1{,}008\ u$ $= 1{,}674 \cdot 10^{-24}\ g$	$M_H = 1{,}008$ g/mol
Masse des Wasserstoffmoleküls:	Molare Masse $M(H_2)$ des molekularen Wasserstoffs:
$m(H_2) = 2{,}016\ u$ $= 3{,}348 \cdot 10^{-24}\ g$	$M(H_2) = 2{,}016$ g/mol
Masse des Ammoniakmoleküls:	Molare Masse des Ammoniaks
$m(NH_3) = 17{,}032\ u$ $= 28{,}290 \cdot 10^{-24}\ g$	$M(NH_3) = 17{,}032$ g/mol

Der Übergang von einem Bild zum anderen sei für die molare Masse des Ammoniaks mit $1\ u = 1{,}661 \cdot 10^{-24}$ g und $N_L = 6{,}022 \cdot 10^{23}\ mol^{-1}$ gezeigt:

$$M(NH_3) = m(NH_3) \cdot N_L$$
$$= 17{,}032\ u \cdot 6{,}022 \cdot 10^{23}\ mol^{-1}$$
$$= 102{,}567 \cdot 10^{23}\ u \cdot mol^{-1}$$

aber auch

$$= 102{,}567 \cdot 10^{23} \cdot (1{,}661 \cdot 10^{-24}\ g)\ mol^{-1}$$
$$= 17{,}032\ g \cdot mol^{-1}$$

Von Weninger wird (1979) vorgeschlagen, die *Anzahl* als eine Größe eigener Art an erster Stelle in das Größensystem aufzunehmen, elementare Einheiten – um den Eindruck der Bindung an materielle Dinge zu vermeiden – als Monaden zu bezeichnen und die Basiseinheit „1" einzuführen. Bei einer konsequenten Verfolgung dieses Ansatzes, der erstmals auf die Besonderheiten des Diskontinuums abgestellt ist, wird für die aus elementaren Einheiten bestehenden Stoffe neben der jetzigen Basisgröße Stoffmenge auch deren Basiseinheit Mol im Prinzip überflüssig. Bei stöchiometrischen oder thermochemischen Rechnungen könnten sämtliche quantitativen Angaben auf die elementaren Einheiten (Monaden), die Atome, Moleküle, Äquivalente usw. und deren Anzahlen bezogen werden. Statt mit n Mol hätte man es dann mit der Anzahl $N = n \cdot L$ zu tun.

3.2.6. Anwendungen der Einheit Mol

Für die Anwendung der Einheit Mol muß stets eine Angabe über die Natur der elementaren Einheit vorhergehen, insbesondere, ob es sich um Atome, Moleküle, Ionen usw. oder Bruchteile bzw. Vielfache von ihnen handelt. Bei chemischen Verbindungen, die keine Moleküle bilden, bei Salzen oder intermetallischen Phasen, kann ganz entsprechend eine Formeleinheit (Gruppe von Teilchen nach Einh. G.) die elementare Einheit sein. Für die Wahl der Formeleinheit, die jeweils unter Gesichtspunkten der Zweckmäßigkeit erfolgt, ist kein festes Verfahren vorgeschrieben. Beim Kochsalz $(NaCl)_x$ wäre von Fall zu Fall zu entscheiden, welche der Formeleinheiten

$$NaCl, \quad Na_2Cl_2, \quad Na_{0,5}Cl_{0,5}, \quad 0{,}2\,(NaCl)$$

verwendet werden soll. Die Massen von Molekülen, Ionen, Formeleinheiten usw. ergeben sich im Rahmen der Meßungenauigkeit als Summen der Massen der in ihnen enthaltenen Atome. Teilchenmassen werden mit m (Atommassen: m_a oder m(a), Molekülmassen: m_m oder m(m) und Formelmassen: m_f oder m(f)) und molare Massen mit M (M_a oder M(a), M_m oder M(m) und M_f oder m(f)) bezeichnet.

Bei den Ionen machen sich die gegenüber dem neutralen Zustand der Atome fehlenden oder überschüssigen Elektronen bei den Massenangaben im allgemeinen erst in der 3. bis 4. Stelle hinter dem Komma bemerkbar:

$$\begin{aligned} m(e^-) &= 0{,}000\,5486\ \text{u} \\ m(\text{Al}) &= 26{,}981\,54\ \text{u} \\ m(\text{Al}^+) &= 26{,}981\,00\ \text{u} \\ m(\text{Al}^{2+}) &= 26{,}980\,44\ \text{u} \\ m(\text{Al}^{3+}) &= 26{,}979\,89\ \text{u} \end{aligned}$$

Daher ist es üblich und auch zulässig, für die Berechnung von Ionenmassen die tabellierten Werte der Atommassen zu verwenden.

Die Zusammenhänge seien an einigen konkreten Beispielen erläutert:

Wasserstoff: H_2

Das Molekül Wasserstoff besteht aus 2 H-Atomen mit den Atommassen von jeweils 1,008 u. Die Molekülmasse folgt damit zu $m(H_2) = 2{,}016$ u
1 mol $H_2 \triangleq 2{,}016$ g Wasserstoff oder $M(H_2) = 2{,}016\ \text{g} \cdot \text{mol}^{-1}$
aber: 1 *mol* $H_1 \triangleq 1{,}008$ g atomarem Wasserstoff
oder $M(\text{H}) = 1{,}008\ \text{g} \cdot \text{mol}^{-1}$

Schwefelsäure: H_2SO_4

$m_m = 2 \cdot 1{,}008\ \text{u} + 32{,}062\ \text{u} + 4 \cdot 15{,}999\ \text{u} = 98{,}076\ \text{u}$
$M(H_2SO_4) = 98{,}076\ \text{g} \cdot \text{mol}^{-1}$
aber: $M\left(\frac{1}{2}\ H_2SO_4\right) = 49{,}038\ \text{g} \cdot \text{mol}^{-1}$

Kochsalz oder Steinsalz bzw. Natriumchlorid: $(NaCl)_x$

Formeleinheit: NaCl (x = 1)
$m_f = 22{,}99\ u + 35{,}45\ u = 58{,}44\ u$
$M(NaCl) = 58{,}44\ g \cdot mol^{-1}$
oder:
Formeleinheit: Na_2Cl_2 (x = 2)
$m_f = 2 \cdot 22{,}99\ u + 2 \cdot 35{,}45\ u = 116{,}88\ u$
$M(Na_2Cl_2) = M(2\,NaCl) = 116{,}88\ g \cdot mol^{-1}$

Magnesium: Mg oder Mg^{2+}

Atommasse: $m(Mg) = m(Mg^{2+}) = 24{,}31\ u$
$M(Mg) = M(Mg^{2+}) = 24{,}31\ g \cdot mol^{-1}$
aber: $M(1/2\,Mg^{2+}) = 12{,}15\ g \cdot mol^{-1}$

Calciumchlorid: $(CaCl_2)_x$

Formeleinheit: $CaCl_2$ (x = 1)
$m_f = 40{,}08\ u + 2 \cdot 35{,}45\ u = 110{,}98\ u$
$M(CaCl_2) = 110{,}98\ g \cdot mol^{-1}$
oder:
Formeleinheit: $(1/2\,CaCl_2)$ (x = 1/2)
Formelmasse $m_f = 1/2 \cdot 40{,}08\ u + 35{,}45\ u = 55{,}49\ u$
$M(1/2\,CaCl_2) = 55{,}49\ g \cdot mol^{-1}$

Kaliumpermanganat: $(KMnO_4)_x$

$m_f = m(KMnO_4) = 39{,}10\ u + 54{,}94\ u + 4 \cdot 16{,}00\ u = 158{,}04\ u$
$M(KMnO_4) = 158{,}04\ g \cdot mol^{-1}$
$M\ (1/5\,KMnO_4) = 31{,}61\ g \cdot mol^{-1}$
$M\ (1/3\,KMnO_4) = 52{,}68\ g \cdot mol^{-1}$

3.3. Dezimale Teile und Vielfache von SI-Einheiten

Grundsätzlich könnte man sich in Wissenschaft, Technik und Handel auf die Verwendung von SI-Einheiten beschränken. In vielen Fällen ist es jedoch zur Vermeidung unhandlicher Zahlenwerte zweckmäßig, weitere Einheiten zu verwenden, die den jeweiligen Anwendungsgebieten angepaßt sind und die Bildung einfacher Zahlenwerte erlauben. Beispielsweise wäre es wenig sinnvoll, für die Angabe von Entfernungen zwischen Spiralnebeln und Abständen zwischen Atomen in einem Molekül nur die Einheit Meter zuzulassen.

Sehr große Unterschiede bei den Zahlenwerten von Meßergebnissen können mit Hilfe der dezimalen Teile und der dezimalen Vielfache von Einheiten unter Verwendung von Zehnerpotenzen als Faktoren bequem beschrieben werden. Diese Schreibweise hat sich schon seit längerem in der Praxis durchgesetzt. Zur weiteren Vereinfachung werden die Einheitennamen mit charakteristischen Vorsilben (Tabelle 6). versehen. Solche Präfixe oder Vorsätze werden im allgemeinen für solche Zehnerpotenzen eingeführt, deren Exponenten Vielfache von 3 sind. Die aus SI-Einheiten und den Vorsätzen gebildeten zweckmäßigen Einheiten (DIN 1301) sind keine SI-Einheiten mehr.

Tabelle 6. Dezimale Teile und Vielfache von SI-Einheiten bzw. Vorsätze und Vorsatzzeichen für Einheitenzeichen oder SI-Vorsätze

Faktor	Vorsatz	Vorsatz-zeichen	Herkunft der Vorsätze
10^{-18}	Atto	a	dän. atten = achtzehn
10^{-15}	Femto	f	dän. femten = fünfzehn
10^{-12}	Pico	p	ital. piccolo = klein
10^{-9}	Nano	n	grch. nanos = Zwerg
10^{-6}	Mikro	μ	grch. mikros = sehr klein
10^{-3}	Milli	m	lat. pars millesima = Tausendstel
10^{-2}	Centi	c	lat. pars centesima = Hundertstel
10^{-1}	Dezi	d	lat. decima pars = Zehntel
10^{1}	Deka	da	grch. deka = zehn
10^{2}	Hekto	h	grch. hekaton = hundert
10^{3}	Kilo	k	grch. chilioi = tausend
10^{6}	Mega	M	grch. megas = groß
10^{9}	Giga	G	grch. gigas = Riese
10^{12}	Tera	T	grch. teras = Ungeheuer
10^{15}	Peta	P	grch. pente = fünf: $10^{(5\cdot 3)}$
10^{18}	Exa	E	grch. hex = sechs: $10^{(6\cdot 3)}$

Mit einer einzelnen Basiseinheit sollen jedoch nicht zwei dieser Präfixe verbunden werden; 10^{-9} s darf als 1 ns aber nicht als 1 mμs bezeichnet werden. Das ist besonders bei der Masseneinheit kg zu beachten; die Vorsilben werden hier stets mit dem g zusammengesetzt, z. B.:

mg und nicht μkg oder Mg und nicht kkg

Um Verwechslungen — insbesondere mit der doppeldeutigen Abkürzung m — zu vermeiden, soll zwischen dem Präfix und der Basiseinheit kein Zwischenraum gelassen werden. Beide werden als ein einziges Symbol behandelt, ohne daß die Tatsache bei Potenzen durch eine Klammer verdeutlicht werden müßte:

cm^2 bedeutet $(\mathrm{cm})^2$ oder $\mu\mathrm{g}^{-1}$ bedeutet $(\mu\mathrm{g})^{-1}$

Falsch wäre auch die Wortbildung „Megakubikmeter" für $10^6\,\mathrm{m}^3$; richtig wäre die Bezeichnung „Kubikhektometer" mit dem Kurzzeichen hm^3.

In einem Produkt werden mehrere Einheiten durch einen Leerraum, einen Punkt oder ein liegendes Kreuz miteinander verknüpft:

N m (nicht Nm) oder N · m oder N × m

Die Basiseinheit m setzt man im Zweifelsfall immer an den Schluß, um eindeutig Verwechslungen zu vermeiden:

A · m statt m · A bzw. m A (oder gar mA!).

3.4. Atomphysikalische Einheiten

Es ist deutlich geworden, daß vom Einh. G. neben den SI-Einheiten noch zahlreiche weitere Einheiten zugelassen werden. Wegen ihrer besonderen Bedeutung für die Beschreibung atomarer Vorgänge ist auf Empfehlung der internationalen Gremien zusätzlich zu der schon lange gebräuchlichen atomphysikalischen *Energieeinheit* auch eine atomare *Masseneinheit* u eingeführt worden (Tabelle 7). Die Beschreibung von Zuständen und Vor-

Tabelle 7. Die atomphysikalischen Einheiten

Größe	Name Zeichen	Definition
Masse	1 Atomare Masseneinheit 1 u	Der 12te Teil der Masse eines Atoms des Nuklids ^{12}C. $1\ u = 1{,}660531\ 10^{-27}$ kg
Energie	1 Elektron-volt 1 eV	Die Energie, die ein Elektron bei Durchlaufen einer Potentialdifferenz von 1 Volt im Vakuum gewinnt. $1\ eV = 1{,}6021917\ 10^{-19}$ J

gängen bei Atomen — auch in Molekülen usw. — mit Hilfe von eigenen Einheiten, die dem atomaren Bereich angepaßt sind, ist sinnvoll und zweckmäßig. Beide Einheiten könnten auch als physikalische Konstanten aufgefaßt werden. Sie gehören nicht zu den SI-Einheiten.

Atommassen können also in den Einheiten g oder kg oder — bevorzugt — in u angegeben werden. Die Zahlenwerte der in der Einheit u angegebenen Atommassen sind die altbekannten „Atomgewichte". Entsprechendes gilt für die Molekülmassen.

3.5. Bezogene Größen und Größenverhältnisse

Bezogene Größen sind Qutienten zweier Größen verschiedener Dimension, die bei einem physikalischen Sachverhalt oder an einem Körper auftreten (DIN 5490). Der begriffliche Schwerpunkt liegt bei der Zählergröße oder Ursprungsgröße. Die Nennergröße heißt auch Bezugsgröße. Eine allgemein bekannte bezogene Größe ist die Dichte ϱ eines einheitlichen homogenen Stoffes, die volumenbezogene Masse:

Dichte: $\varrho = \frac{m}{V}$; SI-Einheit: $kg \cdot m^{-3}$ (gebräuchlich: $g \cdot cm^{-3}$)

Bezogene Größen sind von anderer Dimension als die Zählergrößen und sollen sich im Formelzeichen eindeutig von der Ursprungsgröße unterscheiden.

Zahlreiche bezogene Größen spielen in der Chemie eine erhebliche Rolle. Da die Namengebung im Verlauf der letzten beiden Jahrhunderte oft sehr unsystematisch erfolgt ist, versuchen insbesondere die Normungsgremien, die vielen alten und neuen Namen nach gemeinsamen Merkmalen zu klassifizieren und zu ordnen und überflüssige auszumerzen. Die Zusammenhänge seien an einigen wenigen Beispielen für einen einheitlichen homogenen Stoff und für ein homogenes System aus zwei Stoffen (Mischphase) beispielhaft deutlich gemacht.

Man spricht von *spezifischen Größen*, wenn die Masse die Bezugsgröße ist und die bezogene Größe eine Stoffeigenschaft beschreibt, z. B.:

spezifisches Volumen: $v = \frac{V}{m}$; SI-Einheit: $m^3 \cdot kg^{-1}$

spezifische Stoffmenge: $n_m = \frac{n}{m}$; SI-Einheit: $mol \cdot kg^{-1}$

spezifische Wärmekapazität: $c = \frac{C}{m}$; SI-Einheit: $J \cdot kg^{-1} \cdot K^{-1}$

Stoffmengenbezogene Größen werden auch als *molare Größen* bezeichnet:

molare Masse: $M = \frac{m}{n}$; SI-Einheit: $kg \cdot mol^{-1}$ (gebräuchlich: g/mol)

molares Volumen: $V_m = \frac{V}{n}$; SI-Einheit: $m^3 \cdot mol^{-1}$) (gebräuchlich: l/mol)

molare Wärmekapazität: $C_m = \frac{C}{n}$; SI-Einheit: $J \cdot mol^{-1} \cdot K^{-1}$

Stoffportionen aus homogenen Mischphasen — oft flüssige Analysenportionen — mit dem Volumen V sind in vielen Fällen aus zwei Stoffen zusammengesetzt, z. B. als Lösungen L des Stoffes A im Lösungsmittel B. Zur Charakterisierung derartiger Mischphasen werden bezogene Größen herangezogen, die auf das Gelöste, das Lösungsmittel oder auch auf die Lösung als Ganzes bezogen werden können. Schon vor längerer Zeit sind sie insgesamt als *Zusammensetzungsgrößen* bezeichnet worden (z. B. L. Holleck, Physikalische Chemie und ihre rechnerische Anwendung, Springer-Verlag, Berlin, Göttingen, Heidelberg 1950, S. 9, 62); bei der Diskussion um die Normen DIN 32625 und DIN 1310 (Neufassung) war dieser Name wieder im Gespräch. Der in den Normblattentwürfen für diesen Oberbegriff vorgeschlagene Name Gehalt ist aber mit dieser Bedeutung auch nicht in die endgültige Norm DIN 1310 vom Dezember 1979 übernommen worden; man führt ihn als Synonym für den Namen Anteil ein. Die wichtigsten Zusammensetzungsgrößen: Konzentrationen, Anteile oder Gehalte und Verhältnisse seien kurz erläutert.

Als *Konzentrationen* bezeichnet man die volumenbezogenen Größen:

Stoffmengenkonzentration: $c(A) = \frac{n(A)}{V(L)}$; SI-Einheit: $mol \cdot m^{-3}$ (gebräuchlich: mol/l)

Massenkonzentration: $\varrho(A) = \frac{m(A)}{V(L)}$; SI-Einheit: $kg \cdot m^{-3}$ (gebräuchlich: g/l)

Volumenkonzentration: $\sigma(A) = \frac{V(A)}{V(L)}$; SI-Einheit: $m^3 \cdot m^{-3}$ (gebräuchlich: l/l)

Die Stoffmengenkonzentration schließt die bisher verwendeten Größen „Molarität" und „Normalität" mit ein; beide Namen sind daher überflüssig geworden. Stoffmengenkonzentrationen werden eindeutig und unmißverständlich als Größengleichungen angegeben, z. B. in Aufschriften auf Flaschen mit Lösungen für die Maßanalyse. Einige Beispiele mögen das verdeutlichen:

Schwefelsäure mit 1 mol/l H_2SO_4 (z. B. in Wasser):

$$c(H_2SO_4) = 1\ \text{mol/l; aber ebenfalls: } c\left(\frac{1}{2}\ H_2SO_4\right) = 2\ \text{mol/l}$$

Kaliumbromatlösung mit 1/60 mol/l $KBrO_3$ (z. B. in Wasser):

$$c(KBrO_3) = \frac{1}{60}\ \text{mol/l; aber ebenfalls: } c\left(\frac{1}{6}\ KBrO_3\right) = 0{,}1\ \text{mol/l}$$

Kaliumpermanganatlösung mit 0,02 mol/l $KMnO_4$ (z. B. in Wasser):

$$c(KMnO_4) = \frac{1}{50}\ \text{mol/l; aber ebenfalls: } c\left(\frac{1}{5}\ KMnO_4\right) = 0{,}1\ \text{mol/l}$$

$$\text{aber auch: } c\left(\frac{1}{3}\ KMnO_4\right) = \frac{3}{50}\ \text{mol/l}$$

Im Hinblick auf die Komponente B der Mischphase können dann nochmals die entsprechenden bezogenen Größen ermittelt werden; das gilt auch für weitere Komponenten in Mischphasen aus mehr als zwei Stoffen.

In der Reihe dieser bezogenen Größen sollte auch noch die *Molalität* erwähnt werden. Sie wird nur bei Lösungen verwendet und ist die auf die Masse des Lösungsmittels bezogene Stoffmenge des Gelösten:

$$\text{Molalität: } b(A) = \frac{n(A)}{m(B)};\quad \text{SI-Einheit: mol} \cdot \text{kg}^{-1}$$

Bei den *Anteilen* oder *Gehalten* (DIN 1310) wird die Größe einer Komponente auf die Summe dieser Größen von allen Komponenten bezogen:

Stoffmengenanteil: (-gehalt) $x(A) = \dfrac{n(A)}{n(A) + n(B)}$; SI-Einheit: $\text{mol} \cdot \text{mol}^{-1}$

Massenanteil: (-gehalt) $w(A) = \dfrac{m(A)}{m(A) + m(B)}$; SI-Einheit: $\text{kg} \cdot \text{kg}^{-1}$

Volumenanteil: (-gehalt) $\varphi(A) = \dfrac{V(A)}{V(A) + V(B)}$; SI-Einheit: $\text{m}^3 \cdot \text{m}^{-3}$

Für diese Größen gab es früher zahlreiche verschiedene Namen, z. B. Molprozent, Molenbruch, Molgehalt, Konzentration, Gewichtsprozent, Massenprozent, Volumenprozent, Raumanteil usw. Alle diese Namen sollten in Zukunft vermieden werden. Da in Zähler und Nenner Größen gleicher Dimension auftreten, handelt es sich nicht mehr um bezogene Größen, sondern um *Größenverhältnisse*. $V(A)$ und $V(B)$ sind die Volumina der Komponenten A und B vor Herstellung der Mischphase. $V(\mathrm{A}) + V(\mathrm{B})$ ist also nur gleich $V(\mathrm{L})$, wenn beim Mischvorgang keine Volumänderung (Kontraktion oder Dilatation) auftritt; nur dann ist $\sigma(\mathrm{A}) = \varphi(\mathrm{A})$.

Auch bei den „*Verhältnissen*" in Mischphasen handelt es sich — wie schon der Name zum Ausdruck bringt — um Größenverhältnisse:

Stoffmengenverhältnis: $r = \dfrac{n(\mathrm{A})}{n(\mathrm{B})}$; SI-Einheit: $\mathrm{mol} \cdot \mathrm{mol}^{-1}$

Massenverhältnis: $\xi = \dfrac{m(\mathrm{A})}{m(\mathrm{B})}$; SI-Einheit: $\mathrm{kg} \cdot \mathrm{kg}^{-1}$

Volumenverhältnis: $\psi = \dfrac{V(\mathrm{A})}{V(\mathrm{B})}$; SI-Einheit: $\mathrm{m}^3 \cdot \mathrm{m}^{-3}$

Größenverhältnisse sind in den Naturwissenschaften sehr verbreitet; man denke nur an den Wirkungsgrad η einer Wärmekraftmaschine oder an die Durchlässigkeit τ in der Spektroskopie.

Mit Größenverhältnissen der besprochenen Art hat man es in der Analytischen Chemie sehr oft zu tun. Bei der Elementaranalyse von Verbindungen geht es beispielsweise um die Bestimmung von Massenanteilen bzw. Massengehalten. Die Elementaranalyse einer bei Zimmertemperatur flüssigen Portion eines organischen Stoffes der Masse $m = 260{,}0$ mg liefere $m(\mathrm{C}) = 104{,}0$ mg, $m(\mathrm{H}) = 17{,}5$ mg und $m(\mathrm{O}) = 138{,}5$ mg. Damit kann man die Massenanteile w (in Anlehnung an den Namen für Massenanteile bzw. -gehalte bei Mischphasen) für die drei Elemente ermitteln:

$$w(\mathrm{C}) = \frac{m(\mathrm{C})}{m(\mathrm{C}) + m(\mathrm{H}) + m(\mathrm{O})} = \frac{104{,}0\ \mathrm{mg}}{260{,}0\ \mathrm{mg}} = 0{,}4000\ \mathrm{mg} \cdot \mathrm{mg}^{-1} = 400{,}0\ \mathrm{mg} \cdot \mathrm{g}^{-1}$$
$$= 40{,}00\ \mathrm{cg/g} = 40{,}00\%$$

$$w(\mathrm{H}) = \frac{m(\mathrm{H})}{m(\mathrm{C}) + m(\mathrm{H}) + m(\mathrm{O})} = \frac{17{,}5\ \mathrm{mg}}{260{,}0\ \mathrm{mg}} = 0{,}0672\ \mathrm{mg} \cdot \mathrm{mg}^{-1} = 67{,}2\ \mathrm{mg} \cdot \mathrm{g}^{-1}$$
$$= 6{,}72\ \mathrm{cg/g} = 6{,}72\%$$

$$w(\mathrm{O}) = \frac{m(\mathrm{O})}{m(\mathrm{C}) + m(\mathrm{H}) + m(\mathrm{O})} = \frac{138{,}5\ \mathrm{mg}}{260{,}0\ \mathrm{mg}} = 0{,}5328\ \mathrm{mg} \cdot \mathrm{mg}^{-1} = 532{,}8\ \mathrm{mg} \cdot \mathrm{g}^{-1}$$
$$= 53{,}28\ \mathrm{cg/g} = 53{,}28\%$$

Diese Größen mit der Dimension 1 werden heute in der Regel als Massenprozente (evtl. noch Gewichtsprozente) bezeichnet. Bei volumetrischen Analysen von Gasen kommt man zu den Volumanteilen oder den Stoffmengenanteilen und gibt sie in Volumprozent oder in Molprozent an. Diese Angaben sollte man gemäß DIN 1310 vermeiden und — wie im obigen Beispiel — statt diesen die Größengleichungen schreiben.

Das Wort Prozent steht für ein Zahlenverhältnis oder den Zahlenwert $\frac{1}{100}$. Wenn es für den Zahlenwert eines Größenverhältnisses herangezogen wird, müssen — wenn Mißverständnisse vermieden werden sollen — die jeweiligen Größen mit genannt werden. Das geschieht — sofern die Bedeutung der Symbole für die verschiedenen Größenverhältnisse bekannt sind — einfach und eindeutig durch die Verwendung von Größengleichungen:

$$w(\mathrm{C}) = 40{,}00\ \mathrm{cg/g} \quad \text{oder} \quad w(\mathrm{C}) = 40{,}00\%$$

(Der Massenanteil des Kohlenstoffs beträgt 40,00%) usw. Entsprechendes gilt auch für den Gebrauch des Zahlenwertes $\frac{1}{1000}$ (Promille).

Insbesondere für die Angabe von sehr kleinen Mengen von Verunreinigungen in Stoffportionen (Analysenportionen) haben sich für die Zahlen-

Tabelle 8. Dezimale Bruchteile der Zahl 1 (Zahlenverhältnisse) mit ihren Kurzzeichen und Beispiele für die Angabe von Anteilen bzw. Gehalten (Größenverhältnissen) mit Einheitenverhältnissen, in denen die Zählereinheit ein dezimales Vielfaches der Nennereinheit ist

Zahlenverhältnis		Korrespondierende Einheitenverhältnisse		
Quotient	Kurzzeichen	Massenanteil $w(\mathrm{A})$	Volumenanteil $\varphi(\mathrm{A})$	Stoffmengenanteil $x(\mathrm{A})$
10^{-2}	1%	1 cg/g	1 cl/l	1 cmol/mol
10^{-3}	1%	1 mg/g	1 ml/l	1 mmol/mol
10^{-6}	1 ppm	1 µg/g	1 µl/l	1 µmol/mol
10^{-9}	1 ppb	1 ng/g	1 nl/l	1 nmol/mol
10^{-12}	1 ppt	1 pg/g	1 pl/l	1 pmol/mol

werte 10^{-6}, 10^{-9} und 10^{-12} eigene Namen eingebürgert: „part per million“ (Kurzzeichen: ppm), „part per billion“ (ppb) und „part per trillion“ (ppt). Ihr Gebrauch sollte, insbesondere wegen der international uneinheitlichen Namen für die zugrunde liegenden Zahlen (billion — Milliarde bzw. trillion — Billion), möglichst zugunsten der Größengleichungen mit den nicht weggekürzten gleichen Einheiten in Zähler und Nenner (vgl. Tabelle 8) ganz vermieden werden.

Eine besonders fragwürdige Anwendung des Wortes Prozent hat sich in der Medizin für die Angabe von Massenkonzentrationen mit der Einheit 1 mg% eingebürgert. Mit dieser Pseudoeinheit meint man 1 mg/dl. Es handelt sich — siehe oben — um eine bezogene Größe mit dimensionsverschiedenen Größen in Zähler und Nenner; die Verwendung des Zahlenwertes Prozent ist daher unsinnig. Die z. Z. in der Medizin heftig diskutierte Frage, ob statt der Massenkonzentration die Stoffmengenkonzentration verwendet werden sollte, kann hier nicht weiter verfolgt werden; sicherlich spräche — in Übereinstimmung mit Vorschlägen der Weltgesundheitsorganisation — manches dafür.

3.6. Weitere Einheiten, Einheitennamen und Kurzzeichen

Für gewisse dezimale und nichtdezimale Vielfache und Bruchteile von Einheiten sind seit langem eigene Namen gebräuchlich. Sie gehören nicht zu den SI-Einheiten; ihre Verwendung sollte auch in der Wissenschaft zugunsten der SI-Einheiten eingeschränkt werden. Es wird aber anerkannt, daß insbesondere regional manche dieser Einheiten eine beträchtliche Rolle spielen und daher nicht kurzfristig ausgemerzt werden können.

3.6.1. Gesetzlich zugelassene abgeleitete Einheiten und besondere Einheitennamen

Vom Einh. G. werden weiterhin einige alteingebürgerte abgeleitete Einheiten oder besondere Einheitennamen ausdrücklich zugelassen. Abgeleitete Einheiten der Zeit sind:

Minute (min); 1 min = 60 s
Stunde (h); 1 h = 60 min = 3600 s
Tag (d); 1 d = 24 h = 1440 min = 86400 s

Die SI-Vorsätze sollen aber nicht auf dezimale Vielfache oder Teile dieser Zeiteinheiten angewendet werden. Als ein Mangel der gesetzlichen Regelung wird gelegentlich das Fehlen des Jahres bei den Zeiteinheiten angesehen. Allerdings ist zu bedenken, daß in diesem Fall kein ganzzahliges Vielfaches der Sekunde angegeben werden kann. Für den amtlichen und geschäftlichen Verkehr wie für die Wissenschaft dürfte deshalb aber kaum ein ernsthafter Mangel vorliegen.

Als besonderer Name für das Kelvin wird aus Gründen der Zweckmäßigkeit der Grad Celsius (°C) beibehalten. Als Celsiustemperatur t wird die spezielle Differenz einer thermodynamischen Temperatur T gegenüber der

Tabelle 9. Gesetzlich zugelassene besondere Einheitennamen

Größe	Einheiten	
	Namen Zeichen	Definition
Volumen	1 Liter 1 l (1 L)[a]	$1\,\mathrm{l} = 1\,\mathrm{dm}^3 = 10^{-3}\,\mathrm{m}^3$
Masse	1 Tonne 1 t	$1\,\mathrm{t} = 1\,\mathrm{Mg} = 10^3\,\mathrm{kg}$
Druck	1 Bar 1 bar	$1\,\mathrm{bar} = 10^{-1}\,\mathrm{MPa} = 10^5\,\mathrm{Pa}$

[a] Wegen der Verwechslungsgefahr zwischen den Buchstaben l und der Zahl 1 ist von der 16. GKMG (1979) ausnahmsweise der Gebrauch beider Zeichen (1 l bzw. 1 L) zugelassen worden.

Temperatur $T_0 = 273{,}15$ K bezeichnet. Die Angabe von Temperaturdifferenzen in Grad Celsius ist zwar nach Einh. G. zulässig, trotzdem sollte die Angabe in Kelvin bevorzugt werden.

Einige weitere gesetzlich zugelassene Namen für abgeleitete Einheiten sind in Tabelle 9 zusammengestellt. Nur für eingeschränkte Anwendungsbereiche gesetzlich zugelassene besondere Namen für abgeleitete Einheiten enthält Tabelle 10.

Tabelle 10. Gesetzlich zugelassene besondere Einheitennamen für eingeschränkte Anwendungsbereiche

Größe	Einheiten	
	Name Zeichen	Definition
Flächeninhalt von Grundstücken und Flurstücken	1 Ar 1 a	1 a = 1 dam^2 = 100 m^2
	1 Hektar 1 ha	1 ha = 1 hm^2 = 100 a = 10^4 m^2
Masse von Edelsteinen	1 metrisches Karat 1 Kt	1 Kt = $2 \cdot 10^{-4}$ kg = 0,2 g
Längenbezogene Masse von textilen Fasern und Garnen	1 Tex 1 tex	1 tex = 10^{-6} kg · m^{-1} = 1 mg · m^{-1}
Brechkraft von optischen Systemen	1 Dioptrie 1 dpt	Die Brechkraft eines optischen Systems mit der Brennweite 1 m und einem Medium der Brechzahl 1 1 dpt = 1 m^{-1}

3.6.2. Vom Gesetz nicht mehr zugelassene Einheiten

Durch die gesetzliche Neuregelung sind zahlreiche bisher gebräuchliche Einheiten und Einheitennamen überflüssig geworden. Die Ausführungsverordnung zum Einh. G. hatte verschiedene Übergangsfristen (bis zum Zeitpunkt des Inkrafttretens des Gesetzes 1970, bis zum 31. 12. 1974 und bis zum 31. 12. 1977) vorgesehen, in denen sie aus dem amtlichen und geschäftlichen Gebrauch verschwinden sollten.

Alle Einheiten, Einheitennamen mit ihren Zeichen sowie weitere Einheitenzeichen, die weder im Gesetz noch der AV genannt werden, sind ebenfalls seit 1970 nicht mehr zugelassen. Einige der für die Praxis-

besonders wichtigen Fälle seien zusammengestellt; die seinerzeit eingeräumten Übergangsfristen sind in Klammern angegeben:

1. Mikron (μ): $1\ \mu = 10^{-6}$ m $= 10^{-3}$ mm $= 1\ \mu$m (1970)
2. Ångstrom (Å): 1 Å $= 10^{-10}$m $= 0{,}1$ nm $= 100$ pm (1977)
3. Zentner oder Pfund für Masse oder Gewicht (1970)
4. Grad (grd) für Temperaturdifferenzen (1974)
5. Grad Fahrenheit; Grad Rankine; Grad Reaumur (1970)
6. qmm, qcm, qdm, qkm für Flächen (1974)
7. cmm, ccm, cdm, cbm für Volumina (1974)
8. Barn (b): 1 b $= 10^{-28}$ m^2 (1977)
9. Mach (M): 1 M $= 340$ m $\cdot$ s^{-1} $= 1200$ km $\cdot$ h^{-1} (1970)
10. Dyn (dyn): 1 dyn $= 10^{-5}$ N (1977)
11. Pond (p) und Kilopond (kp): 1 kp $= 9{,}80665$ N (1977)
12. Physikalische Atmosphäre (atm): 1 atm $= 1{,}01325 \cdot 10^5$ Pa (1977)
13. Technische Atmosphäre (at): 1 at $= 98{,}0665 \cdot 10^3$ Pa (1977)
14. Absoluter Druck (ata) und Überdruck (atü) (1970)
15. Millimeter Quecksilbersäure (mm Hg oder Torr):
    1 Torr $= 133{,}3224$ Pa (1977)
16. Meter Wassersäule (mm WS, cm WS, m WS):
    1 mm WS $= 0{,}98064$ Pa (1977)
17. Erg (erg): 1 erg $= 10^{-7}$ J (1977)
18. Kalorie (cal): 1 cal $= 4{,}1868$ J (1977)
19. Pferdestärke (PS): 1 PS $= 0{,}7355$ kW (1977)

Tabelle 11. Umrechnungsfaktoren für Energieeinheiten

	J	kW · h	cal	l · atm
1 Joule (1 J = 10^7 erg)	1	$2{,}778 \cdot 10^{-7}$	0,2388	$9{,}869 \cdot 10^{-3}$
1 kW · h	$3{,}600 \cdot 10^6$	1	859845	$3{,}553 \cdot 10^4$
1 cal	4,1868	$1{,}1631 \cdot 10^{-6}$	1	$4{,}132 \cdot 10^{-2}$
1 Btu (British thermal unit)	1055,06	$2{,}931 \cdot 10^{-4}$	251,996	10,4125
1 kp · m	9,80665	$2{,}724 \cdot 10^{-6}$	2,3423	$9{,}678 \cdot 10^{-2}$
1 l · atm	$10{,}133 \cdot 10^{-3}$	$28{,}15 \cdot 10^{-6}$	24,204	1
1 eV	$1{,}602 \cdot 10^{-19}$	$4{,}450 \cdot 10^{-26}$	$3{,}826 \cdot 10^{-20}$	$1{,}581 \cdot 10^{-21}$
1 eV · $\{N_L\}$	96485	$268{,}0 \cdot 10^{-4}$	23040	952,1

$\{N_L\}$ heißt: Zahlenwert von N_L (DIN 1313)

20. Poise (P) für die dynamische Viskosität:
    1 P = 0,1 Pa · s (1977)
21. Stokes (St) für die kinematische Viskosität:
    1 St = 10^{-5} $m^2 \cdot s^{-1}$ (1977)

Inzwischen sind aber durch eine EG-Richtlinie (Amtsblatt der Europäischen Gemeinschaften Nr. L 262/204 vom 27. 9. 1976) die Verwendungsfristen u. a. für die Einheiten und Einheitennamen mit ihren Zeichen: Ångstrom, Dyn, Erg, Barn, Poise, Stokes, Doppelzentner, Physikalische Atmosphäre sowie Millimeter Quecksilbersäule (nur für Blutdruckangaben) bis zum 31. 12. 1979 hinausgeschoben worden. Nach der zweiten Verordnung zur Änderung der Ausführungsverordnung zum Einh. G. vom 12. 12. 1979 dürfen die abgeleiteten Einheiten Curie (1 Ci

Tabelle 12. Umrechnungsfaktoren für Druckeinheiten

	Pa	mm WS	atm	kcal/s
1 Pascal (Pa)	1	0,1019716	$9{,}86923 \cdot 10^{-6}$	$7{,}50062 \cdot 10^{-3}$
1 bar (= 10^{-6} dyn/cm²)	10^5	10197,16	0,986923	750,062
1 mm WS (= 1 kp/m²)	9,80665	1	$96{,}7841 \cdot 10^{-6}$	$73{,}5559 \cdot 10^{-3}$
1 at (= 1 kp/cm²)	98066,5	10^4	0,967841	735,559
1 atm	101325	10332,27	1	760
1 Torr	133,3224	$13{,}5951 \cdot 10^{-3}$	$1{,}315789 \cdot 10^{-3}$	1
1 psi	6894,76	703,070	$68{,}0460 \cdot 10^{-3}$	51,7128

Tabelle 13. Umrechnungsfaktoren für Leistungseinheiten

	W	PS	kp · m/s	kcal/s
1 Watt (W) (= 10^{10} erg/s)	1	$1{,}35962 \cdot 10^{-3}$	0,1019716	$238{,}846 \cdot 10^{-6}$
1 PS (= 75 kp · m/s)	735,400	1	75	0,1757
1 kp · m/s	9,807	$13{,}333 \cdot 10^{-3}$	1	$2{,}342 \cdot 10^{-3}$
1 kcal/s	4,1868	5,692	426,939	1

$= 37 \cdot 10^9$ Bq), Rad (1 rd $= 10^{-2}$ Gy), Rem (1 rem $= 10^{-2}$ J $\cdot$ kg^{-1}) und Röntgen (1 R $= 258 \cdot 10^{-6}$ C/kg) noch bis zum 31. 12. 1985 verwendet werden.

In den Tabellen 11—13 sind die Umrechnungsfaktoren für die wichtigsten bisher gebräuchlichen Energie-, Druck- und Leistungseinheiten ineinander und in SI-Einheiten zusammengestellt.

4. Begriff des geschäftlichen und amtlichen Verfahrens

Der Geltungsbereich des Einheitengesetzes beschränkt sich auf den amtlichen und geschäftlichen Verkehr. Zum geschäftlichen Verkehr gehören nicht nur wie bisher das Angebot, der Verkauf und die Berechnung einer Leistung, sondern darüber hinaus alles, was zur Vorbereitung und Abwicklung von Geschäften gehört, also auch die Werbung, die Auszeichnung und die Zusendung. Geschäftlicher Verkehr ist auch alles, was zur Beschreibung und zur Charakterisierung eines Produktes gesagt wird. Eine Ordnungswidrigkeit gegen die gesetzlichen Bestimmungen im geschäftlichen Verkehr kann mit einer Geldbuße geahndet werden.

Unter amtlichem Verkehr ist jeder Vorgang hoheitlicher oder verwaltender Art zu verstehen. Dazu gehört sowohl der Verwaltungsakt als auch jede sonstige hoheitliche Tätigkeit (z. B. Gesetzerlaß) und jede Verwaltungstätigkeit.

Das Gesetz ist im geschäftlichen und im amtlichen Verkehr nicht anzuwenden, wenn der Verkehr von und nach dem Ausland stattfindet oder mit der Einfuhr oder Ausfuhr unmittelbar zusammenhängt.

Für das naturwissenschaftlich-technische Fachschrifttum ist die Anwendung des Gesetzes über Einheiten im Meßwesen und seiner Ausführungsverordnung nicht verbindlich, da es nicht in den Anwendungsbereich des geschäftlichen und amtlichen Verkehrs fällt. Wissenschaftliche Untersuchungen und Publikationen sind also nicht betroffen. Trotzdem ist es wünschenswert, wenn sich die SI-Einheiten zur Erleichterung der internationalen Verständigung auch in der wissenschaftlichen Literatur möglichst bald durchsetzten.

5. Natürliche Maßsysteme und physikalische Konstanten

Es sei nochmals darauf hingewiesen, daß die Auswahl der Basisgrößen willkürlich vorgenommen wird. Irgendein tieferer, von der Natur vorgezeichneter oder im System der Physik liegender Grund für die Wahl ist nicht vorhanden.

Man hat auch schon daran gedacht, evtl. in der Natur vorkommende kleinste (elementare) Werte für Länge, Masse und Zeit als Basiseinheiten für ein „natürliches" Einheitensystem heranzuziehen. Ebenfalls ist die Frage gestellt worden, ob wichtige Naturkonstanten wie Lichtgeschwindigkeit, Gravitationskonstante, Elektronenmasse usw. für die Auswahl der Basisgrößen — mit den Konstanten selber als Basiseinheiten — eines „natürlichen" physikalischen Maßsystems geeignet wären.

Tabelle 14. Wichtige physikalische Konstanten

Lichtgeschwindigkeit im Vakuum	c	$= 2{,}99792458(1{,}2) \cdot 10^8$ m · s^{-1}
Avogadro Konstante	N_L	$= 6{,}022045(31) \cdot 10^{23}$ mol^{-1}
Atomare Masseneinheit	1u	$= 1{,}6605655(86) \cdot 10^{-27}$ kg
Ruhmasse des Elektrons	m_e	$= 9{,}109534(47) \cdot 10^{-31}$ kg
Ruhmasse des Protons	m_p	$= 1{,}6726485(86) \cdot 10^{-27}$ kg
Protonenmasse/Elektronenmasse	m_p/m_e	$= 1836{,}15152(70)$
Elementarladung	e	$= 1{,}6021892(46) \cdot 10^{-19}$ C
Ladung/Masse beim Elektron	e/m_e	$= 1{,}7588047(49) \cdot 10^{11}$ C · kg^{-1}
Ruhmasse des Neutrons	m_n	$= 1{,}6749543(86) \cdot 10^{-27}$ kg
Plancksche Konstante	h	$= 6{,}626176(36) \cdot 10^{-34}$ J · s
Rydberg Konstante	R_∞	$= 1{,}097373177(83) \cdot 10^7$ m^{-1}
Bohrsches Magneton	μ_B	$= 9{,}274078(36) \cdot 10^{-2}$ J · T^{-1}
Gravitationskonstante	G	$= 6{,}6720(41) \cdot 10^{-11}$ N · m^{2}kg^{-2}
Boltzmann Konstante	k	$= 1{,}380662(44) \cdot 10^{-23}$ J · K^{-1} · mol
Faraday Konstante (molare Ladung)	F	$= 9{,}648456(27) \cdot 10^4$ C · mol^{-1}
Gaskonstante	R	$= 8{,}31441(26)$ J · K^{-1} · mol^{-1}
Molares Volumen (idealer Gase im Normalzustand)	V_m	$= 22{,}41383(70) \cdot 10^{-3}$ m^3 · mol^{-1}
Stefan-Boltzmann Konstante	σ	$= 5{,}67032(71) \cdot 10^{-8}$ W · m^{-2} · K^{-4}
Elektrische Feldkonstante	ε_0	$= 8{,}854187818(71) \cdot 10^{-12}$ F · m^{-1}
Magnetische Feldkonstante	μ	$= 12{,}5663706144 \cdot 10^{-7}$ H · m^{-1}

Die Zahlen in den Klammern geben die Ungenauigkeit in den letzten Ziffern der Konstanten an
z. B. ist auch: $c = (2{,}99792458 \pm 0{,}000000012) \cdot 10^8$ m · s^{-1}

Die Überlegungen zu dieser Problematik „natürlicher Größensysteme" konnten aber noch nicht abgeschlossen werden. Daher müssen einstweilen für den praktischen Gebrauch die oben beschriebenen willkürlich herausgehobenen Basisgrößen mit ihren Einheiten verwendet werden. Dabei bemüht man sich um einen möglichst engen Anschluß an die anschauliche Erfahrung. Es wird deutlich, daß eine gewisse Anzahl von natürlich vorgegebenen Konstanten, die mit Hilfe eines jeden Einheitensystems quantifiziert werden können, gewissermaßen Angelpunkte des gesamten physikalischen Begriffsgebäudes sind.

Die wichtigsten physikalischen Konstanten, gemessen in SI-Einheiten, enthält Tabelle 14.

Für zahlreiche Hinweise und Anregungen bei der Abfassung des Manuskriptes danke ich den Herren J. Weninger und W. Dierks vom Institut für die Pädagogik der Naturwissenschaften an der Universität Kiel sowie Herrn Dr. E. Merkel vom Ausbildungslaboratorium der BASF Aktiengesellschaft.

Korrelationsfunktionen in der Analytik

Prof. Dr. K. Doerffel, Dipl.-Chem. A. Wundrack

Technische Hochschule „Carl Schorlemmer" Leuna-Merseburg
D-06217 Merseburg

Einleitung

Analysenwerte fallen häufig als eine Reihe von Meßdaten in Abhängigkeit von der Zeit t (oder vom Ort r) an. Zwischen den Daten einer solchen Reihe besteht ein mehr oder weniger stark ausgeprägter Verbundenheitsgrad. Diesen Verbundenheitsgrad innerhalb einer Meßreihe oder auch zwischen verschiedenen Meßreihen zu beschreiben, gelingt mit Hilfe von Korrelationsfunktionen.

Erste Anwendungen von Korrelationsfunktionen finden sich in der Nachrichten- und Radartechnik zum Nachweis periodischer Signale im Rauschen [1]. Vereinzelte Anwendungen werden beschrieben z. B.

in der Seismologie oder in der Medizin bei der Auswertung von Elektroenzephalogrammen [2]. Eine breite Anwendung finden Korrelationsfunktionen zur Charakterisierung technischer Systeme (Systemanalyse) [3, 4]. In der Analytik wurden Korrelationsfunktionen anfänglich zur Verbesserung des Signal-Rausch-Verhältnisses genutzt. Durch Verbindung mit Aspekten der Systemtheorie gelingt es darüber hinaus, die analytische Auflösung oder auch das zeitliche bzw. räumliche Auflösungsvermögen zu verbessern.

Der vorliegende Artikel soll eine Einführung in die Theorie der Korrelationsfunktionen geben und Anwendungsmöglichkeiten aufzeigen.

1 Theoretische Grundlagen

Zeitabhängig oder raumabhängig registrierte Meß- oder Analysenwerte x(t) bzw. x(r) sind häufig zufällig schwankende Funktionen. Zur Charakterisierung der Zeitfunktion x(t) bzw. der raumabhängigen Funktion x(r) verwendet man den linearen Mittelwert (Moment 1. Ordnung) und den quadratischen Mittelwert (Moment 2. Ordnung) (Gl. 1a, 1b):

$$\overline{x(t)} = \frac{1}{2T} \int_{-T}^{+T} x(t)\, dt \tag{1a}$$

$$\overline{x^2(t)} = \frac{1}{2T} \int_{-T}^{+T} x^2(t)\, dt \tag{1b}$$

x(t) zeitabhängiger Analysenwert
T Beobachtungszeitraum

Der lineare Mittelwert $\overline{x(t)}$ (Gl. 1a) entspricht dem Mittelwert punktueller Messungen. Bei nichtperiodischen Signalen ist für $\overline{x(t)}$ der Grenzwert für $T \to \infty$ zu bilden. Berechnet man für jeden Momentanwert x(t) die Differenz zum linearen Mittelwert $\overline{x(t)}$ und anschließend den Mittelwert der Differenzen, so erhält man den linearen Mittelwert des zentrierten Signals.

$$\overline{x_z(t)} = \overline{x(t) - \overline{x(t)}} \tag{1c}$$

Für die Analyse stochastischer Prozesse (z. B. Rauschen) werden stets zentrierte Werte vorausgesetzt, d. h. $\overline{x_z(t)} = 0$. Solche Prozesse bezeichnet man auch als zentrierte Prozesse. Der quadratische Mittelwert zentrierter Prozesse entspricht der Varianz punktueller Meßwerte. Bei Signalen mit definierten Signalformen ist eine Zentrierung nicht sinnvoll.

1.1 Autokorrelationsfunktion

Innerhalb einer Meßwertreihe (Datenfolge) besitzen die Daten unterschiedliche Verwandtschaft. Diese kann als Funktion des zeitlichen (bzw. räumlichen) Abstandes, die Autokorrelationsfunktion (AKF), dargestellt werden (Gl. 2).

$$\psi_{xx}(\tau) = \lim_{T \to \infty} \frac{1}{2T} \int_{-T}^{+T} x(t)\, x(t-\tau)\, dt \qquad (2)$$

$x(t)$	Momentanwert zum Zeitpunkt t bzw. Meßwert eines räumlichen Punktes
$x(t-\tau)$	Momentanwert bei $t - \tau$
τ	zeitlicher oder räumlicher Abstand zweier Meßwerte
T	Gesamtzeit

Die AKF ist das zeitgemittelte Produkt eines Momentanwertes $x(t)$ mit einem um die zeitliche (oder räumliche) Differenz τ verschobenen Wert derselben Datenfolge. Die Funktionswerte $\psi_{xx}(\tau)$ sind ein Maß für den statistischen Zusammenhang zwischen zwei Augenblickswerten der zeit- oder raumabhängigen Funktion im Abstand τ. Für $\tau = 0$ muß die Autokorrelationsfunktion ein Maximum besitzen, weil die Korrelation jedes Punktes in $x(t)$ mit sich selbst erfolgt. Mit wachsender relativer Verschiebung τ nimmt die Korrelation zwischen den Werten der Funktion $x(t)$ $(x(r))$ ab. Die Autokorrelationsfunktion ist symmetrisch zum Punkt $\tau = 0$, d. h., sie ist eine gerade Funktion. Bei aperiodischen Signalen klingt der Funktionsverlauf exponentiell ab (Abb. 1) und strebt für $\tau \to \infty$ gegen Null. Zeitabhängige stochastische Prozesse werden oft durch die Korrelationszeit T_c charakterisiert. Sie entspricht dem Zeitabstand τ, für den $\psi_{xx}(\tau)$ gegen Null strebt. Zwei Meßwerte $x(t)$ und $x(t-\tau)$ mit $\tau > T_c$ gelten als unkorreliert, d. h. als statistisch unabhängig. Näherungsweise definiert man die Korrelationszeit für den Funktionswert $\psi_{xx}(\tau) = \psi_{xx}(\tau = 0)/e$. Ein ideal zufälliges Signal (z. B. weißes Rauschen) besitzt die Korrelationsdauer $T_c = 0$. Die AKF ist in diesem Fall eine Delta-Funktion. Sollen stochastische Prozesse durch ihre AKF charakterisiert werden, muß man Stationarität des Prozesses voraussetzen. Stationäre stochastische Prozesse besitzen einen konstanten linearen Mittelwert. Damit ist ihre AKF nur von der Zeitdifferenz $\tau = t_2 - t_1$ der gemessenen Augenblickswerte abhängig. Zur Prüfung auf Stationarität halbiert man die Originaldatenfolge. Aus den n_1 bzw. n_2 Werten $(n_1 = n_2)$ berechnet man

$$\bar{x}_1 = \sum_1^{n_1} x_{i_1}/n_1 \qquad \bar{x}_2 = \sum_1^{n_2} x_{i_2}/n_2$$

$$s_1^2 = \frac{\sum (x_{i_1} - \bar{x}_1)^2}{n_1 - 1} \qquad s_2^2 = \frac{\sum (x_{i_2} - \bar{x}_2)^2}{n_2 - 1}$$

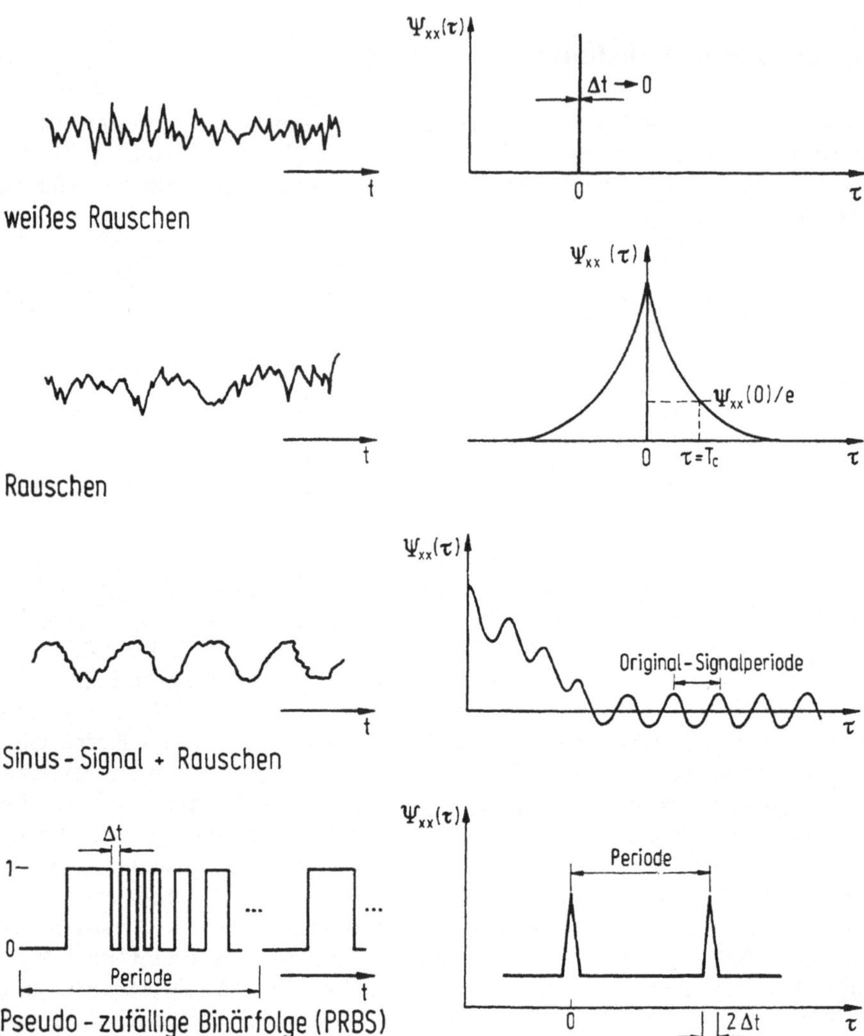

Abb. 1. Signale und ihre Autokorrelationsfunktionen

Falls $s_1 \approx s_2$ bildet man

$$s^2 = \frac{s_1^2 + s_2^2}{2}$$

$$f = n_1 + n_2 - 2\ \mathrm{FG}$$

und prüft nach

$$t = \frac{|\bar{x}_1 - \bar{x}_2|}{s} \sqrt{\frac{n}{2}}$$

Instationarität gilt erwiesen für $t > t(P, f)$. Die Autokorrelationsfunktion kann auf ihren Wert für $\tau = 0$ bezogen werden. Man bezeichnet diese Form als die normierte Autokorrelationsfunktion.

$$\rho_{xx}(\tau) = \psi_{xx}(\tau)/\psi_{xx}(\tau = 0) \tag{3}$$

Die Korrelationsdauer T_c ist dann für $\rho_{xx}(\tau) = \frac{1}{e}$ definiert.

Eine periodische Funktion (Datenfolge) hat ein gänzlich anderes Autokorrelogramm. Da die AKF die innere Verwandtschaft im Verlauf einer Datenfolge aufdeckt, treten in $\psi_{xx}(\tau)$ periodisch Extremwerte auf. Die Periodizität ist der der Ausgangsfunktion identisch. Die maximale Amplitude einer periodischen AKF entspricht dem quadratischen Mittelwert der Originaldaten. Allerdings geht bei der Autokorrelation wegen der zeitlichen Mittelung die Phaseninformation der Ausgangsfunktion verloren. Autokorrelationsfunktionen beliebiger periodischer Funktionen haben ähnliche Eigenschaften, da jede periodische Funktion als Summe von Sinusfunktionen dargestellt werden kann. Daher ist ohne Zusatzinformation über die Gestalt der Originalfunktion aus der AKF nicht das Originalsignal zurückzugewinnen.

1.2 Kreuzkorrelationsfunktion

Die Kreuzkorrelation verknüpft Daten zweier verschiedener Datenquellen x(t) und y(t) bzw. x(r) und y(r) miteinander und betrachtet die statistische Verwandtschaft zwischen beiden Datenserien als Funktion der relativen zeitlichen oder räumlichen Verschiebung τ. Die einzelnen Kreuzkorrelationskoeffizienten ψ_{xy} gegen τ dargestellt, ergeben die Kreuzkorrelationsfunktion (KKF) (Gl. 4). Sie wird in Analogie zur AKF als gemitteltes Produkt zweier verschiedener zeitlich oder räumlich zueinander verschobener Funktionen definiert:

$$\psi_{xy}(\tau) = \lim_{T\to\infty} \frac{1}{2T} \int_{-T}^{+T} x(t)\, y(t - \tau)\, dt \tag{4}$$

Die Funktionswerte $\psi_{xy}(\tau)$ sind ein Maß für die statistische Verwandtschaft zwischen den Werten der Funktionen x und y im relativen Abstand τ. Statistische Ähnlichkeiten zwischen beiden Funktionen führen im Kreuzkorrelogramm zu Extremwerten (Maximum: positive Korrelation; Minimum: negative Korrelation). Für zwei zufällige Funktionen resultiert als KKF eine Konstante. Sie ist das Produkt der einzelnen Mittelwerte dieser Funktionen. Im Fall, daß einer dieser Mittelwerte gegen Null geht, strebt die gesamte KKF gegen den Funktionswert Null.

Liegen zwei periodische Zeitfunktionen vor, so können aus dem Kreuzkorrelogramm die in beiden Zeitfunktionen gemeinsamen Frequenzkomponenten identifiziert werden. Die Amplitude von $\psi_{xy}(\tau)$ ist das Produkt der Amplituden von x(t) und y(t). So erhält man beispielsweise bei der Kreuzkorrelation einer Sinusfunktion mit einer Rechteckfunktion gleicher Frequenz eine sinusförmige KKF, deren Amplitude dem Mittelwert des Produktes der Amplituden beider Ausgangsfunktionen entspricht. Im Gegensatz zur AKF ist die KKF keine gerade Funktion.

Es gilt jedoch

$$\psi_{xy}(-\tau) = \psi_{yx}(\tau) \tag{5}$$

Auto- und Kreuzkorrelationsfunktion werden in der Literatur nicht einheitlich definiert [3, 4, 5]. Im Falle zentrierter stochastischer Meßwerte müßte man beide Funktionen exakt als normierte Kovarianzfunktionen (vgl. Gl. 6 für die Autokovarianzfunktion, ACVF) definieren [6].

$$\text{ACVF:}\quad \gamma_{xx}(\tau) = E\{[x(t) - \mu]\,[x(t + \tau) - \mu]\} \tag{6}$$

$E\{\}$ Erwartungswert
μ wahrer Wert der Datenserie, näherungsweise zeitlicher (bzw. räumlicher) Mittelwert der Datenserie

Die AKF ergibt sich dann als normierte ACVF.

$$\psi_{xx}(\tau) = \gamma_{xx}(\tau)/\gamma_{xx}(\tau = 0) \tag{7}$$

Die Kreuzkovarianzfunktion (KCVF) entspricht für $\tau = 0$ der Kovarianz der Zufallsvariablen x und y. Die KKF kommt für $\tau = 0$ dem Korrelationskoeffizienten punktueller Messungen gleich. In der Mehrzahl analytisch-chemischer Publikationen wird die Darstellungsweise des vorliegenden Artikels (Gl. 2, 4) benutzt.

1.3 Berechnung von Korrelationsfunktionen

Zur digitalen Berechnung von Korrelationsfunktionen verwendet man eine Näherungsgleichung (z. B. für die Kreuzkorrelation):

$$\psi_{xy}(\tau) = \frac{1}{T} \sum_{t=0}^{T-1} x(t)\, y(t - \tau) \tag{8}$$

$\tau = i \cdot \Delta t$ T Gesamtmeßzeit
$T = n \cdot \Delta t$ Δt Zeitabstand zwischen zwei Meßwerten
$i = 0, 1, \ldots, n/4$ $y = x \rightarrow$ AKF: $\psi_{xx}(\tau)$

Für begrenzte Datenmengen gilt:

$$\psi_{xy}(\tau) = \frac{1}{T - \tau} \sum_{t=0}^{T-\tau-1} x(t)\, y(t - \tau) \tag{9}$$

Auto- und Kreuzkorrelationsfunktionen können mit speziellen Korrelatoren ermittelt werden (Kreuzkorrelator siehe Abb. 2. Für einen Autokorrelator sind die beiden Eingangsfunktionen identisch). Detaillierte Beschreibungen kommerzieller Korrelatoren findet man in [3, 7, 8, 9]. Während die allerersten teuren Hardware-Korrelationscomputer nur eine punktweise Ermittlung von Korrelogrammen gestatteten, bieten moderne

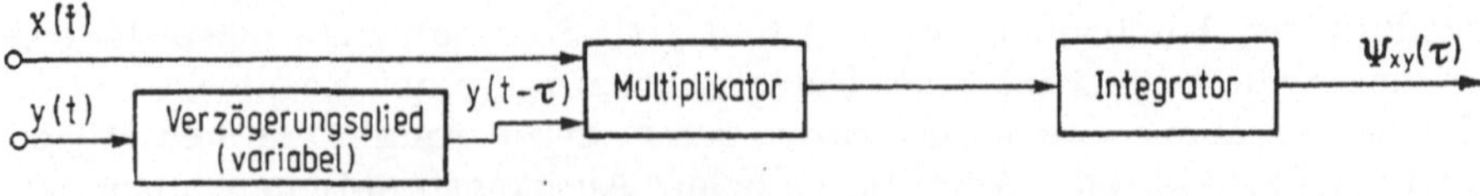

Abb. 2. Blockschema eines Kreuzkorrelators

Digitalrechner über relativ billige Software-Systeme eine bequeme Berechnung von Korrelationsfunktionen [10]. Die notwendigen Programme sind in den Rechenzentren vorhanden. Zunehmende Bedeutung gewinnt die Ausführung der Korrelationsoperationen in Echtzeit. Da die Ermittlung von Korrelationsfunktionen trotz moderner Digitalrechner nach der klassischen Korrelationstheorie einen nicht zu vernachlässigenden Zeitaufwand erfordert, nutzt man meist auf der Fourier-Transformation basierende Methoden. Die Entwicklung der schnellen Fourier-Transformation (FFT) von Cooley und Tukey (1965) [11] sowie die moderne Computertechnik erlauben heute eine Echtzeitberechnung von Korrelationsfunktionen. Grundlage ist das Wiener-Chinchine-Theorem, nach dem Autokorrelationsfunktion $\psi_{xx}(\tau)$ und spektrale Leistungsdichte $S_{xx}(\omega)$ über die Fourier-Transformation ineinander umgeformt werden können. Im Falle der AKF gilt

$$S_{xx}(\omega) = \frac{1}{2\pi} \int_{-\infty}^{+\infty} \psi_{xx}(\tau)\, e^{-j\omega\tau}\, d\tau = \frac{1}{2\pi} \mathfrak{F} \{\psi_{xx}(\tau)\} \tag{10}$$

Die Leistungsdichte $S_{xx}(\omega)$ dient bei der Untersuchung nicht determinierter Signale (z. B. Rauschen) als Kennwert im Frequenzbereich. Sie enthält ebenso wie die AKF keine Phaseninformation.

Eine äquivalente Beziehung existiert für die KKF. Man erhält die Kreuzleistungsdichte $S_{xy}(\omega)$.

$$S_{xy}(\omega) = \frac{1}{2\pi} \int_{-\infty}^{+\infty} \psi_{xy}(\tau)\, e^{-j\omega\tau}\, d\tau = \frac{1}{2\pi} \mathfrak{F} \{\psi_{xy}(\tau)\} \tag{11}$$

Diese besitzt jedoch keine so eindeutige physikalische Bedeutung wie die spektrale Leistungsdichte. Während aus der AKF die mittlere Leistung eines Signals und aus der spektralen Leistungsdichte die Leistung jeder Frequenzkomponente entnommen werden kann, gestattet ein hoher Wert in $S_{xy}(\omega)$ keine Unterscheidung, ob dieser Wert von der engen Verwandtschaft zwischen beiden Zeitfunktionen oder von einem sehr hohen Wert (Amplitude) in einer der beiden Funktionen verursacht wird. Zur Ermittlung der AKF bzw. KKF über die Fourier-Transformationsmethode müssen für die Funktionen x(t) bzw. x(t) und y(t) die Fourier-Transformationen $S_x(\omega)$ bzw. $S_y(\omega)$ berechnet werden. Nach Multiplikation der Fourier-Transformierten $S_x(\omega)$ mit der komplex konjugierten Fourier-Transformierten $S_x(\omega)^*$ und inverser Fourier-Transformation, der als Produkt erhaltenen spektralen Leistungsdichte $S_{xx}(\omega)$, resultiert die AKF. Im Falle der KKF erfolgt die Berechnung analog, jedoch unter Einbeziehung der komplex konjugierten Form von $S_y(\omega)$.

Auf Mikroprozessoren basierende Korrelatoren nutzen spezielle Arithmetikprozessoren, deren Arbeitsgeschwindigkeit etwa das 100fache gewöhnlicher Zentralverarbeitungseinheiten (CPU) beträgt. Damit ist eine Echtzeitberechnung von Korrelationsfunktionen auch nach der klassischen Korrelationstheorie möglich. Andererseits wurden Koprozessoren bzw. Signalprozessoren für die schnelle Fourier-Transformation und für Filterprozesse entwickelt, die wesentlich höhere Verarbeitungsgeschwindigkeiten gegenüber Software-Systemen aufweisen [12, 13]. Probleme der Fourier-Transformation und auf Korrelation basierender Datenverarbeitung werden in [14] ausführlich behandelt.

2 Anwendungen

2.1 Verbesserung des Signal-Rauschverhältnisses

Bei vielen Aufgabenstellungen hat der Analytiker intensitätsschwache Signale auszuwerten, die sich aus dem Rauschen kaum abheben oder die im Rauschen verborgen sind. Für alle diese Aufgabenstellungen muß das Signal-Rausch-Verhältnis drastisch verbessert werden. Dazu ist es erforderlich, Rauschvorgänge in geeigneter Weise zu charakterisieren und aus den solcherart beschriebenen Rauschvorgängen Meßstrategien abzuleiten.

2.1.1 Charakterisierung von Rauschprozessen

Analysensignale bestehen aus einem dem Analyten entsprechenden Nutzsignal mit additiv überlagerten Störungen (Rauschen). Das Rauschen resultiert aus der Wirkung verschiedener Rausch- oder Störquellen und zeigt keine einheitlichen Eigenschaften. Je nach Ursache besitzt das Rauschen mehr oder weniger zufälligen Charakter (z. B. thermisches Rauschen elektronischer Baugruppen) oder auch periodische Komponenten (Flickerrauschen, Impulsrauschen). Zu seiner Charakterisierung verwendet man die graphische Darstellung der Rauschleistung als Funktion der Frequenz (Rauschleistungsspektrum). Die Autokorrelationsfunktion (Gl. 2) liefert eine diesem Frequenzspektrum äquivalente Aussage für den Zeitbereich [15—18]. Während das Rauschleistungsspektrum die Rauschleistung jeder einzelnen Frequenzkomponente charakterisiert, liefert die AKF die Korrelationsdauer T_c (vgl. 1.1) und das Signal-Rausch-Verhältnis (Gl. 12).

Korrelationszeit. Ein ideales weißes Rauschen bei dem alle Frequenzen gleichverteilt sind und bei dem alle einzelnen Meßwerte unkorreliert sind, ergibt eine nach Null strebende Korrelationszeit. Niederfrequente Rauschanteile bewirken eine langsam abklingende Autokorrelationsfunktion mit großer Korrelationsdauer. Periodische Rauschanteile lassen sich durch Periodizitäten in der AKF erkennen.

Zum Gesamtrauschen eines Gerätes tragen sämtliche einzelne Rauschkomponenten bei. Damit eignet sich die AKF zur Überprüfung des technischen Zustandes von Geräten. Verschleißerscheinungen führen allgemein zum Auftreten zusätzlicher niederfrequenter Rauschkomponenten und damit zu einer Erhöhung der Korrelationszeit T_c. Aus dem Vergleich der Autokorrelogramme eines Gerätes bei Inbetriebnahme und nach längerer Laufzeit können sich anbahnende Störungen schon frühzeitig erkannt werden. Beispielsweise erhöhte ein unregelmäßiger Ansatz der Bogensäule des stabilisierten Gleichstrombogens (Atomemissionsspektrometrie) infolge Abnutzungserscheinungen an den Elektroden den Anteil der niederen Frequenzen des Rauschens. Dies führte zu einer deutlichen Vergrößerung der Korrelationsdauer (Abb. 3). Die

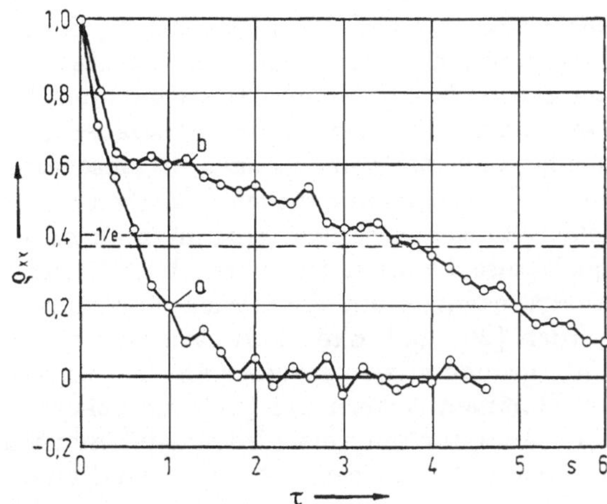

Abb. 3. Autokorrelationsfunktion eines intakten (a) und eines defekten (b) kaskadenstabilisierten Gleichstrombogens

Kenntnis der Korrelationszeit des Geräterauschens ist von Bedeutung für die Festlegung von Meßstrategien in der Analytik. Parallelmessungen und Akkumulationen müssen im zeitlichen Abstand $\Delta t > T_c$ erfolgen, um statistisch unabhängige Meßwerte zu erhalten (wichtig bei FT-NMR und FT-IR). Bei Unterdrückung der Langzeitdrift oder langsamer Fluktuationen des Untergrundes und kurzen Korrelationszeiten sind Signalmittelung und Signalintegration (bei Rechtecksignalen) wirkungsvolle Methoden zur Verringerung des Rauschens. Eine maximale Verringerung des Rauschens resultiert jedoch im Falle der Signalmittelung erst für $\Delta t/T_c > 10$ bzw. für eine sehr große Integrationszeit T ($T \gg T_c$ bzw. mindestens $T = 10\,T_c$) [19].

Signal-Rausch-Verhältnis (SRV). Das Signal-Rausch-Verhältnis dient häufig zur Beurteilung instrumenteller Analysenverfahren (insbesondere hinsichtlich des Nachweisvermögens).

$$\mathrm{SRV} = \frac{Y}{R} \tag{12}$$

Y Größe des Meßwertes

R Rauschamplitude

Es kann aus der AKF ermittelt werden nach

$$\mathrm{SRV} = \frac{\sqrt{\psi_{xx}(\tau = \infty)}}{\sqrt{\psi_{xx}(\tau = 0)} - \sqrt{\psi_{xx}(\tau = \infty)}} \tag{13}$$

Der Funktionswert der AKF bei $\tau = 0$ ($\psi_{xx}(\tau = 0)$) ist der quadratische Mittelwert des Meßsignals (Summe von Nutzsignal und Rauschen). Für $\tau = \infty$ (d. h. $\tau \gg T_c$) entspricht der Funktionswert der AKF dem quadratischen Mittelwert des Nutzsignals. Die Berechnung des SRV über die AKF berücksichtigt im Gegensatz zu Gl. 12 die Frequenzverteilung des Rauschens.

Identifizierung von Rauschquellen. In dem summarischen Rauschen am Geräteausgang lassen sich einzelne Rauschkomponenten mittels Kreuzkorrelation bezüglich ihrer Ursachen identifizieren. Die Kreuzkorrelationsfunktion des Rauschens am Geräteausgang mit der vermuteten Rauschquelle zeigt bei gemeinsamen Eigenschaften beider Rauschprozesse an der Stelle $\tau = 0$ ein deutliches Maximum. Korrelationen zwischen periodschen Rauschvorgängen erkennt man an einer periodischen KKF. Beispielsweise konnten bei einem ICP-Spektrometer die Fluktuationen des Analysensignals mit den Druckschwankungen des Zerstäubers korreliert werden [20] und Kreuzkorrelationsberechnungen zwischen Analyt- und Untergrundemission in der AAS deckten starke räumliche Korrelationen im Flammenflackern auf [21]. Kreuzkorrelationen der Emissionssignale eines Analyten mit verschiedenen inneren Standardelementen ermöglichen die Auswahl eines geeigneten inneren Standards, um Emissionsintensitätsschwankungen im ICP infolge unterschiedlichen Zerstäubungsverhaltens zu vermeiden [22]. Allgemein ist zu beachten, daß die Registrierung der für die Kreuzkorrelation erforderlichen Zeitfunktionen simultan zu erfolgen hat.

2.1.2 Nachweis von Signalen durch spezielle Auswertemethoden

Peak in verrauschter Grundlinie. Der Nachweis bzw. die Isolierung von Peaks aus einem verrauschten Signalzug erfolgt durch Kreuzkorrelation der experimentellen Daten mit einem geeigneten Referenzpeak. So erhält man z. B. bei der Kreuzkorrelation zweier gaußförmiger Peaks erneut ein Gaußprofil. Seine Fläche entspricht dem Produkt der Flächen der Ausgangssignale. Ein ähnliches Ergebnis resultiert bei Anwendung dieser Methode auf einen verrauschten Peak und einen unverrauschten Peak als Referenz. Wie Abb. 4 zeigt, tritt eine deutliche Verbesserung

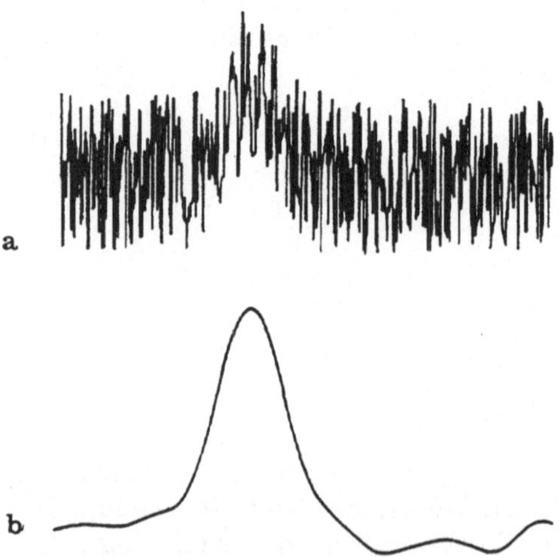

Abb. 4. (a) Synthetische Gaußkurve mit SRV = 0,97, (b) nach Kreuzkorrelation mit rauschfreiem Gaußprofil [23] (entnommen aus: Anal. Chem. 54 (1982) S. 1928)

des SRV ein. Es ist allerdings eine Verbreiterung und Verzerrung des ursprünglichen Peaks, vergleichbar mit der bei Glättungsverfahren, zu beobachten. Dieser Effekt führt häufig zu einer Verschlechterung in der Auflösung der Signale. Den größten Einfluß auf die Signalform im Kreuzkorrelogramm besitzt die Halbwertsbreite des Referenzpeaks. Untersuchungen an simulierten Gaußprofilen und realen GC/FT-IR-Daten [23] ergaben bezüglich der SRV-Verbesserung und der Verbreiterung des Korrelationsergebnisses eine optimale Halbwertsbreite von 60% der Halbwertsbreite des Originalsignals. Die Halbwertsbreite des Referenzpeaks sollte jedoch höchstens der Breite des Originalsignals entsprechen, da bei größerer Halbwertsbreite eine starke Beeinflussung der Peakform erfolgt. Die Abtastfrequenz (Anzahl der Punkte pro Gaußprofil) beeinflußt erst bei sehr hohen Werten die SRV-Verbesserung (32, 64 bzw. 128 Punkte-Verbesserung um Faktor 3, bei 512 Punkten — ca. Faktor 10). Die Peakhöhe des Referenzprofils ist ohne Bedeutung für das SRV im Kreuzkorrelogramm. Zum automatischen Nachweis von Peaks in verrauschten experimentellen Daten sowie bei schlechtem Peak-zu-Untergrund-Verhältnis [24] wird ein einzelner Referenzpeak entlang des Signalzuges verschoben, so daß jede Kreuzkorrelation nur einen Teil der Meßdaten entsprechend der gewählten Fensterbreite (Anzahl der Punkte der Suchfunktion mit Intensität ungleich Null) erfaßt. Da die KKF bei signifikanten Ähnlichkeiten zwischen zwei Funktionen an der Stelle $\tau = 0$ ein deutliches Maximum zeigt, kann die Berechnung auf $\psi_{xy}(\tau = 0)$ beschränkt werden, für ein Spektrum z. B. gilt

$$\psi_{xy}(\lambda_j) = \frac{1}{N} \sum_{i=0}^{N-1} x(\lambda_j + i \cdot \Delta\lambda) \cdot y(i \cdot \Delta\lambda) \tag{14}$$

$x(\lambda_j)$	experimentelle Daten $j = 1 \ldots (M - N)$
$y(i \cdot \Delta\lambda)$	Fensterfunktion (Referenz)
$\Delta\lambda$	Digitalisierungsabstand
M	Anzahl der experimentellen Daten
N	Fensterbreite $\triangleq$ 2fachem der zu erwartenden Peakbreite

Peaks geben sich bei Kreuzkorrelation mit der schrittweise verschobenen Fensterfunktion als Maxima im Kreuzkorrelogramm zu erkennen. Die Anwendung dieses Peaksuchverfahrens zeigt Abb. 5 [25] am Beispiel der spektrographischen Bestimmung von Cadmium. Gegenüber den Mikrodensitometer-Registrogrammen der Spektralplatten beobachtet man im Kreuzkorrelogramm eine deutliche SRV-Verbesserung, die zum Nachweis intensitätsschwächerer Peaks führt. Um die Intensität der Peaks zu erhöhen, ist eine Eliminierung des Untergrundes zweckmäßig. In der γ-Spektroskopie [24] war bereits die Subtraktion des Mittelwertes der Originaldaten über die Fensterbreite ausreichend, um statistische Schwankungen des Untergrundes zu beseitigen.

Multielementanalyse. Die Atomemissionsspektroskopie liefert für jedes Element mehrere Spektrallinien, die bei konstanten Wellenlängen auftreten. Im Falle einer Probe, die mehrere Elemente enthält, resultieren Spektren mit einer Vielzahl (zum Teil interferierender) Spektrallinien. Ihre qualitative und quantitative Auswertung ist besonders bei simultan arbeitenden Spektrometern (Photodiodenmatrixdetektor) kompliziert.

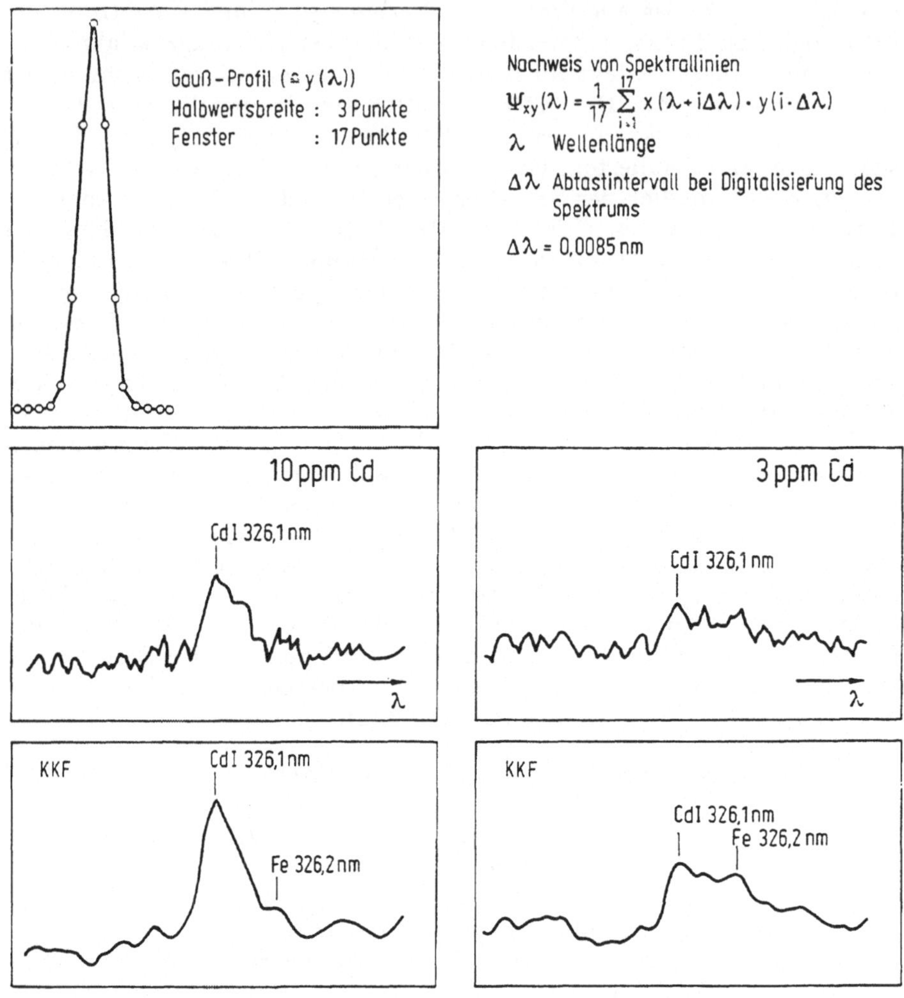

Abb. 5. Kreuzkorrelation zum Nachweis von Spektrallinien

Der Nachweis einzelner Elemente in einer Matrix gelingt jedoch durch Kreuzkorrelation des Gemischspektrums mit den rauschfreien Spektren der reinen Elemente. Ein Maximum an der Stelle $\tau = 0$ ist Indiz für den Positivnachweis eines Elementes. Die absolute Intensität des Peaks bei $\tau = 0$ im Kreuzkorrelogramm kann zur Bestimmung der Konzentration über eine Eichfunktion genutzt werden, die man aus der Kreuzkorrelation von Spektren bekannter Elementkonzentration mit dem Referenzspektrum erhält. Für den qualitativen Nachweis und die quantitative Bestimmung einer Spezies wird damit nur $\psi_{xy}(\tau = 0)$ benötigt. Aus Gründen der Zuverlässigkeit (z. B. Reproduzierbarkeit der Startpunkte experimentell registrierter Spektren) erfolgt die Berechnung von $\psi_{xy}(\tau = 0)$ jedoch meist im Intervall $\tau = 0 \pm 3$ [26]. Dieser Punkt der KKF beinhaltet im Gegensatz zur Auswertung einer einzelnen Spektrallinie die qualitative und quantitative Information aller Linien des nachzuweisenden

Elementes. Damit ist die KKF besonders zur nachweisstarken Multielementanalytik bei linienreichen Spektren geeignet. Als Referenzspektren verwendet man gewöhnlich Spektren konzentrierter Lösungen der zu analysierenden Elemente. Diese können durch Untergrundkorrektur (z. B. Subtraktion eines Wasserspektrums [8]) bzw. Matrixkorrektur dem konkreten analytischen Problem angepaßt werden. Die Matrixkorrektur basiert auf der Subtraktion der Spektren hochkonzentrierter Lösungen der störenden Begleitelemente vom Referenzspektrum. Dabei sollte die maximale Signalintensität in diesen Spektren das Zweifache der intensivsten Linie des Referenzspektrums betragen [27]. Das durch die Subtraktion resultierende Differenzspektrum weist negative Peaks auf, denen jedoch im matrixkorrigierten Referenzspektrum die Intensität Null zugeordnet wird (Abb. 6). Statt der matrixspezifischen Referenz (sog. Kreuzkorrelationsmaske) kann man auch binäre Referenzfunktionen (Binärmasken) verwenden. In diesen erhalten alle Linien, deren Intensität einen sinnvoll gewählten Schwellenwert übersteigt, den Intensitätswert 1, alle anderen Punkte den Wert Null (Abb. 6). Damit reduziert sich die Kreuzkorrelation auf eine „gesteuerte" Integration spezifischer Linien. Binärmasken sind wegen ihres geringeren Speicherplatzbedarfes und des günstigeren Rechenalgorithmus besonders für die Echtzeit-Kreuzkorrelation mit einfachen Mikroprozessorsystemen geeignet. Die für die Multielementanalytik beschriebene Kreuzkorrelationsmethode ist auf analytische Probleme mit isolierten peakförmigen Signalen übertragbar (z. B. NMR [28]). Bei genauer Kenntnis der qualitativen Probenzusammensetzung kann die Methode auch zur quantitativen Analyse bei sich überlagernden Signalen Anwendung finden (s. 2.2.).

Periodische Signale. Zum Nachweis periodischer Signale lassen sich Korrelationsfunktionen besonders vorteilhaft einsetzen. Die Autokorrelationsfunktion ermöglicht, Frequenz und Amplitude stark verrauschter Signale (SRV $< 0{,}2$ [9]) zu bestimmen [1, 10, 29]. Für die Anwendung der Kreuzkorrelation müssen dagegen Frequenz und Signalform bekannt sein. Die AKF eines verrauschten periodischen Signals setzt sich zusammen aus

$$\psi_{xx}(\tau) = \lim_{T\to\infty} \frac{1}{2T} \int [s_1(t) + r(t)] \cdot [s_1(t+\tau) + r(t+\tau)]\, dt$$

mit $x(t) = s_1(t) + r(t)$

$s_1(t)$ periodisches Signal

$r(t)$ Rauschen

Das entspricht

$$\psi_{xx}(\tau) = \psi_{ss}(\tau) + \psi_{rr}(\tau) + \psi_{sr}(\tau) + \psi_{rs}(\tau) \tag{15}$$

Der Rauschterm $\psi_{rr}(\tau)$ strebt erst für eine sehr große Zahl von Meßwerten gegen Null, während die Kreuzkorrelationsterme $\psi_{sr}(\tau)$, $\psi_{rs}(\tau)$ wegen der fehlenden Korrelation zwischen Signal und Rauschen Null sind. Die analog Gl. (15) berechnete Kreuzkorrelation eines gestörten periodischen Signals mit einem rauschfreien Signal $s_2(t)$ gleicher Periode ergibt

$$\psi_{xy}(\tau) = \psi_{s_1s_2}(\tau) + \psi_{rs_2}(\tau) \tag{16}$$

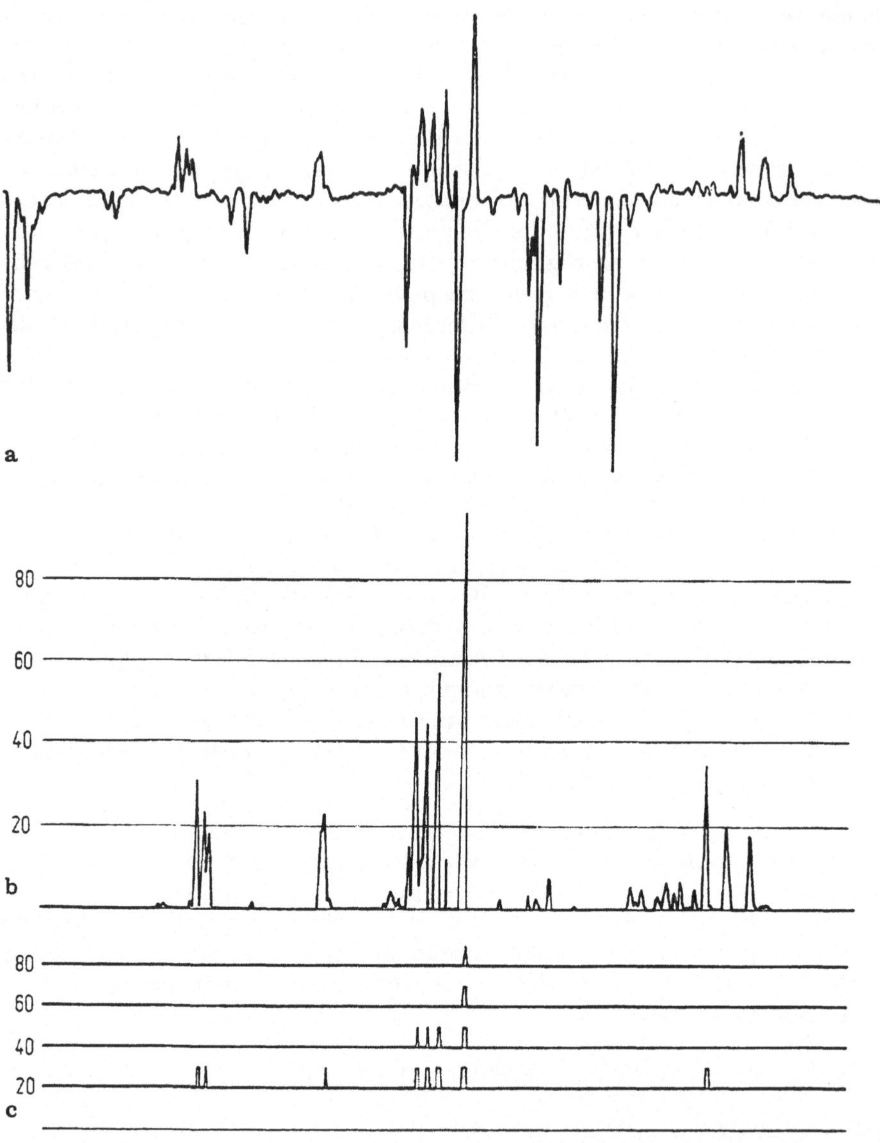

Abb. 6. Ermittlung eines Vanadium-Referenzspektrums bei Anwesenheit von Nickel: (a) Differenzspektrum Vanadium minus Nickel, (b) spezifische Kreuzkorrelationsmarke für Vanadium in Gegenwart von Nickel, (c) binäre Kreuzkorrelationsmaske [27] (entnommen aus Spectrochim. Acta 36 B (1981) S. 548, 549 Abb. 8 u. 9)

Daraus folgt wegen $\psi_{rs_2}(\tau) = 0$

$$\psi_{xy}(\tau) = \psi_{s_1s_2}(\tau)$$

Folglich ist das Rauschen in der KKF deutlich geringer als in der AKF. Bei bekannter Frequenz und Signalform liefert die Kreuzkorrelation damit eine beträchtlich größere SRV-Verbesserung als die AKF (Abb. 7) [29].

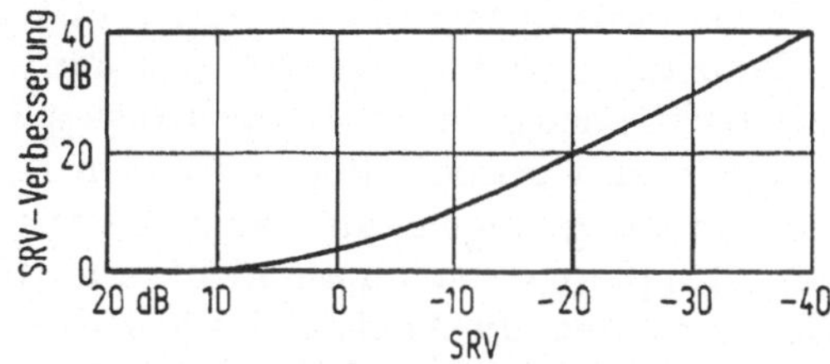

Abb. 7. Zusätzliche Verbesserung des SRV durch Kreuzkorrelation gegenüber der Verbesserung durch Autokorrelation [29] (entnommen aus: Proc. IRE 38 (1950), S. 1171

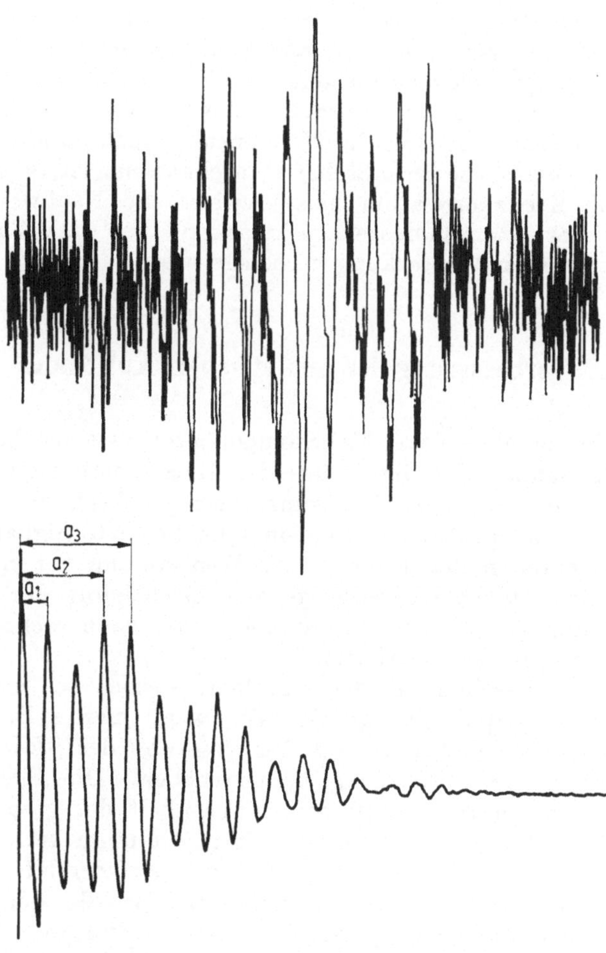

Abb. 8. Ermittlung der Aufspaltungskonstanten durch Autokorrelation [31] (entnommen aus: Meßtechnik 80 (1972), S. 233 Bild 14)

In der ESR-Spektroskopie sind häufig periodische Signale unbekannter Periodizität auszuwerten. Gruppen äquivalenter Atomkerne erzeugen in der Elektronenspinresonanzspektroskopie [30] ein Hyperfeinstruktur-Spektrum mit periodisch auftretenden Linien. Infolge Linienüberlappungen und bei geringem SRV sind die Spektren meist so kompliziert, daß man Kopplungskonstanten nicht ermitteln kann. Die Berechnung der AKF gestattet, die Analyse des ESR-Spektrums auf einige wenige wahrscheinliche Sätze von Aufspaltungskonstanten einzuschränken [31, 32]. Diese resultieren aus dem Abstand der relativen Maxima im Autokorrelogramm zum Punkt $\tau = 0$ (Abb. 8). Die Eindeutigkeit des Verfahrens ist vom Auflösungsgrad des Spektrums abhängig [33].

Periodisch modulierte Signale treten auch bei verschiedenen instrumentellen Verfahren im Übertragungskanal zwischen Sender und Empfänger auf, um das Meßsignal aus dem Rauschen des Gerätesystems z. B. mittels lock-in Verstärkung zu isolieren. Die Kreuzkorrelation des periodisch modulierten Signals mit einem geeigneten Referenzsignal liefert die gleiche Information, wobei die Kreuzkorrelationstechnik im Gegensatz zur lock-in Verstärkung unempfindlich gegenüber Impulsrauschen sowie periodischen Rauschanteilen ist. So konnte durch Übergang zur Kreuzkorrelation beispielsweise die Nachweisgrenze für Rhodium in der Atomfluoreszenzspektroskopie um das Fünffache im Vergleich zur lock-in Verstärkung verbessert werden [34].

2.2 Verbesserung der analytischen Auflösung

Die Signalzüge von Mehrkomponentensystemen können in vielen Fällen als Summe der Signalzüge der Einzelkomponenten dargestellt werden. Bei ungenügendem Auflösungsvermögen des Gerätes oder der analytischen Methode werden dicht beieinander liegende Signale verschiedener Komponenten nicht getrennt. Die Bestimmung der einzelnen Komponenten gelingt durch rechnerische Berücksichtigung der Überlagerungen (Auflösung von Gleichungssystemen) oder nach rechnerischer Trennung bei Kenntnis der Signalform.

Die Bestimmung der einzelnen Spezies aus einem nicht aufgelösten Signalkomplex gelingt ebenfalls, wenn man z. B. das Gemischspektrum mit dem Spektrum (evtl. Verbesserung des SRV durch Akkumulation) der reinen Verbindung kreuzkorreliert. Die Kreuzkorrelationsfunktion besitzt für $\psi_{xy}(\tau = 0)$ bei Anwesenheit der gesuchten Komponente im Gemisch stets ein Maximum. Ein Minimum bei $\psi_{xy}(\tau = 0)$ ist Indiz für die Abwesenheit des Analyten. Der Kreuzkorrelationskoeffizient $\psi_{xy}(\tau = 0)$ kann nach Eichung als Meßgröße für die quantitative Bestimmung dienen. Dabei ist jedoch auf eine konstante Probenzusammensetzung zu achten. Im Gegensatz zu den üblichen Methoden zur Behandlung nicht aufgelöster Signale ist die Kreuzkorrelation unempfindlich gegen Untergrundschwankungen, da diese nicht alle Analysensignale in gleichem Sinne beeinflussen. Vorteilhaft ist ferner, daß die Kreuzkorrelation mit einem kleineren Fehler arbeitet als die quantitative Auswertung an einer einzelnen Wellenlänge [35].

Bei der Anwendung der Kreuzkorrelation zur Verbesserung der Auflösung interessiert nur der Funktionswert $\psi_{xy}(\tau = 0)$. Deshalb kann die Kreuzkorrelation vereinfacht werden, indem man die Fourier-Transformation zur Berechnung von ψ_{xy} durch das Skalarprodukt zweier Spektren ersetzt [36].

Im Falle eines Gemisches mit bekannter quantitativer Zusammensetzung kann die Extinktion einer einzelnen Komponente nach [37] durch Kreuzkorrelation der Extinktionswerte mehrerer Gemischspektren bei einer spezifischen Wellenlänge mit der Konzentration dieser Spezies erhalten werden. Durch Wiederholung der Kreuzkorrelation für einen ausgewählten Wellenlängenbereich resultiert das Spektrum der gesuchten Komponente. Damit sind Spektren von Spezies zugänglich, ohne daß diese in reiner Form isoliert werden müssen. Ferner kann man Spektren reiner Komponenten erhalten, die konkrete Wechselwirkungseinflüsse im Gemischsystem widerspiegeln.

2.3 Dynamisches Verhalten analytischer Systeme

Um das dynamische Verhalten eines Systems zu beschreiben, beobachtet man die Änderungen der Ausgangsgröße als Systemantwort auf Änderungen der Eingangsgröße. Als Eingangsgröße benutzt man üblicherweise spezielle Testsignale (z. B. Einheitssprung). Die Systemantwort ergibt sich durch Faltung (*) der Eingangsfunktion x(t) mit der Apparatefunktion (Eigenschaften des Systems) y(t) nach

$$x(t) * y(t) = F^{-1}[S_x(\omega) \cdot S_y(\omega)]$$

F^{-1} inverse Fourier-Transformation

$S_x(\omega)$ bzw. $S_y(\omega)$ Fourier-Transformation von x(t) bzw. y(t)

Statt determinierter Testsignale lassen sich als Eingangsgrößen auch stochastische Funktionen (z. B. Rauschsignale) verwenden. Die Systemantwort folgt dann aus der Kreuzkorrelation (☆) der Eingangsgröße x(t) mit dem stochastischen Ausgangssignal y(t)

$$x(t) \star y(t) = F^{-1}[S_x(\omega) \cdot S_y^*(\omega)]$$

S_y^* komplex konjugierte

Damit ähnelt die Kreuzkorrelation der für jeden Meßvorgang typischen Faltung des Meßsignals mit der Apparatefunktion der Meßapparatur, beide Operationen unterscheiden sich lediglich bei der Transformation in den Frequenzbereich. Die Analogie einiger instrumenteller Methoden (z. B. Gaschromatographie) zur Arbeitsweise der Systemanalyse führte zur Entwicklung neuer instrumenteller Techniken auf der Grundlage der Systemanalyse mit stochastischen Eingangsfunktionen. Durch eine geeignete Wahl der Eingangsfunktion und passende Verarbeitung der Daten läßt sich damit die Leistungsfähigkeit analytischer Methoden erheblich steigern.

2.3.1 Verbesserung des SRV (Korrelationschromatographie)

Gas- und Flüssigkeitschromatographie basieren auf einer pulsartigen einzelnen Probendosierung. Das am Detektorausgang gemessene Chromatogramm ist die Impulsantwort der Trennsäule auf die Probeninjektion. Die den einzelnen Komponenten zugehörigen Peaks (individuelle Impulsantworten) entstehen durch Faltung der Probeninjektion (x(t)) mit der Apparatefunktion (y(t)). Der Nachweis schwacher Peaks kann durch das Untergrundrauschen (und u. U. durch Grundliniendrift) verhindert werden. Die prinzipiell mögliche Akkumulation von wiederholten Chromatogrammen ist zeitaufwendig wegen der oft langen Aufnahmedauer eines Chromatogramms.

Die Wiederholung der Probendosierung ist jedoch auch möglich während der Laufzeit eines Chromatogrammes. Dem Chromatographen wird dann stochastisch alternierend Elutionsmittel und Probe in Form einer pseudo-zufälligen Binärfolge (PRBS) [4] mit den Werten 0 oder -1 ($\triangleq$ Elutionsmittel) und $+1$ ($\triangleq$ Probe) zugeführt (Abb. 9). Der Verlauf einer PRBS ist mit der Periode $T = N\Delta t$ (T Perioden- oder Sequenzlänge, N ungerade Zahl, Δt Taktzeit) reproduzierbar. Bei derart stochastisch wiederholten Probeninjektionen beobachtet man ein pseudo-zufällig moduliertes Ausgangssignal, aus welchem durch Kreuzkorrelation mit der PRBS-Injektionsfolge ein Kreuzkorrelogramm resultiert [38—40]. Dieses ist einem gewöhnlichen Chromatogramm äquivalent. Da das Rauschen des chromatographischen Systems nicht mit dem PRBS-Eingangssignal kreuzkorreliert, führt die mehrfache Anwendung der Injektionssequenz zu einer beträchtlichen Verbesserung des SRV. So gibt z. B. eine Meßzeit von 2 Stunden (16 Sequenzen $\triangleq$ Zeit für 16 konventionelle Chromatogramme) bei der Bestimmung von Phenol in Wasser mittels HPLC eine Verbesserung des SRV um den Faktor 100 [41] (bei 80 min Nachweisgrenze: 3 ng/l $\triangleq$ 3 ppt [42]). Dazu wären bei Akkumulation 10^4 Chromatogramme ($\triangleq$ 52 Tage) notwendig gewesen. (Weitere Anwendungen siehe [43—45].)

Die Korrelationschromatographie erfordert genügend verdünnte Probenströme (Arbeiten im linearen Bereich der Apparatur). Die Länge einer

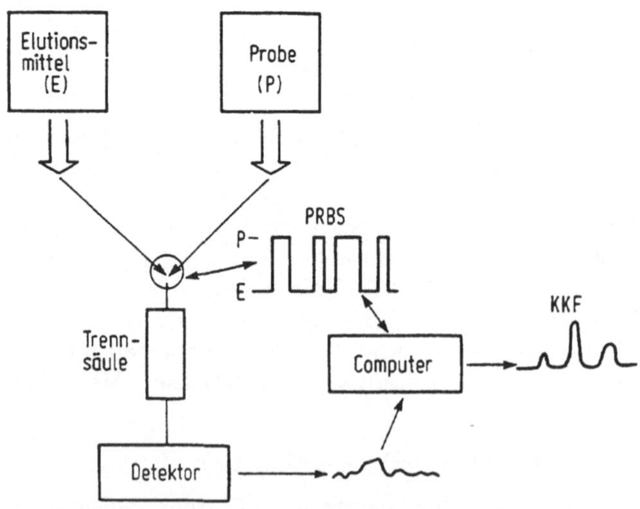

Abb. 9. Prinzip der Korrelationschromatographie

PRBS muß mindestens der Retentionszeit der langsamsten Komponente entsprechen. Zur Korrelationschromatographie sind lediglich Veränderungen am Injektionssystem (schnell und exakt schaltende Magnetventile) erforderlich [39, 42, 43]. Zweckmäßig ist ein Probegabesystem, das wahlweise Einzelpuls- (konventionelle Chromatographie) oder PRBS-Injektion gestattet. Aus der Korrelationsgaschromatographie sind Versuche, Fluidikelemente zum Schalten der Stoffströme zu verwenden, bekannt [46]. Abweichungen der Dosiermengen von Probe und Eluent innerhalb einer PRBS führen im Chromatogramm zu Grundlinienschwankungen (sog. Korrelationsrauschen). Die PRBS-Erzeugung und die Kreuzkorrelationsberechnungen können von dem mit dem Chromatographen on-line gekoppelten Auswerterechner übernommen werden. Zukünftige Entwicklungen der Korrelationschromatographie zielen auf die gleichzeitige Injektion mehrerer verschiedener Proben unter Anwendung mehrerer PRBS zur Verbesserung der Effektivität der chromatographischen Routineanalytik [40, 47, 48].

2.3.2 Verbesserung der zeitlichen Auflösung (Fluorimetrie)

Zur Messung der Fluoreszenzlebensdauer erzeugt man durch einen Lichtimpuls ($< 10^{-9}$ s) eine vorübergehende Überbesetzung eines Energieniveaus und beobachtet das zeitliche Abklingen der Fluoreszenz (Fluoreszenzabklingkurve). Sie ist als Impulsantwort des Systems „Probe“ zu verstehen. Die Modulations- oder Phasenfluorimetrie verwendet eine sinusmodulierte Anregungsquelle ($f = 10^6 \ldots 10^9$ Hz). Es resultiert eine ebenfalls sinusmodulierte, jedoch phasenverschobene Fluoreszenzstrahlung mit veränderter Amplitude (Frequenzantwort des Systems „Probe“). Impuls- und Frequenzantwort stehen zueinander im Verhältnis von Fourier-Transformierten. Die Zeitauflösung der Impulsmethode wird durch die Dauer des Lichtimpulses sowie Ansprechzeit und Nachweisvermögen des Detektors bestimmt. Bei der Modulationsfluorimetrie erhält man für jede einzelne Modulationsfrequenz je einen Punkt für die Frequenzantwort, wegen der aufwendigen Gerätetechnik werden deshalb die Messungen auf sehr wenige Modulationsfrequenzen beschränkt.

Zur Fluoreszenzanregung kann auch eine multifrequente Lichtquelle (cw- oder Moden-Laser) benutzt werden. In der ebenfalls multifrequenten Fluoreszenzstrahlung ist dann jede einzelne Frequenzkomponente gegenüber der Anregung nach Phase und Intensität verändert. Die Fluoreszenzabklingkurve (Zeitbereich) erhält man durch Kreuzkorrelation von Anregungsstrahlung und Fluoreszenzstrahlung. Da Multifrequenzsignale (z. B. weißes Rauschen) eine pulsförmige Autokorrelationsfunktion (vgl. Abb. 1) liefern, entspricht die Kreuzkorrelationsfunktion der Faltung einer pulsförmigen AKF mit dem Fluoreszenzverhalten der Probe und damit der Impulsantwort des Systems „Probe“. Als Fluoreszenzlebensdauer ist die Zeit bis zum Abklingen der Fluoreszenzintensität auf den Wert 1/e (37% der Anfangsintensität) definiert. Für die Ermittlung der Fluoreszenzabklingkurve mittels Kreuzkorrelation müssen Anregungs- und Fluoreszenzstrahlung simultan registriert werden. Dazu erfolgt vor der Probe eine Teilung der Anregungsstrahlung. Während ein Teil der Strahlung die Fluoreszenz der Probe induziert, gelangt die Referenzstrahlung auf einen schnellen Photodetektor. Die für die Kreuzkorrelation erforderliche zeitliche Verschiebung zwischen Anregungsstrahlung (Referenz) und Fluoreszenzstrahlung realisiert man gewöhnlich mit einer optischen Verzögerungsstrecke (Abb. 10), indem durch schrittweise räumliche Verschiebung des Detektors oder eines Reflektors [49—51] die Wegstrecke der Referenzstrahlung gegenüber dem von der Fluoreszenzstrahlung zu durchlaufenden Weg verlängert wird. In Abhängigkeit von der Schrittweite der Verschiebung schwankt die zeitliche Auflösung zwischen 3 ps (Schrittweite 1 mm) und 10 ps.

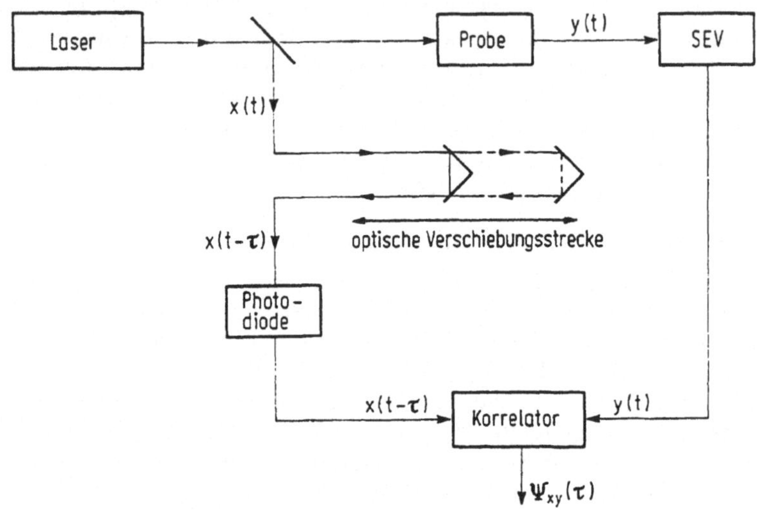

Abb. 10. Prinzip der Korrelationsfluorimetrie

Im Falle der Korrelationsfluorimetrie im Frequenzbereich (Multifrequenzphasenfluorimetrie) bestimmt man die frequenzabhängigen Veränderungen der Fluoreszenz durch Kreuzkorrelation der Fluoreszenzstrahlung mit einzelnen harmonischen Frequenzen der Anregungsstrahlung. Die schrittweise Untersuchung der einzelnen Modulationsfrequenzen liefert die Phasenverschiebung bzw. Änderung der Modulation während des vollständigen Abklingens der Fluoreszenz [52, 53]. Anwendungsbeispiele der Korrelationsfluorimetrie sind die Messung der Fluoreszenzlebensdauer von Bengalrot (0,66 ns) [49], Fluoreszein (0,36 ns) sowie Erythrosin B (0,08 ns) [50]. Weitere Beispiele siehe [54, 55].

Die Korrelationsfluorimetrie liefert zeitlich hoch aufgelöste Fluoreszenzabklingkurven ohne die extrem kurzen Anregungsimpulse oder die Modulation im GHz-Gebiet der beiden herkömmlichen Methoden. Zeitauflösung und Nachweisvermögen der Korrelationsfluorimetrie entsprechen den Möglichkeiten der zeitkorrelierten Einzelphotonentechnik [56] bei wesentlich kürzerer Meßzeit [57].

2.3.3 Verbesserung der räumlichen Auflösung (Photoakustische Spektroskopie)

Photoakustische Spektroskopie [58] und Wärmewellenabbildung (thermal wave imaging) [59] eignen sich für die zerstörungsfreie Prüfung und

Analyse dünner Schichten sowie zur Aufnahme von Tiefenprofilen. Die modulierte Strahlung einer Laserquelle wird auf einen Punkt der Probenoberfläche fokussiert. Als Folge der absorbierten Energie entsteht als Antwort des Systems „Probe" ein periodischer Wärmefluß durch die Probe, den man als Wärmewelle an der Oberfläche der Probe photoakustisch registriert. Die Größe des Wärmeflusses ist durch die optischen und thermischen Eigenschaften der Probe bestimmt. Bei Anwendung hoher Modulationsfrequenzen erhält man Informationen über dünne Schichten an der Probenoberfläche. Geringere Frequenzen bewirken einen längeren Diffusionsweg der Wärmewelle, d. h., es können dickere bzw. tieferliegende Schichten untersucht werden. Zur vollständigen Aufnahme des Tiefenprofils einer Probe ist die sequentielle Anwendung einer großen Zahl von Modulationsfrequenzen notwendig. Neben einem sehr hohen Zeitaufwand hat man mit dieser Methode (Einzelfrequenztechnik) keine Möglichkeit mehrschichtige Proben zu untersuchen. Da pro Meßvorgang nur eine Frequenz eingestrahlt wird, resultiert als Wärmewelle eine Summe von Sinus-Wellen verschiedener Phasen und Amplituden. Dieses Summensignal kann nicht in seine Einzelkomponenten zerlegt werden. Andererseits ergeben sich bereits für einfache Proben Schwierigkeiten, die erhaltenen Phasendiagramme hinsichtlich der physikalischen Eigenschaften der Probe zu interpretieren.

Die Anwendung eines multifrequenten Testsignals und der Korrelationstechnik ermöglicht in einem Experiment gleichzeitig Oberflächen- und Tiefenprofileigenschaften von opaken und transparenten Proben zu charakterisieren. Dabei trifft PRBS-modulierte Lichtstrahlung auf die Oberfläche einer Probe. Die absorbierte Energie diffundiert als multifrequenter pseudo-zufällig modulierter Wärmefluß durch die Probe zurück an die Oberfläche. Da die Eindringtiefe der Strahlung von der Modulationsfrequenz abhängt, beobachtet man ein zeitabhängiges Detektorsignal als Maß des zurückgelegten Wärmediffusionsweges. Durch Kreuzkorrelation der PRBS mit dem zeitlich registrierten Detektorsignal resultiert das Tiefenprofil der Beobachtungszone. Ein Scan über die gesamte Probe und anschließende graphische Darstellung der Kreuzkorrelationsfunktionen liefert ein dreidimensionales Abbild der thermischen und optischen Eigenschaften einer Probe. Bei konstanter Wellenlänge der modulierten Lichtstrahlung erhält man aus den Maxima des Kreuzkorrelogramms die Relaxationszeiten τ_0 der untersuchten Probeschichten. Diese charakterisieren die thermischen Eigenschaften. Die Zahl der Maxima im Korrelogramm entspricht der Anzahl der Schichten des untersuchten Festkörpers (Abb. 11). Zur Ermittlung des photoakustischen Spektrums einer definierten Schicht wird die KKF nur für die Relaxationszeit dieser Schicht berechnet und der Kreuzkorrelationskoeffizient $\psi_{xy}(\tau_0)$ in Abhängigkeit von der Wellenlänge registriert. Die PRBS-Modulation der Lichtstrahlung erfolgt mit einem PRBS-Chopperrad (z. B. 127 Bit PRBS-Chopperrad [60]), Abb. 11, oder einem akusto-optischen Modulator [58], der mit einem PRBS-Generator gekoppelt ist. Die räumliche Auflösung der Tiefenprofilanalyse wächst mit der Sequenzlänge der PRBS sowie der Drehzahl des PRBS-Chopperrades [61].

Anwendungen der Korrelationstechnik bei der photoakustischen Untersuchung transparenter und opaker Proben wurden am Korrelations-

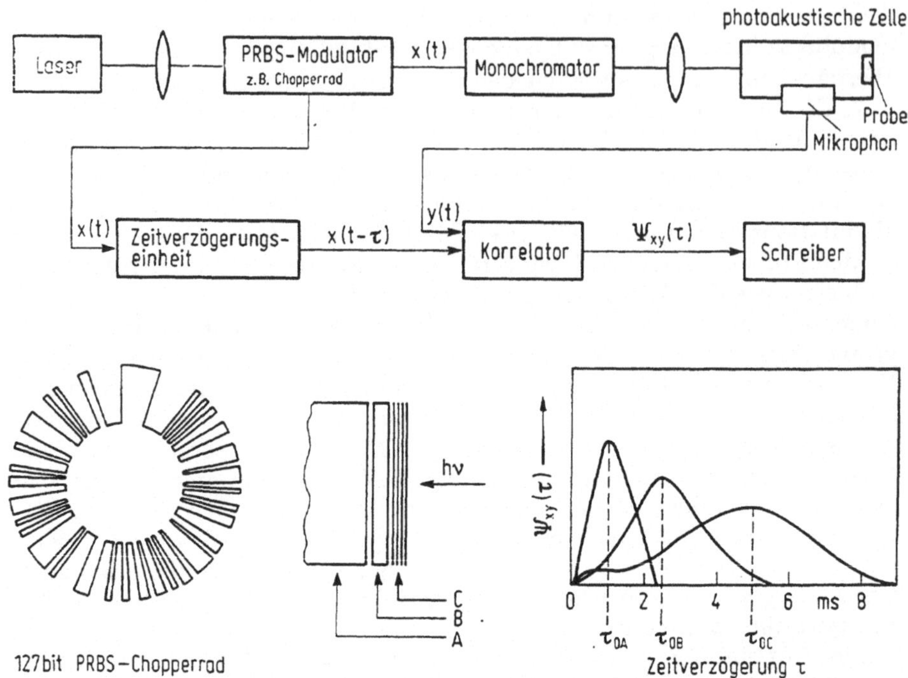

Abb. 11. PRBS-Modulation und Kreuzkorrelation in der photoakustischen Spektroskopie — Meßanordnung; photoakustisches Spektrum der Probe (KKF): A — Glas, B — Farbanstrich (30 µm), C — Polyethylenschicht (60 µm) [60] (entnommen aus: J. Photoacustics 1 (1982) S. 220, 224, 226)

spektrum eines massegefüllten Polymerfilms, am Nachweis einer durch Farbüberzug verdeckten Defektstelle (2 mm Durchmesser) in einem Aluminiumkörper [58], verschiedenen laminierten Polyesterfolien und den photoakustischen Spektren von Pflanzenblättern [60] demonstriert. Die Kreuzkorrelationstechnik gestattet die Anwendung der photoakustischen Spektroskopie zur zerstörungsfreien Untersuchung von mehrschichtigen Festkörpern wie z. B. Halbleiter, Fotomaterialien, Farbanstrichen, Schutzfilmen u. a. sowie zur Untersuchung von Reaktionen an Katalysatoroberflächen oder in photochemischen Systemen [62].

2.4 Optimale Probenfrequenz — Prozeßanalytik

Bei der Überwachung von Produktionsprozessen liefert oft schon eine diskontinuierliche, zeitlich äquidistante Analyse von Prozeß- und Qualitätsparametern eine ausreichend zuverlässige Aussage, um eine optimale Prozeßführung zu garantieren. Die Analysenwerte solcher Prozesse sind statistische Größen. Ihr Mittelwert über einen langen Zeitraum entspricht dem Prozeßmittelwert. Die zugehörige Standardabweichung, der um diesen Mittelwert streuenden Analysendaten, strebt gegen die Prozeßstandardabweichung. Der Beitrag des Analysenfehlers zur Prozeßstreuung ist vernachlässigbar.

Der maximal mögliche Zeitabstand zwischen zwei Proben wird durch die Korrelationsdauer T_c des stochastischen Prozesses bestimmt (vgl. 1.1). Zur Ermittlung von T_c berechnet man die AKF einer großen Serie von zeitlich äquidistanten, zentrierten Meßdaten ($n = 200 \ldots 500$), deren zeitlicher Abstand $\Delta t_0 < T_c$ sein muß. Der Abstand Δt_0 gilt als brauchbar für die Ermittlung von T_c, wenn zwischen jedem der p Extremwerte der Datenserie eines Vorversuches ($n = 20 \ldots 50$ Meßdaten) mindestens $\bar{q} = 2 \ldots 3$ Meßpunkte liegen [19]. Falls die zeitliche Äquidistanz einer Analysenserie ($n = 200 \ldots 500$) durch einzelne fehlende Werte unterbrochen ist, können diese Meßpunkte durch Interpolation ergänzt werden. (Die Behandlung von Datenserien, bei denen die Interpolation nicht anwendbar ist, wird in [5] erläutert.)

Häufig klingt die AKF technischer Prozesse infolge von Instationaritäten (Sprünge des Mittelwertes, Periodizitäten, Drift) nicht auf den Wert Null ab, d. h., T_c ist nicht zu ermitteln bzw. weist zu große Werte auf. Durch geeignete mathematische Filterung (gleitende Glättung mit iterativ ermitteltem Glättungsintervall, beginnend mit $n_G \leqq n/4$) können derartige niederfrequente Anteile eliminiert werden. Die Anwendung von Filteroperationen erfordert Erfahrungen in der Zeitreihenanalyse, da die Gefahr subjektiver Fehler besteht. Durch die Glättung kann scheinbar periodisches Verhalten erzeugt werden (Slutzky-Yule-Effekt [6]), das Periodizität in die AKF einführt. Der für einen Prozeß optimale Probenabstand Δt_{opt} resultiert aus der Prozeßstandardabweichung σ_p und der Angabe einer zwischen zwei benachbarten Analysenwerten zulässigen Differenz d, die sachlogisch zu begründen ist. Unter der Voraussetzung $d < 2\sigma_p$ gilt

$$\Delta t_{opt} = -T_c \ln \left[1 - (d/2\sigma_p)^2\right] \tag{17}$$

Eine Analyse muß um so häufiger erfolgen, je kleiner der zulässige Abstand d und je größer die Prozeßstreuung sind. Um die Zuverlässigkeit von Δt_{opt} bei der Charakterisierung eines Prozesses zu erhöhen, kann man die untere Vertrauensgrenze T_{c_u} von T_c ermitteln. Dazu ist die normierte AKF $\rho_{xx}(\tau)$ (Gl. 3) zu berechnen. Die Varianzen der einzelnen Autokorrelationskoeffizienten folgen näherungsweise aus Gl. 18 [5, 63] zu

$$\sigma^2(\rho_{xx}(\tau)) = \frac{1}{N}\left\{\frac{(1 + p^2)\cdot(1 - p^{2\tau})}{(1 - p^2)} - 2\tau p^{2\tau}\right\} \tag{18}$$

mit $p = \exp(-1/T_c)$;
N Zahl der Meßpunkte;
$\tau \ll N$.

Daraus ermittelt man nach

$$\Delta\rho_{xx}(\tau) = u(\overline{P}) \cdot \frac{\sigma(\rho_{xx}(\tau))}{\sqrt{N}}$$

$u(\overline{P})$ Integralgrenze der Gaußverteilung;
$\overline{P}$ Wahrscheinlichkeit

das Vertrauensintervall der normierten AKF für diskrete τ. Die untere Vertrauensgrenze der AKF wird für den Wert $1/e$ interpoliert (graphisch oder numerisch).

$$\rho_{xx}(\tau) - \Delta\rho_{xx}(\tau) = \frac{1}{e}.$$

Der zugehörige τ-Wert ist ein Schätzwert für die untere Vertrauensgrenze T_{c_u} der Korrelationszeit. Zur Berechnung von Δt_{opt} muß dann in Gl. 17 T_c durch T_{c_u} ersetzt werden. Bei Prozeßkontrollsystemen, die nur die Einhaltung eines Grenzwertes G zu gewährleisten haben, kann man die Analysenfrequenz in Abhängigkeit vom jeweiligen Analysenergebnis optimieren [64]. Nähert sich der Analysenwert dem Grenzwert, so steigt die Probenahmefrequenz (und umgekehrt). Praktische Anwendung fand diese gleitende Vorhersage bei der Bestimmung von NH_4^+, NO_3^- und NO_2^- im Rheinwasser.

Die Korrelationszeit T_c kann auch aus den Varianzen der Meßdaten mehrerer kürzerer Zeitabschnitte eines Prozesses geschätzt werden [65]. Damit ist die Ermittlung eines grob genäherten Wertes für Δt_{opt} ohne die Kenntnis der Prozeßdaten eines längeren Zeitraumes möglich.

3 Zusammenfassung

Korrelationsfunktionen werden in der instrumentellen Analytik zum Nachweis und zur Identifizierung analytisch-relevanter Informationen, zur Charakterisierung instrumenteller Methoden (Rauschen, Bestimmung des SRV) sowie zur Optimierung von Analysenverfahren (optimale Probenfrequenz in der Prozeßanalytik, Auswahl eines inneren Standards) eingesetzt. Ihre Verbindung mit Aspekten der Systemtheorie führte zur Entwicklung neuer instrumenteller Techniken (z. B. Korrelationschromatographie, stochastische NMR).

Anhang: Weitere Anwendungen in der Analytik bzw. Meßtechnik

Atomemissions-spektroskopie	SRV-Verbesserung (AKF/KKF) durch Signalmodulation [66]
cw-NMR-Spektroskopie	SRV-Verbesserung (KKF); auswertbarer Konzentrationsbereich 0,1%—1% [28]
IR-Spektroskopie Molekülfluoreszenz-spektroskopie	Identifizierung von Spektren mit Spektrensuchverfahren (KKF) [67, 68]
Multikomponenten-analytik	Bestimmung chlorierter Phenole in H_2O (KKF); Raman-Spektroskopie [69]
UV-, VIS-, NIR-Spektroskopie	Korrelationsspektroskopie (KKF) [70, 71]; Referenz: schwingende Schlitzmasken; Bestimmung von NO_2, SO_2 in der Atmosphäre im ppb-Bereich [72, 73], Fernerkundung [74]
ESR-Spektroskopie	iterative Bestimmung der Aufspaltungskonstanten (KKF) [33, 75]
Massenspektroskopie	Peak-Nachweis in Quadrupol-Massenspektren; KKF mit Integersequenz [76]

Stochastische NMR-Spektroskopie	Anregung mit stochastischem magnetischem Wechselfeld; KKF von Ein- und Ausgangssignal; Fourier Transformation → Absorptionsspektrum [77]
Frequenzmodulierte Korrelationschromatographie	periodische Probeninjektion durch PRBS beschleunigt oder verzögert (KKF), Anwendung für nichtlineare chromatographische Systeme [78]
Photonenkorrelationsspektroskopie [79]	AKF der Lichtintensität; Teilchengrößenbestimmung in kolloidalen Lösungen [80]; Temperaturleitfähigkeit in Flüssigkeiten, Viskosität, Konzentrationsdiffusionskoeffizienten [79]; Relaxationsvorgänge in Polymerschmelzen [81]
Chemische Kinetik	Extinktions- oder Fluoreszenzmessung spontaner mikroskopischer Fluktuationen (AKF); Bestimmung chem.-kinet. Konstanten, Diffusionskoeffizient [82]; KKF stochastisch schwankender Strahlungsquelle mit Konzentrationsfluktuationen photochemischer bzw. photobiologischer Systeme; Bestimmung von Reaktionsgeschwindigkeiten nahe dem Gleichgewichtszustand [83]
Referenzfreie Beschreibung organischer Moleküle	AKF der Molekülstruktur (Atomeigenschaften der Knotenpunkte) [84]; Vergleich von Molekülen, Wirkstofforschung [84, 85, 86]
Pattern Recognition	Bildung der Entscheidungsvektoren (AKF) für hochaufgelöste ^{1}H-NMR-Spektren [87]
Durchflußmessung, Strömungsgeschwindigkeit, Teilchengeschwindigkeiten	AKF/KKF der Strahlungsintensität (Streulichtintensität); Meßanordnungen [88, 89]

Literatur

1. Lee, Y. W.: Statistical Theory of Communication, Wiley & Sons, New York 1960
2. Barlow, J. S.: IRE Trans. Med. Electron. 6, 179 (1959)
3. Lu Bow, B.: Electronics, October 31, 1966, 75
4. Godfrey, K. R.: Automatica 16, 537 (1980)
5. Limonard, C. B. G.: Anal. Chim. Acta 103, 133 (1978)
6. Chatfield, C.: Analyse von Zeitreihen. Leipzig, BSB B. G. Teubner Verlagsgesellschaft 1982
7. Reintjes, J. F.: Proc. NEC 7, 390 (1951)
8. Betty, K. R., Horlick, G.: Appl. Spectrosc. 32, 31 (1978)
9. Betty, K. R., Horlick, G.: Anal. Chem. 48, 1899 (1976)
10. Hieftje, G. M.: Anal. Chem. 44 (7), 69A (1972)
11. Cooley, V. W., Tukey, J. W.: Math. Comp. 19, 297 (1965)
12. Horlick, G.: Chemistry in Canada, 34, 21 (1983)
13. Fraikin, J., Löscher, S.: Radio Fernsehen Elektronik 33, 486 (1984)

14. Ng, R. C. L., Horlick, G.: Spectrochim. Acta 36B, 529 (1981)
15. Alkemade, C. Th. J., et al.: Spectrochim. Acta 33B, 383 (1978)
16. Boutilier, G. D., et al.: Spectrochim. Acta 33B, 401 (1978)
17. Alkemade, C. Th. J., et al.: Spectrochim. Acta 35B, 261 (1980)
18. Hieftje, G. M.: Anal. Chem. 44 (6), 81A (1972)
19. Doerffel, K., Eckschlager, K.: Optimale Strategien in der Analytik, VEB Deutscher Verlag für Grundstoffindustrie, Leipzig 1981
20. Belchamber, R. M., Horlick, G.: Spectrochim. Acta 37B, 1075 (1982)
21. Alkemade, C. Th. J., et al.: Spectrochim. Acta 38B, 669 (1983)
22. Belchamber, R. M., Horlick, G.: Spectrochim. Acta 37B, 1037 (1982)
23. Lam, R. B., Sparks, D. T., Isenhour, T. L.: Anal. Chem. 54, 1927 (1982)
24. Black, W. W.: Nucl. Instrum. Methods 71, 317 (1969)
25. Wundrack, A., Doerffel, K.: in Vorb.
26. Horlick, G.: Anal. Chem. 45, 319 (1973)
27. Ng, R. C. L., Horlick, G.: Spectrochim. Acta 36B, 543 (1981)
28. Beech, G.: Anal. Chim. Acta 83, 133 (1976)
29. Lee, Y. W., Cheatham, T. P., Jr., Wiesner, J. B.: Proc. IRE, 38, 1165 (1950)
30. Wydler, C.: Analytiker-Taschenbuch, Bd. 2, Berlin, Heidelberg: Springer 1981
31. Plato, M., Möbius, K.: Meßtechnik 80, 224 (1972)
32. Grampp, G., Schiller, C. A.: Anal. Chem. 53, 560 (1981)
33. Ziegler, E., Hoffmann, E. G.: Fresenius Z. Anal. Chem. 240, 145 (1968)
34. Hieftje, G. M., Bystroff, R. I., Lim, R.: Anal. Chem. 45, 253 (1973)
35. Mann, C. K., Goleniewski, J. R., Sismanidis, C. A.: Appl. Spectrosc. 36, 223 (1982)
36. Lam, R. B.: Appl. Spectrosc. 37, 567 (1983)
37. Honigs, D. E., Hieftje, G. M., Hirschfeld, T.: Appl. Spectrosc. 38, 317 (1984)
38. Izawa, K., Furuta, K., Fujiwara, T., Suyama, N.: Ind. Chim. Belge. 32, 223 (1967)
39. Smit, H. C., Duursma, R. P. J., Steigstra, H.: Anal. Chim. Acta 133, 283 (1981)
40. Smit, H. C.: Trends in Anal. Chem. 2, 1 (1983)
41. Lub, T. T., Smit, H. C., Poppe, H.: J. Chrom. 149, 721 (1978)
42. Laeven, J. M., Smit, H. C., Kraak, J. C.: Anal. Chim. Acta 150, 253 (1983)
43. Smit, H. C., Lub, T. T., Vloon, W. J.: Anal. Chim. Acta 122, 267 (1980)
44. Kaljurand, M., Küllik, E.: J. Chrom. 186, 145 (1979)
45. Kaljurand, M., Küllik, E.: J. Chrom. 171, 243 (1979)
46. Annino, R., Gonnord, M.-F., Guiochon, G.: Anal. Chem. 51, 379 (1979)
47. Phillips, J. B.: Anal. Chem. 52, 468A (1980)
48. Phillips, J. B.: Trends in Anal. Chem. 1, 163 (1982)
49. Dorsey, C. C., Pelletier, M. J., Harris, J. M.: Rev. Sci. Instrum. 50, 333 (1979)
50. Ramsey, J. M., Hieftje, G. M., Haugen, G. R.: Appl. Opt. 18, 1913 (1979)
51. Hieftje, G. M., Vogelstein, E. E. in: Modern Fluorescence Spectroscopy Vol. 4, S. 25–50, (ed. E. L. Wehry) Plenum: New York 1981
52. Spencer, R. D., Weber, G.: Ann. NY Acad. Sci. 158, 361 (1969)
53. Gratton, E., Limkeman, M.: Biophysical Journal 44, 315 (1983)
54. Russo, R. E., Hieftje, G. M.: Appl. Spectrosc. 36, 92 (1982)
55. Gratton, E., Jameson, D. M., Rosato, N., Weber, G.: Rev. Sci. Instrum. 55, 486 (1984)
56. Spears, K. G., Cramer, L. E., Hoffland, L. D.: Rev. Sci. Instrum. 49, 255 (1978)

57. Hieftje, G. M., Haugen, G. R.: Anal. Chem. 53, 755A (1981)
58. Kirkbright, G. F., Miller, R. M., Rzadkiewicz, A.: J. Phys., Colloq. C6, 249 (1983)
59. Kirkbright, G. F., Miller, R. M.: Anal. Chem. 55, 502 (1983)
60. Sugitani, Y., Uejima, A., Kato, K.: J. Photoacoustics 1, 217 (1982)
61. Sugitani, Y., Uejima, A.: Bull. Chem. Soc. Jpn. 57, 2023 (1984)
62. Kirkbright, G. F., Miller, R. M., Spillane, D. M. E., Sugitani, Y.: Anal. Chem. 56, 2043 (1984)
63. Bartlett, M. S.: J. R. Statist. Soc. 8B, 27 (1946)
64. Müskens, P. J. W. M.: Anal. Chim. Acta 103, 445 (1978)
65. Limonard, C. B. G., Pijpers, F. W.: Anal. Chim. Acta 103, 253 (1978)
66. Wundrack, A.: Diss. TH Merseburg
67. Stadalius, M. A., Gold, H. S.: Anal. Chem. 55, 49 (1983)
68. Powell, L. A., Hieftje, G. M.: Anal. Chim. Acta 100, 313 (1978)
69. Vickers, T. J., Mann, C. K., Marley, N. A., King, T. H.: Int. Lab. 14(9), 12 (1984)
70. Davies, J. H.: Anal. Chem. 42 (6), 101A (1970)
71. Millan, M. M., Hoff, R. M.: Appl. Opt. 16, 1609 (1977)
72. Beilke, S., Markusch, H., Jost, D.: Comm. Eur. Communities, (Rep.) EUR 1982, EUR 7624, Phys.-Chem. Behav. Atmos. Pollut., 448
73. Camagni, P., et al.: Nuovo Cimento 4C, 359 (1981)
74. Williams, D. T., Kolitz, B. L.: Appl. Opt. 7, 607 (1968)
75. Swalen, J. D., Gladney, H. M.: IBM Journal, November 1964, 515
76. Bryant, Wm. F., Trivedi, M., Hinchman, B., Sofranko, S., Mitacek, P.: Anal. Chem. 52, 38 (1980)
77. Ernst, R. R.: J. Magn. Reson. 3, 10 (1970)
78. Villalanti, D. C., Burke, M. F., Phillips, J. B.: Anal. Chem. 51, 2222 (1979)
79. Hendrix, M., Leipertz, A.: Physik in unserer Zeit 15 (3), 68 (1984)
80. Derderian, E. J., MacRury, T. B.: J. Dispersion Sci. and Techn. 2, 345 (1981)
81. Fytas, G., Dorfmuller, T., Chu, B.: J. Polym. Sci. Polym. Phys. Ed. 22, 1471 (1984)
82. Elson, E. L., Magde, D.: Biopolymers 13, 1 (1974) u. 29 (1974)
83. Haugen, G. R., Hieftje, G. M., Steinmetz, L. L., Russo, R. E.: Appl. Spectrosc. 36, 203 (1982)
84. Broto, P., Moreau, G., Vandycke, C.: Eur. J. Med. Chem.-Chim. Ther. 19, 66 (1984)
85. Broto, P., Moreau, G., Vandycke, C., in: Computer Applications in Chemistry, S. 263 (ed.: Heller, S. R., Potenzone, R., Jr.) Elsevier Sci. Publ., Amsterdam 1983
86. Broto, P., Moreau, G., Vandycke, C.: Eur. J. Med. Chem.-Chim. Ther. 19, 79 (1984)
87. Kowalski, B. R., Reilly, C. A.: J. Phys. Chem. 75, 1402 (1971)
88. Beck, M.: J. Phys. E: Sci. Instrum. 14, 7 (1981)
89. Andrews, D. R.: J. Phys. E: Sci. Instrum. 16, 706 (1983)

Statistische Methoden für die Analytik
Grundlagen und praktische Anwendungen

Professor Dr. Wolfram Baumann

Fachbereich Chemie, Universität Mainz
Jakob-Welder-Weg 26, D-55128 Mainz

1 Einleitung

Im Laufe ihrer langen Geschichte hat die Chemie zum besseren Verständnis und zur genaueren Beschreibung experimentell beobachteter Phänomene zunehmend kompliziertere mathematische Formalismen herangezogen und auch mitentwickelt — man denke zum Beispiel an Thermodynamik, die Kinetik und die Quantenchemie. Mit den Angaben von Mittelwerten und Standardabweichungen als Mittel etwa zur zusammenfassenden Angabe einer Reihe von Meßergebnissen hat sie auch Hilfsmittel der

Statistik benutzt. Aber erst die Entwicklung der modernen analytischen Chemie zu einem betont quantitativen Zweig der Chemie, der obendrein über die angewandten Nachweismethoden heute in hohem Maße physikalisch durchdrungen ist, hat in jüngster Zeit die Anwendung auch komplizierterer Methoden der Statistik in rasch wachsendem Umfang notwendig gemacht.

Betrachtet man die sich dann mit der Anwendung solcher Methoden dem analytisch arbeitenden Chemiker stellenden Probleme genauer, so zeigt sich, daß nicht so sehr die richtige Anwendung von statistischen Arbeitsvorschriften und ihre korrekte rechnerische Abarbeitung Schwierigkeiten bereiten, sondern daß einige recht wenige Grundvorstellungen aus Statistik und Wahrscheinlichkeitstheorie meist nicht vorhanden sind, was dann eine wohlverstandene und damit angemessene Anwendung statistischer Methoden oft sehr erschwert, wenn nicht überhaupt unmöglich macht.

Daher soll dieser Artikel vor allem die Grundbegriffe und Grundgedanken aus Wahrscheinlichkeitstheorie und mathematischer Statistik diskutieren, wobei naturgemäß auf Grundbegriffe der Mathematik nicht verzichtet werden kann.

Es soll dann weiter gezeigt werden, daß Fehlerangaben zum Beispiel bei der Angabe eines mittleren Wirkstoffgehalts mit Mitteln der Statistik nicht „richtiger" oder „besser" werden, daß vielmehr die Statistik uns Mittel an die Hand gibt, subjektive Willkür in der Schätzung von Fehlern durch objektive, übertragbare und quantitative, in ihrer Unsicherheit definierte Fehlerangaben zu ersetzen.

Um das gestellte Ziel zu erreichen, darf der Artikel keine lehrbuchähnliche Breite haben — er muß sich auf die modellhaft wichtigsten Anwendungen der Statistik in der analytischen Chemie beschränken. Danach sollte der Leser in der Lage sein, mit Hilfe von Lehrbüchern der Statistik speziellere statistische Methoden auf seine vielleicht komplizierteren Verhältnisse richtig anzuwenden.

2 Wahrscheinlichkeitstheorie und Eigenschaften von Grundgesamtheiten

2.1 Ereignisse

Führt man ein Experiment durch, so ist sein Ergebnis mehr oder weniger zufallsbedingt — wiederholte Durchführung ein und desselben Experiments führt zu mehr oder weniger unterschiedlichen Ergebnissen. Man spricht daher von einem *Zufallsexperiment*.

Führt man ein solches Zufallsexperiment einmal aus, beobachtet man als Ergebnis ganz allgemein ein *Ereignis*. Solche Ereignisse sind z. B. mit einem Photometer gemessene Extinktionswerte.

Jedes solches Ereignis ist eine Teilmenge der *Grundgesamtheit* genannten Menge E aller bei dem betrachteten Experiment möglichen *Elementarereignisse* e_i, also $E = \{e_i\}$.

Als sicheres *Ereignis* S bezeichnet man das Ereignis, das alle Elemente der Menge E enthält.

Als *unmögliches Ereignis* 0 bezeichnet man das Ereignis, das kein Element der Menge E enthält.

Das zum Ereignis A *komplementäre Ereignis* $\bar{A}$ ist definiert als

$$\bar{A} = E - A. \tag{1}$$

Zur späteren Berechnung von Wahrscheinlichkeiten braucht man auch in der Praxis häufig Verknüpfungsregeln zwischen zwei (oder analog mehreren) Ereignissen:

$$C_1 = A + B \tag{2}$$

ist das Ereignis, das eintritt, wenn A oder B oder A und B gemeinsam eintreten,

$$C_2 = A - B \tag{3}$$

ist das Ereignis, das eintritt, wenn A eintritt und gleichzeitig B nicht eintritt,

$$C_3 = A \cdot B \tag{4}$$

ist das Ereignis, das eintritt, wenn sowohl A als auch B eintritt.

Kann man ein Ereignis in der Form darstellen:
„Eine Funktion X hat den Wert x angenommen", nennt man diese Funktion *Zufallsvariable* $\mathcal{X}$ (hier durch Kursivdruck gekennzeichnet). Die Zufallsvariablen der analytischen Chemie sind die durch die jeweiligen experimentellen Vorschriften gegebenen *Meßgrößen*; es liefert die i-te Beobachtung einer Meßgröße $\mathcal{X}$ einen (von i. A. vielen möglichen) *Meßwert* x_i.

Auch bei Fragestellungen wie dem Sortieren in „gut" und „schlecht" kann man stets eine Funktion $\mathcal{X}$ definieren, deren Meßwerte etwa 0 (für „schlecht") und 1 (für „gut") sein können. Vorteil des Umgangs mit Zufallsvariablen gegenüber dem mit den Ereignissen selbst ist, daß man sie mathematisch wie Funktionen behandeln kann.

2.2 „Wahrscheinlichkeit" von Ereignissen

Es werde betrachtet ein Zufallsexperiment, das Ereignisse A liefert, etwa die Messung der Meßgröße $\mathcal{X}$ mit Meßwerten $X = x_i$.

Dann existiert zu jedem Ereignis A eine Zahl P(A) genannt *Wahrscheinlichkeit* dieses Ereignisses.

Also ist $P(\mathcal{X} = x_1)$ oder kurz $P(x_1)$ die Wahrscheinlichkeit dafür, daß bei einer Messung der Meßgröße $\mathcal{X}$ der Meßwert x_1 gefunden wird, und es ist $P(a < \mathcal{X} \leqq b)$ die Wahrscheinlichkeit dafür, daß die Messung der Meßgröße $\mathcal{X}$ irgendeinen Wert im Intervall $a < x \leqq b$ liefert.

Es gelten folgende, für die Praxis wichtige Regeln für den Umgang mit Wahrscheinlichkeiten, die allerdings nicht alle benötigt werden, um eine Wahrscheinlichkeitstheorie zu begründen.

1. $0 \leqq P(A) \leqq 1$ (5)
2. $P(S) = 1$ (6)
3. $P(0) = 0$ (7)

4. $P(A) = 1 - P(\bar{A})$ (8)
   oder analog
   $P(\mathcal{X} > c) = 1 - P(\mathcal{X} \leqq c)$.
5. Wenn zwei Ereignisse A_1 und A_2 sich gegenseitig ausschließen, gilt
   $$P(A_1 + A_2) = P(A_1) + P(A_2). \quad (9)$$
6. Wenn zwei Ereignisse A_1 und A_2 unabhängig voneinander sind, gilt
   $$P(A_1 \cdot A_2) = P(A_1)\,P(A_2). \quad (10)$$

P(A) kann häufig als sogenannte a priori-Wahrscheinlichkeit in vielen Modellfällen sofort aus den Gegebenheiten des betrachteten Experiments angegeben werden. In den den analytischen Chemiker interessierenden Fällen kann sie gewöhnlich nur über eine sehr große Anzahl von Wiederholungen des Experiments — und dann grundsätzlich nur näherungsweise — als a posteriori-Wahrscheinlichkeit angegeben werden.

Beispiel:

Gegeben sei ein regulärer Würfel, der hintereinander zweimal geworfen werde. Die Wahrscheinlichkeit, mit Wurf a z. B. eine 1 zu würfeln, ist $P_a(1) = 1/6$ (da alle 6 Seiten gleich wahrscheinlich sind), die Wahrscheinlichkeit, mit Wurf b z. B. eine 4 zu würfeln, ist $P_b(4) = 1/6$.
Wegen der Unabhängigkeit der beiden Würfe ist die Wahrscheinlichkeit $P_{ab}(1,4)$ mit Wurf a eine 1 und mit b eine 4 zu würfeln, gleich $P_{ab}(1,4$ $= P_a(1) \cdot P_b(4) = 1/36$.
Fragt man lediglich nach der Wahrscheinlichkeit der Zahlenkombination 1,4 ohne Zuordnung zu einem bestimmten Wurf, dann ist nach Axion III

$$P(1,4) = P_{ab}(1,4 + 4,1) = P_{ab}(1,4) + P_{ab}(4,1) = \frac{2}{36}.$$

Würde der Würfel unregelmäßig abgenutzt sein, kann P(1) oder P(4) nur nach sehr vielen Würfen ungefähr angegeben werden, und beide Werte werden wohl unterschiedlich und nicht gleich 1/6 sein.

2.3 Wahrscheinlichkeitsfunktion und Verteilungsfunktion einer diskreten Zufallsvariablen

Eine Zufallsvariable bzw. Meßgröße $\mathcal{X}$ heißt *diskret*, wenn sie

1. nur endlich viele oder abzählbar unendlich viele reelle Werte x annehmen kann und wenn
2. in jedem endlich Intervall nur endlich viele solcher Werte liegen.

Über die Wahrscheinlichkeit

$$P(\mathcal{X} = x_i) = p_i \quad (11)$$

der diskreten Ereignisse $\mathcal{X} = x_i$ wird die *Wahrscheinlichkeitsfunktion* f(x) der Zufallsvariablen bzw. Meßgröße $\mathcal{X}$ definiert

$$f(x) = \begin{cases} p_i & \text{für} \quad x = x_i \\ 0 & \text{für alle übrigen x.} \end{cases} \quad (12)$$

Da die Ereignisse $\mathcal{X} = x_i$ sich gegenseitig ausschließen, folgt nach Gl. (9)

$$P(a < \mathcal{X} \leqq b) = \sum_{a<x_i \leqq b} f(x_i) = \sum_{a<x_i \leqq b} p_i \tag{13}$$

und wegen Gl. (6)

$$P(-\infty < \mathcal{X} \leqq +\infty) = 1 = \sum_{-\infty<x \leqq +\infty} f(x_i). \tag{14}$$

Vereinbarungsgemäß betrachtet man stets nach unten offene, nach oben geschlossene Intervalle, was eine der beiden Möglichkeiten ist, Intervalle formal sauber aneinander anzuschließen.

Analog wird über die Wahrscheinlichkeit $P(\mathcal{X} \leqq x)$ die *Verteilungsfunktion* $F(x)$ der Zufallsvariablen bzw. Meßgröße $\mathcal{X}$ definiert

$$F(x) = P(\mathcal{X} \leqq x). \tag{15}$$

Da $\mathcal{X} \leqq \infty$ ein sicheres Ereignis bedeutet, $\mathcal{X} \leqq -\infty$ ein unmögliches Ereignis, folgt sofort aus Gl. (15) und Gln. (6) bzw. (7)

$$F(+\infty) = 1, \tag{16}$$

$$F(-\infty) = 0. \tag{17}$$

Die Verteilungsfunktion kann demnach nur Werte zwischen 0 und 1 annehmen. Zwischen $F(x)$ und $f(x)$ besteht ein wichtiger Zusammenhang, der durch Vergleich von Gl. (13) mit $a = -\infty$ und $b = x$ und Gl. (15) sofort ersichtlich ist

$$F(x) = \sum_{-\infty<x_i \leqq x} f(x_i). \tag{18}$$

Kennt man $F(x)$, dann kann die Wahrscheinlichkeit $P(a < \mathcal{X} \leqq b)$ sofort einfach berechnet werden. Denn da die Ereignisse $a < \mathcal{X} \leqq b$ und $\mathcal{X} \leqq a$ sich gegenseitig ausschließen, ist

$$P(a < \mathcal{X} \leqq b) + P(\mathcal{X} \leqq a) = P(\mathcal{X} \leqq b), \tag{19}$$

und es folgt mit Gl. (15)

$$\begin{aligned} P(a < \mathcal{X} \leqq b) &= P(\mathcal{X} \leqq b) - P(\mathcal{X} \leqq a) \\ &= F(b) - F(a). \end{aligned} \tag{20}$$

Graphisch zeigt die Abb. 1 den Zusammenhang von $F(x)$ und $f(x)$ für das Beispiel des regulären Würfels.

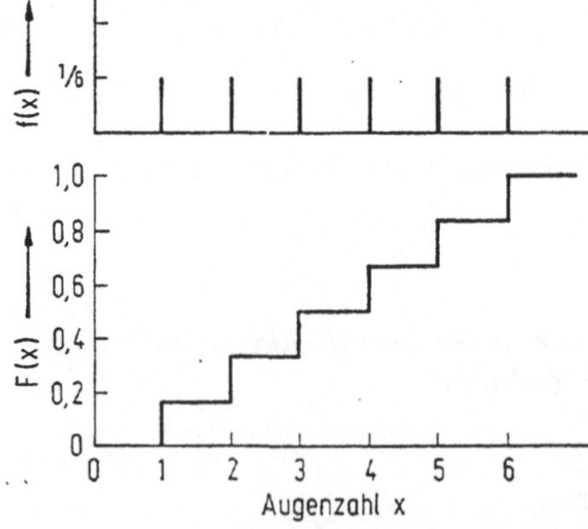

Abb. 1. Graphische Darstellung von $f(x)$ und $F(x)$ beim regulären Würfel. Bei einem irregulären Würfel wären für die x_i die $f(x_i)$ unterschiedlich und folglich wären die Stufen in $F(x)$ unterschiedlich hoch

2.4 Wahrscheinlichkeitsdichte und Verteilungsfunktion einer stetigen Zufallsvariablen

Eine Zufallsvariable bzw. Meßgröße $\mathcal{X}$ heißt *stetig*, wenn

1. die zugehörige *Verteilungsfunktion* F(x) in Integralform dargestellt werden kann:

$$F(x) = P(\mathcal{X} \leqq x) = \int_{-\infty}^{x} f(r)\,dr \tag{21}$$

und

2. der Integrand f(r) eine nichtnegative und bis auf höchstens endlich viele Punkte stetige Funktion ist.

Diese Voraussetzungen erfüllen viele der in einem analytischen Labor anfallenden Meßgrößen, so daß es der analytische Chemiker vorwiegend mit stetigen Zufallsvariablen zu tun hat.

Der Integrand f(r) heißt *Wahrscheinlichkeitsdichte* und gibt die Verteilung der Wahrscheinlichkeit auf die Werte x der Meßgröße $\mathcal{X}$ an. f(x) kann aus F(x) durch Differentiation erhalten werden

$$f(x) = F'(x). \tag{22}$$

Die Beziehungen Gl. (16) und Gl. (17) gelten mit derselben Argumentation wie dort auch bei stetigen Zufallsvariablen bzw. Meßgrößen. Insbesondere gilt auch die häufig benutzte Beziehung

$$P(a < \mathcal{X} \leqq b) = \int_{a}^{b} f(r)\,dr = F(b) - F(a), \tag{23}$$

die, wie unter 2.3 gezeigt, bewiesen werden kann.

Abbildung 2 veranschaulicht F(x) und f(x) und ihre Wechselbeziehungen am Beispiel der Streuung der Meßwerte x einer typischen stetigen Meßgröße $\mathcal{X}$.

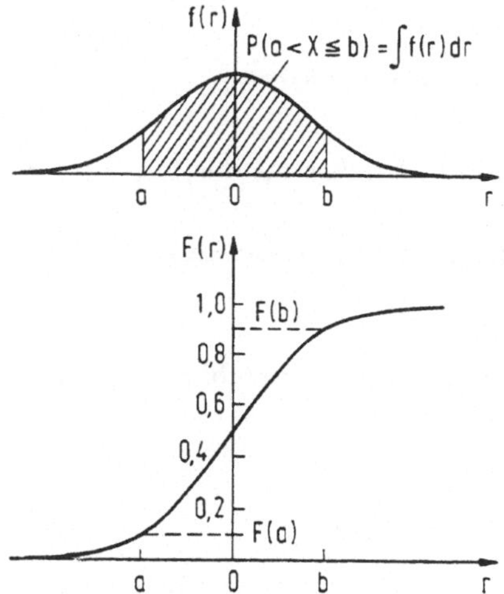

Abb. 2. Graphische Darstellung von f(x) und F(x). P (a < X ≦ b) wird aus f(x) durch Integration von a bis b und aus F(x) durch einfache Differenzbildung der Funktionswerte bei b und a erhalten

2.5 Maßzahlen

Maßzahlen sind aus der Wahrscheinlichkeitsfunktion bzw. -dichte einer Zufallsvariablen $\mathcal{X}$ nach bestimmten Vorschriften abgeleitete Größen, bzw. im konkreten Einzelfall die Zahlenwerte dieser Größen. Sie kennzeichnen zwar die betrachtete *Verteilung* der Wahrscheinlichkeit auf die möglichen Ereignisse $\mathcal{X} = x$ in gewisser Weise, beinhalten aber nicht mehr die vollständige Information, wie sie mit F(x) oder f(x) gegeben ist.

Da Maßzahlen andererseits als einfache Zahlen viel bequemer handhabbar sind als z. B. diskrete Verteilungsfunktionen, ist es nicht verwunderlich, daß einige von ihnen herausragende Bedeutung erlangt haben. Dies sind insbesondere solche Maßzahlen, die eine Aussage zur Lage der Verteilung einer Meßgröße oder zu deren Streubreite machen. Die wichtigsten, *Mittelwert* und *Varianz*, sind Spezialfälle von allgemeineren Maßzahlen, den *Momenten*.

2.5.1 *Der Erwartungswert*

Der *Erwartungswert* $\mathcal{E}(g(\mathcal{X}))$ einer Funktion g der Zufallsvariablen $\mathcal{X}$ ist definiert als

$$\mathcal{E}(g(\mathcal{X})) = \sum_i g(x_i)\, f(x_i) \qquad \text{für diskrete Zufallsvariable} \qquad (24)$$

$$\mathcal{E}(g(\mathcal{X})) = \int_{-\infty}^{+\infty} g(x)\, f(x)\, dx \qquad \text{für stetige Zufallsvariable.} \qquad (25)$$

2.5.2 *Das k-te Moment*

Das *k-te Moment* der Verteilung einer Zufallsvariablen $\mathcal{X}$ ist definiert als der Erwartungswert der k-ten Potenz der Funktion $g(\mathcal{X}) = \mathcal{X}$, also

$$\mathcal{E}(\mathcal{X}^k) = \sum_i x_i^k\, f(x_i) \qquad \text{für diskrete Zufallsvariable} \qquad (26)$$

$$\mathcal{E}(\mathcal{X}^k) = \int_{-\infty}^{+\infty} x^k f(x)\, dx \qquad \text{für stetige Zufallsvariable.} \qquad (27)$$

Das erste Moment einer Verteilung nennt man *Mittelwert* μ der Verteilung, also

$$\mu = \mathcal{E}(\mathcal{X}) = \sum_i x_i f(x_i) \qquad \text{für diskrete Zufallsvariable} \qquad (28)$$

$$\mu = \mathcal{E}(\mathcal{X}) = \int_{-\infty}^{+\infty} x f(x)\, dx \qquad \text{für stetige Zufallsvariable.} \qquad (29)$$

2.5.3 *Das k-te zentrale Moment*

Das *k-te zentrale Moment* der Verteilung einer Zufallsvariablen $\mathcal{X}$ ist definiert als der Erwartungswert der k-ten Potenz der Funktion $g(\mathcal{X}) = (\mathcal{X} - \mu)$, also

$$\mathcal{E}((\mathcal{X} - \mu)^k) = \sum_i (x_i - \mu)^k f(x_i) \quad \text{für diskrete Zufallsvariable} \quad (30)$$

$$\mathcal{E}((\mathcal{X} - \mu)^k) = \int_{-\infty}^{+\infty} (x - \mu)^k f(x)\, dx \quad \text{für stetige Zufallsvariable.} \quad (31)$$

Das zweite zentrale Moment einer Verteilung nennt man *Varianz* σ^2 der Verteilung, also

$$\sigma^2 = \mathcal{E}((\mathcal{X} - \mu)^2) = \sum_i (x_i - \mu)^2 f(x_i) \text{ für diskrete Zustandsvariable} \quad (32)$$

$$\sigma^2 = \mathcal{E}((\mathcal{X} - \mu)^2) = \int_{-\infty}^{+\infty} (x - \mu)^2 f(x)\, dx \text{ für stetige Zufallsvariable.} \quad (33)$$

Es kann einfach gezeigt werden, daß gilt:

$$\sigma^2 = \mathcal{E}(\mathcal{X}^2) - (\mathcal{E}(\mathcal{X}))^2 = \mathcal{E}(\mathcal{X}^2) - \mu^2. \quad (34)$$

Die höheren zentralen Momente und auch Momente benötigt der analytische Chemiker nur in seltenen Fällen, z. B. das dritte zentrale Moment zur Charakterisierung der Schiefe einer unsymmetrischen Verteilung von Meßgrößen (siehe dazu Lehrbücher).

2.5.4 *Die Kovarianz zweier Zufallsvariabler*

Es seien $\mathcal{X}$ und $\mathcal{Y}$ zwei Zufallsvariable und

$$\mathcal{Z} = \mathcal{X} + \mathcal{Y} \quad (35)$$

deren Summe. Dann gilt nach Gl. (34) für die Varianz von $\mathcal{Z}$

$$\sigma_z^2 = \mathcal{E}(\mathcal{Z}^2) - (\mathcal{E}(\mathcal{Z}))^2, \quad (36)$$

woraus nach Einsetzen von Gl. (35) folgt

$$\sigma_z^2 = \sigma_x^2 + \sigma_y^2 + 2\sigma_{xy}, \quad (37)$$

mit der *Kovarianz* σ_{xy} der Zufallsvariablen $\mathcal{X}$ und $\mathcal{Y}$

$$\sigma_{xy} = \mathcal{E}(\mathcal{X}\mathcal{Y}) - \mathcal{E}(\mathcal{X})\,\mathcal{E}(\mathcal{Y}). \quad (38)$$

Für zwei unabhängige Zufallsvariable $\mathcal{X}$ und $\mathcal{Y}$ gilt

$$\sigma_{xy} = 0. \quad (39)$$

Dann folgt aus Gl. (37)

$$\sigma_z^2 = \sigma_x^2 + \sigma_y^2, \quad (40)$$

das heißt, die Varianz der Summe zweier (auch mehrerer) unabhängiger Zufallsvariabler ist gleich der Summe der Varianzen.

2.5.5 Der Korrelationskoeffizient zwischen zwei Zufallsvariablen $\mathcal{X}$ und $\mathcal{Y}$

$$\rho_{xy} = \frac{\sigma_{xy}}{\sigma_x \sigma_y} \tag{41}$$

heißt *Korrelationskoeffizient* zwischen $\mathcal{X}$ und $\mathcal{Y}$.

Man sagt, $\mathcal{X}$ und $\mathcal{Y}$ sind *unkorreliert,* wenn $\rho = 0$. Insbesondere sind zwei unabhängige Zufallsvariable (da dann $\sigma_{xy} = 0$) auch unkorreliert. Zwischen zwei Zufallsvariablen bzw. Meßgrößen $\mathcal{X}$ und $\mathcal{Y}$ besteht genau dann eine lineare Beziehung der Form

$$\mathcal{Y} = a\mathcal{X} + b, \tag{42}$$

wenn gilt $\rho_{xy} = 1$.

Der einfache Beweis, der in beiden Richtungen gleichermaßen läuft, soll hier als Beispiel für das Rechnen mit Erwartungswerten gebracht werden.

$$\rho_{xy} = \frac{\sigma_{xy}}{\sigma_x \sigma_y} = \frac{\mathcal{E}(\mathcal{X}\mathcal{Y}) - \mathcal{E}(\mathcal{X})\,\mathcal{E}(\mathcal{Y})}{\sigma_x \sigma_y}. \tag{43}$$

Wegen Gl. (42) ist

$$\begin{aligned}
\sigma_{xy} &= \mathcal{E}(a\mathcal{X}^2 + \mathcal{X}b) - \mathcal{E}(\mathcal{X})\,\mathcal{E}(a\mathcal{X} + b) \\
&= a\mathcal{E}(\mathcal{X}^2) + b\mathcal{E}(\mathcal{X}) - a(\mathcal{E}(\mathcal{X}))^2 - b\mathcal{E}(\mathcal{X}) \\
&= a[\mathcal{E}(\mathcal{X}^2) - (\mathcal{E}(\mathcal{X}))^2] = a\sigma_x^2.
\end{aligned} \tag{44}$$

$$\begin{aligned}
\sigma_y^2 &= \mathcal{E}(\mathcal{Y}^2) - (\mathcal{E}(\mathcal{Y}))^2 \\
&= \mathcal{E}(a^2\mathcal{X}^2 + b^2 + 2ab\mathcal{X}) - a^2(\mathcal{E}(\mathcal{X}))^2 - b^2 - 2ab\mathcal{E}(\mathcal{X}) \\
&= a^2\mathcal{E}(\mathcal{X}^2) - a^2(\mathcal{E}(\mathcal{X}))^2 = a^2\sigma_x^2.
\end{aligned} \tag{45}$$

Also ist

$$\rho_{xy} = \frac{\sigma_{xy}}{\sigma_x \sigma_y} = \frac{a\sigma_x^2}{\pm \sigma_x a \sigma_x} = \pm 1. \tag{46}$$

2.6 Einige häufig benötigte Verteilungen

2.6.1 Die Binominalverteilung

Die diskrete Binominalverteilung beschreibt Verteilungen von Meßgrößen, die bei Experimenten beobachtet werden, die dem folgenden *Bernoulli*-Zufallsexperiment entsprechen:

1. Die mit dem Experiment verknüpfte Zufallsvariable bzw. Meßgröße $\mathcal{X}_1$ kann bei einmaliger Ausführung des Experiments nur zwei Werte annehmen, 1 und 0.
2. $P(\mathcal{X}_1 = 1) = p$
   und damit
   $P(\mathcal{X}_1 = 0) = 1 - p$.
3. Die Werte, die $\mathcal{X}_1$ bei wiederholter Ausführung des Experiments annimmt, sind voneinander unabhängig.

Führt man das Experiment n-mal aus, kann die diskrete Meßgröße $\mathcal{X}_n$ Werte von $\mathcal{X} = 0$ bis $\mathcal{X} = n$ annehmen; ihre Verteilung ist die *Binominalverteilung* mit

$$f(x) = \begin{cases} \binom{n}{x} p^x(1-p)^{n-x} & \text{für } x = 0, 1, 2, \ldots, n \\ 0 & \text{für alle übrigen x.} \end{cases} \tag{47}$$

Zwei Parameter bestimmen die Form der Verteilung:

1. p mit $0 < p \leqq 1$
2. n mit $n = 1, 2, 3, \ldots,$

wobei $\binom{n}{k}$ die Binominalkoeffizienten sind:

$$\binom{n}{k} = \frac{n!}{(n-k)!\,k!}. \tag{48}$$

Mit den Gln. (28) und (32) können die Maßzahlen μ und σ^2 berechnet werden

$$\mu = np \tag{49}$$

$$\sigma^2 = np(1-p). \tag{50}$$

Die Binominalverteilung spielt vor allem bei Sortierproblemen und im biologischen Bereich eine Rolle.

2.6.2 *Die Poissonverteilung*

Die diskrete Poissonverteilung beschreibt Verteilungen von Meßgrößen, die bei Experimenten beobachtet werden, die dem folgenden Poisson-Modell-Zufallsexperiment entsprechen.

1. Die mit dem Experiment verknüpfte Zufallsvariable bzw. Meßgröße $\mathcal{X}_0$ kann in einem gegen Null strebenden Zeitintervall δt nur zwei Werte annehmen, 1 oder 0.
2. $P(\mathcal{X}_0 = 1, \delta t) = \lambda \cdot \delta t$
   und damit
   $P(\mathcal{X}_0 = 0, \delta t) = 1 - \lambda \cdot \delta t.$
3. Die Werte, die $\mathcal{X}_0$ bei wiederholter Ausführung zu verschiedenen Zeiten annimmt, sind voneinander unabhängig.

Beobachtet man das Experiment in einem endlichen Zeitintervall t, kann die diskrete Meßgröße $\mathcal{X}_t$ die Werte 0, 1, 2, ... annehmen; ihre Verteilung ist die Poissonverteilung mit

$$f(x) = \begin{cases} \frac{e^{-a}a^x}{x!} & \text{für } x = 0, 1, 2, \ldots, \\ 0 & \text{für alle übrigen x, wobei } a = \lambda \cdot t \text{ ist.} \end{cases} \tag{51}$$

Nur ein Parameter bestimmt bie Form der Poisson-Verteilung:

$$a > 0.$$

Die Maßzahlen μ und σ^2 können berechnet werden zu

$$\mu = a, \tag{52}$$

$$\sigma^2 = a. \tag{53}$$

Es soll hier darauf hingewiesen werden, daß bei solchen unsymmetrischen Verteilungen der Mittelwert auch nicht näherungsweise mit dem wahrscheinlichsten Wert, also dem mit größtem f(x), zusammenfällt!

Die Poisson-Verteilung spielt vor allem bei Analysen an radioaktiven Proben über Zählverfahren eine Rolle.

2.6.3 Die Normal- oder Gauß-Verteilung

Die stetige Normalverteilung beschreibt meist recht gut Verteilungen von stetigen Meßgrößen $\mathscr{X}$, deren Werte x nur wenig um einen vergleichsweise großen Mittelwert schwanken. Da solche Verteilungen auch in der analytischen Chemie überwiegen, hat die Normalverteilung besondere Bedeutung. Sie ist durch ihre Wahrscheinlichkeitsdichte

$$f(x) = \frac{1}{\sigma\sqrt{2\pi}} \exp\left[-(x - \mu)^2/2\sigma^2\right] \tag{54}$$

oder ihre Verteilungsfunktion

$$F(x) = \frac{1}{\sigma\sqrt{2\pi}} \int_{-\infty}^{x} \exp\left[-(u - \mu)^2/2\sigma^2\right] du \tag{55}$$

gegeben. Die Form der Normalverteilung, oft durch $N(\mu, \sigma^2)$ bezeichnet, wird durch zwei Parameter μ und σ^2 bestimmt, die, wie man zeigen kann, tatsächlich der Mittelwert μ und die Varianz σ^2 der Verteilung sind.

Abb. 3 zeigt einige Normalverteilungen.

Die Verteilungsfunktion kann nicht elementar ausgewertet werden. Um den Umgang mit ihr zu erleichtern, wurde eine standardisierte Normalverteilung $\Phi(z) = N(0, 1)$ eingeführt. Durch die Transformation

$$\frac{r - \mu}{\sigma} = u \tag{56}$$

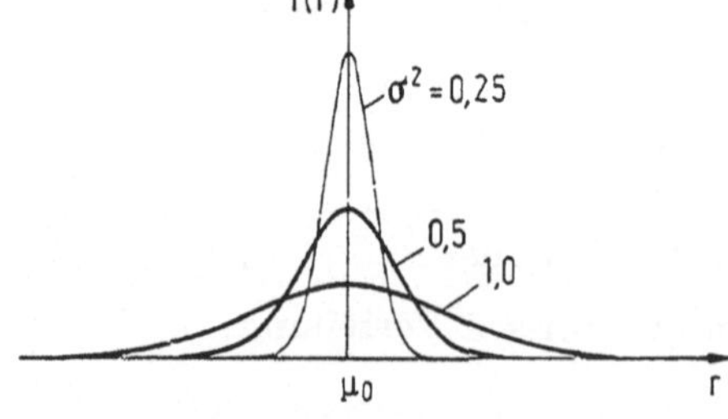

Abb. 3. Wahrscheinlichkeitsdichten von Normalverteilungen mit $\mu = \mu_0$ und $\sigma^2 = 1$, 0,25 und 0,0625

geht das Integral Gl. (55) über in

$$F(x) = \frac{1}{\sqrt{2\pi}} \int_{-\infty}^{\frac{x-\mu}{\sigma}} \exp(-u^2/2)\, du. \tag{57}$$

Die Funktion

$$\Phi(z) = \frac{1}{\sqrt{2\pi}} \int_{-\infty}^{z} \exp(-u^2/2)\, du \tag{58}$$

kann numerisch berechnet werden und ist in allen Lehrbüchern und Tabellenwerken zur Statistik tabelliert.

F(x) kann mit $\frac{x-\mu}{\sigma} = z$ als

$$\Phi\left(\frac{x-\mu}{\sigma}\right) = \Phi(z) \tag{59}$$

aus diesen Tabellenwerten erhalten werden.

Wegen der praktischen Bedeutung der Normalverteilung in der analytischen Chemie wird die Wahrscheinlichkeit für das Auftreten von Meßwerten in einem symmetrischen Intervall um den Mittelwert, der hier gleichzeitig der Maximalwert bzw. wahrscheinlichste Wert ist, dargestellt. Nach Gl. (23) und Gl. (59) ist

$$\begin{aligned} P(\mu - z\sigma < x \leqq \mu + z\sigma) &= F(\mu + z\sigma) - F(\mu - z\sigma) \\ &= \Phi(z) - \Phi(-z). \end{aligned} \tag{60}$$

Die Funktion $\Phi(z) - \Phi(-z)$ ist häufig ebenfalls tabelliert. Wenn nicht, folgt aus der Symmetrie der Normalverteilung N(0, 1)

$$\Phi(-z) = 1 - \Phi(z) \tag{61}$$

und damit

$$\Phi(z) - \Phi(-z) = 2\Phi(z) - 1. \tag{62}$$

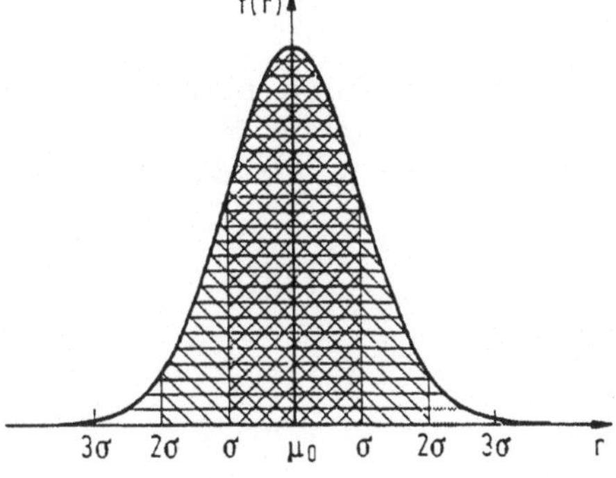

Abb. 4. Die Wahrscheinlichkeit von Meßwerten in einem Intervall um μ als Fläche unter der Wahrscheinlichkeitsdichte der Normalverteilung

Die folgenden Wahrscheinlichkeiten für das Auftreten von einzelnen Meßwerten x sind in der Praxis wichtig:

$$P(\mu - \sigma < \mathcal{X} \leqq \mu + \sigma) \approx 0{,}68, \tag{63}$$

$$P(\mu - 2\sigma < \mathcal{X} \leqq \mu + 2\sigma) \approx 0{,}955, \tag{64}$$

$$P(\mu - 3\sigma < \mathcal{X} \leqq \mu + 3\sigma) \approx 0{,}997. \tag{65}$$

Graphisch ist dies in Abb. 4 dargestellt.

Es sei hier angemerkt, daß für große n und $p \approx 0{,}5$ die Einhüllende einer diskreten Binomialverteilung die Normalverteilung $N(np, np(1-p))$ ist; man sagt, die Binominalverteilung ist asymptotisch normalverteilt mit $n \to \infty$ und $p = 0{,}5$.

2.6.4 *Die logarithmische Normalverteilung*

Viele Verteilungen in der Natur sind nicht symmetrisch wie die Normalverteilung. Wichtige Fälle sind Verteilungen, die einseitig beschränkt sind durch einen Wert c (z. B. c = 0).
In solchen Fällen ist oft nicht die Meßgröße $\mathcal{X}$, sondern die abgeleitete Meßgröße $\ln(\mathcal{X} - c)$ näherungsweise mit $N(\mu, \sigma^2)$ normalverteilt, also

$$f(x) = \begin{cases} \dfrac{1}{\sigma\sqrt{2\pi}} \dfrac{1}{x-c} \exp\left(-(\ln(x-c) - \mu)^2/2\sigma^2\right) & \text{für } x > c \\ 0 & \text{für } x \leqq c. \end{cases} \tag{66}$$

2.6.5 *Die Verteilungsfunktion einer Summe normalverteilter Zufallsvariabler*

Es werden n unabhängige Zufallsvariable bzw. Meßgrößen $\mathcal{X}_i$, alle verteilt mit $N(\mu_i, \sigma_i^2)$ betrachtet. Dann ist die Zufallsvariable

$$\mathcal{Y} = \sum_{i=1}^{n} \mathcal{X}_i \tag{67}$$

ebenfalls normalverteilt, und zwar mit $N(\mu_n, \sigma_n^2)$, wobei gilt

$$\mu_n = \sum_i \mu_i \tag{68}$$

$$\sigma_n^2 = \sum_i \sigma_i^2. \tag{69}$$

Da die Beschreibung von vielen Experimenten durch normalverteilte Meßgrößen geschehen kann, ist dieser Satz sehr wichtig. Sind die Meßgrößen $\mathcal{X}_i$ im Spezialfall alle gleich verteilt mit $N(\mu, \sigma^2)$, dann gilt mit Gln. (68) und (69)

$$\mu_n = \mu \tag{70}$$

$$\sigma_n^2 = n\sigma^2. \tag{71}$$

2.7 Testverteilungen

Die hier anzuführenden Verteilungen sind die Verteilungen von speziellen zusammengesetzten, aus den ursprünglichen Meßgrößen abgeleiteten Zufallsvariablen, die der analytische Chemiker bei der Diskussion der Verteilung von Mittelwerten und Varianzen der ursprünglichen Meßgrößen benötigt — also nicht zur Diskussion der meist als normal verteilt angenommenen Meßgrößen selbst!

2.7.1 Die χ^2-Verteilung

$\mathcal{X}_1, \mathcal{X}_2 \ldots \mathcal{X}_n$ seien n unabhängig mit N(0, 1) normalverteilte Zufallsvariable. Dann heißt

$$\chi^2 = \sum_i \mathcal{X}_i^2 \tag{72}$$

χ^2-Zufallsvariable (gesprochen Chi-Quadrat-Zufallsvariable) mit n Freiheitsgraden.

Sind die $\mathcal{X}_i$ alle mit $N(\mu, \sigma^2)$ normalverteilt, dann ist mit der Transformation nach Absatz 2.6.3 auch $\sum_i \left(\frac{\mathcal{X}_i - \mu}{\sigma}\right)^2$ eine χ^2-Zufallsvariable.

Die Wahrscheinlichkeitsdichte einer χ^2-*Verteilung* mit n Freiheitsgraden ist

$$f_{\chi^2}(x) = \begin{cases} \dfrac{x^{(n-2)/2} e^{-x^2/2}}{2^{n/2}\Gamma(n/2)} & x \geqq 0 \\ & n > 0,\ \text{ganzzahlig} \\ 0 & x < 0 \end{cases} \tag{73}$$

$\Gamma(\alpha)$ heißt *Gammafunktion* und ist definiert für $\alpha > 0$ als

$$\Gamma(\alpha) = \int_0^\infty e^{-t} t^{\alpha-1} dt. \tag{74}$$

Die Gammafunktion $\Gamma(n/2)$ und damit auch die χ^2-Verteilung kann berechnet werden. In der Praxis benutzt man beim Umgang mit der χ^2-Verteilung Tabellen oder Computerprogramme.

Der Mittelwert und die Varianz der χ^2-Verteilung ergibt sich zu

$$\mu = n \tag{75}$$

$$\sigma^2 = 2n. \tag{76}$$

Für große n geht die χ^2-Verteilung in eine Normalverteilung über: sie ist asymptotisch normalverteilt mit $n \to \infty$.

2.7.2 Die t-Verteilung

Es seien $\mathcal{X}$ und $\mathcal{Y}$ unabhängige Zufallsvariable. $\mathcal{X}$ sei normalverteilt mit N(0, 1) und $\mathcal{Y}$ sei χ^2-verteilt mit n-Freiheitsgraden. Dann heißt

$$\mathcal{T}(=t) = \frac{\mathcal{X}}{\sqrt{\mathcal{Y}/n}} \qquad n > 0,\ \text{ganzzahlig} \tag{77}$$

t-Zufallsvariable mit n Freiheitsgrad.

Die *t-Verteilung* hat die Wahrscheinlichkeitsdichte

$$f_t(x) = \frac{\Gamma\left(\frac{n+1}{2}\right)}{\sqrt{n\pi}\,\Gamma(n/2)\left(1+\frac{x^2}{n}\right)^{(n+1)/2}}. \qquad (78)$$

Der Mittelwert existiert nur für $n > 1$:

$$\mu\,(n > 1) = 0, \qquad (79)$$

die Varianz nur für $n > 2$

$$\sigma^2(n > 2) = \frac{n}{n-2}. \qquad (80)$$

Für große n geht die t-Verteilung in die Normalverteilung N(0, 1) über: sie ist asymptotisch normalverteilt mit $n \to \infty$.

2.7.3 *Die F-Verteilung*

Es seien $\mathscr{X}$ und $\mathscr{Y}$ unabhängige Zufallsvariable, die χ^2-verteilt sind mit den Freiheitsgraden m bzw. n.
Dann heißt

$$\mathscr{F} = \left(\frac{\mathscr{X}}{m}\right)\Big/(\mathscr{Y}/n) \qquad (81)$$

F-Zufallsvariable mit (m, n) Freiheitsgraden, wobei gilt $m, n > 0$, ganzzahlig.

Die F-Verteilung ist durch die Verteilungsfunktion

$$F_F(x) = \begin{cases} \dfrac{\Gamma\dfrac{m+n}{2}}{\Gamma\dfrac{m}{2}\,\Gamma\dfrac{n}{2}} \cdot m^{m/2}n^{n/2} \displaystyle\int_0^x \frac{r^{(m-2)/2}\,dr}{(mr+n)^{(m+n)/2}} & x > 0 \\ 0 & x < 0 \end{cases} \qquad (82)$$

beschrieben.

Wie auch die vorangegangenen Verteilungsfunktionen, kann man $F_F(x)$ mit den gegebenen Voraussetzungen direkt berechnen.

2.8 Zentraler Grenzwertsatz

Eine wichtige, weil bei vielen Experimenten auftretende Frage, ist die nach der Verteilung einer Summe von Zufallsvariablen $\mathscr{X}$, deren einzelne Verteilungsfunktionen $F(x_i)$ im Gegensatz zu dem in Abs. 2.6.5. behandelten Fall nicht bekannt sind. Es ist leicht einsichtig, daß unter diesen Umständen allgemein tatsächlich keine Verteilungsfunktionen $F\left(\sum_i x_i\right)$ angegeben werden kann, man kann allenfalls mit Annahmen über die Verteilungsfunktionen $F(x_i)$ dann $F\left(\sum_i x_i\right)$ berechnen.

Solche Berechnungen werden in der Praxis wenig Wert haben. Praktisch wichtig ist dagegen die Frage nach der Verteilungsfunktion $F\left(\sum_i x_i\right)$, wenn die Zahl n der Zufallsvariablen gegen ∞ strebt.

Darauf gibt der *zentrale Grenzwertsatz* eine Antwort.

Es seien $\mathscr{X}_i$ n unabhängige Zufallsvariable. Zu ihren Verteilungen existieren die Momente dritter Ordnung, und es seien die Varianzen $\sigma_i^2 \neq 0$. Dann gilt für die Verteilungsfunktion $F_n(z)$ der Zufallsvariablen

$$\mathscr{Z} = \frac{\sum_i (\mathscr{X}_i - \mu)}{\sqrt{\sum_i \sigma_i^2}} \tag{83}$$

die Grenzbeziehung

$$\lim_{n\to\infty} F_n(z) = \frac{1}{\sqrt{2\pi}} \int_{-\infty}^{z} e^{-u^2/2}\, du \equiv \Phi(z) = N(0, 1). \tag{84}$$

Die Zufallsvariable $\mathscr{Z}$ ist asymptotisch normalverteilt mit N(0, 1).

Für große n kann die Verteilungsfunktion einer Summe unabhängiger Zufallsvariabler als Normalverteilung betrachtet werden, auch wenn die Verteilungsfunktion der einzelnen Zufallsvariablen nicht bekannt ist. Wegen dieses Satzes ist die Normalverteilung in der Praxis so herausragend wichtig.

3 Stichproben

3.1 Zum Verhältnis Stichproben — Grundgesamtheit

Im Abschnitt 2 wurden für Meßgrößen $\mathscr{X}$, deren Verteilung bekannt war, Wahrscheinlichkeitsaussagen gemacht, z. B. über die Wahrscheinlichkeit dafür, daß eine Zufallsvariable bzw. Meßgröße $\mathscr{X}$ den Wert x annimmt, oder es wurden ausgehend von der bekannten Verteilung in bestimmter Weise definierte Maßzahlen berechnet.

Die experimentellen Gegebenheiten, die u. a. der Chemiker im analytischen Labor vorliegen hat, sind dagegen dadurch ausgezeichnet, daß die Verteilungen der Zufallsvariablen bzw. Meßgrößen nicht quantitativ bekannt sind. Dies liegt daran, daß der Experimentator mit endlich vielen einzelnen Meßgrößen x_i, die er für eine Zufallsvariable $\mathscr{X}$ gemessen hat, niemals die *Grundgesamtheit* als Ganzes erfassen kann. Vielmehr muß man die einzelnen Meßwerte x_i als *Stichprobenwerte*, gezogen aus der Grundgesamtheit, betrachten. Die Gesamtheit von n Stichprobenwerten eines abgeschlossenen Satzes solcher Meßwerte nennt man *Stichprobe vom Umfang* n. Eine Stichprobe wurde zwar aus der zugehörigen Grundgesamtheit gezogen, doch ist damit die Grundgesamtheit gewöhnlich nicht quantitativ erfaßt. Aufgabe des analytischen Chemikers ist es daher, aus Eigenschaften der Stichprobe auf die der Grundgesamtheit zu schließen, was nach dem oben Gesagten sicher nur „ungefähr" geschehen kann. Die *analytische Statistik* liefert die Methoden, dieses „Ungefähr" zu optimieren und zu objektivieren.

3.2 Stichprobenverteilungen

3.2.1 Häufigkeitsfunktion einer Stichprobe

Betrachtet man eine Stichprobe vom Umfang n mit $m \leqq n$ verschiedenen Meßwerten x_i, so kann die absolute *Häufigkeit* $k_i(x_i)$ eines Meßwertes x_i einfach dadurch bestimmt werden, daß man die Häufigkeit des Auftretens von x_i in der Stichprobe abzählt.
Die relative *Häufigkeit* $h(x_i)$ eines Meßwertes x_i ist damit definiert als

$$h(x_i) = \frac{k(x_i)}{n}, \tag{85}$$

woraus sofort folgt

$$0 \leqq h(x_i) \leqq 1. \tag{86}$$

Damit wird die *Häufigkeitsfunktion* $\tilde{f}(x)$ der Stichprobe definiert

$$\tilde{f}(x) = \begin{cases} h(x_i) & \text{für } x = x_i \quad (i = 1 \ldots m) \\ 0 & \text{für alle übrigen } x. \end{cases} \tag{87}$$

Insbesondere folgt aus der Definitionsgleichung (85) sofort

$$\sum_{x=x_i} \tilde{f}(x) = 1. \tag{88}$$

3.2.2 Summenhäufigkeitsfunktion einer Stichprobe

Die *Summenhäufigkeitsfunktion* oder *Verteilungsfunktion* $\tilde{F}(x)$ einer Stichprobe ist definiert als

$$\tilde{F}(x) = \sum_{x_i \leqq x} h(x_i) = \sum_{u \leqq x} \tilde{f}(u). \tag{89}$$

Die Definition ist analog zur Verteilungsfunktion einer Zufallsvariablen gewählt. Trotzdem darf die Summenhäufigkeitsfunktion einer Stichprobe und die Verteilungsfunktion einer Zufallsvariablen gedanklich nicht verwechselt werden — wie natürlich auch die Häufigkeitsfunktion einer Stichprobe und die Wahrscheinlichkeitsfunktion einer diskreten Zufallsvariablen nicht verwechselt werden dürfen.

3.3 Mittelwert und Varianz einer Stichprobe

3.3.1 Der Mittelwert einer Stichprobe

Der Mittelwert $\bar{x}$ einer Stichprobe vom Umfang n mit Stichprobenwerten x_i $(i = 1 \ldots n)$ ist definiert als

$$\bar{x} = \frac{\sum_{i=1}^{n} x_i}{n}. \tag{90}$$

Liegen m verschiedene Werte x_j mit relativen Häufigkeiten $h(x_j)$ vor, so ist

$$\bar{x} = \sum_1^m x_j h(x_j)$$
$$= \sum_1^m x_j \tilde{f}(x). \qquad (91)$$

3.3.2 Die Varianz einer Stichprobe

Die Varianz s^2 einer Stichprobe vom Umfang n mit Stichprobenwerten x_i $(i = 1 \ldots n)$ ist definiert als

$$s^2 = \frac{1}{n-1} \sum_1^n (x_i - \bar{x})^2$$
$$= \frac{1}{n-1} \sum_1^n (x_i^2 - \bar{x}^2). \qquad (92)$$

Liegen m verschiedene Werte x_j mit relativen Häufigkeiten $h(x_j)$ vor, so ist

$$s^2 = \frac{n}{n-1} \sum_1^m (x_j - \bar{x})^2 h(x_j)$$
$$= \frac{n}{n-1} \sum_1^m (x_j - \bar{x})^2 \tilde{f}(x)$$
$$= \frac{n}{n-1} \sum_1^m (x_j^2 \tilde{f}(x) - \bar{x}^2). \qquad (93)$$

3.3.3 Standardabweichung und Variationskoeffizient

Die Wurzel aus der Varianz einer Stichprobe bezeichnet man als *Standardabweichung* s

$$s = \sqrt{s^2}. \qquad (94)$$

In Fehlerdiskussionen wird die Standardabweichung s oft auch als *mittlerer quadratischer Fehler* bezeichnet.

s ist das fast ausschließlich benutzte Maß für die absolute Streubreite einer Häufigkeitsverteilung. Als relatives Maß wird der Variationskoeffizient V_k verwendet, definiert als

$$V_k = \frac{s}{\bar{x}}. \qquad (95)$$

3.3.4 Kovarianz und Korrelationskoeffizient einer zweidimensionalen Stichprobe

(x_i, y_i) seien Wertepaare einer Stichprobe vom Umfang n, gezogen aus einer zweidimensionalen Grundgesamtheit mit den Zufallsvariablen $\mathcal{X}$ und $\mathcal{Y}$. Dann ist die Kovarianz dieser Stichprobe definiert als

$$s_{xy} = \frac{1}{n-1} \sum_1^n (x_i - \bar{x})(y_i - \bar{y})$$

$$= \frac{1}{n-1} \sum_1^n x_i y_i - \frac{n}{n-1} \bar{x}\bar{y}. \qquad (96)$$

Mit s_{xy} ist der Korrelationskoeffizient r_{xy} der Stichprobe definiert

$$r_{xy} = \frac{s_{xy}}{s_x s_y}, \qquad (97)$$

wobei s_x und s_y die Stichprobenvarianzen analog Abschnitt 3.3.2 sind.

3.4 Das Gaußsche Fehlerfortpflanzungsgesetz

Ein sehr häufig auftretender Fall ist, daß in einem Experiment zwei (oder mehr) unabhängige fehlerbehaftete Meßgrößen, also Zufallsvariable, $\mathscr{X}$ und $\mathscr{Y}$ getrennt beobachtet werden und dann die eigentlich interessierende Meßgröße $\mathscr{Z}$ nach einem bestimmten, durch das Experiment vorgegebenen funktionalen Zusammenhang berechnet wird, also

$$\mathscr{Z} = g(\mathscr{X}, \mathscr{Y}), \qquad (98)$$

wobei die Funktion g z. B. für die Summe oder das Produkt oder irgendeinen anderen Zusammenhang steht. Die beobachteten Stichprobenwerte z_{ij} sind dann gegeben als

$$z_{ij} = g(x_i, y_j). \qquad (99)$$

Die Stichproben von $\mathscr{X}$ (Umfang n) und $\mathscr{Y}$ (Umfang m) liefern unabhängig Mittelwerte $\bar{x}$ und $\bar{y}$ und Varianzen s_x^2 und s_y^2.
Dann kann der Mittelwert $\bar{z}$ nach Gl. (90) berechnet werden als

$$\bar{z} = \frac{1}{nm} \sum_1^n \sum_1^m z_{ij} = g(\bar{x}, \bar{y}) \qquad (100)$$

und die Varianz s_z^2 nach Gl. (92) als

$$s_z^2 = \frac{1}{nm-1} \sum_1^n \sum_1^m (z_{ij} - \bar{z})^2 = \frac{1}{nm-1} \sum_1^n \sum_1^m (z_{ij}^2 - \bar{z}^2). \qquad (101)$$

Für nicht zu große Abweichungen $z_{ij} - \bar{z}$ kann z_{ij} um $\bar{z}$ linear entwickelt werden, also

$$z_{ij} = g(\bar{x}, \bar{y}) + (x_i - \bar{x}) \frac{\partial}{\partial x} g(x, y)\Big|_{\bar{x},\bar{y}} + (y_i - \bar{y}) \frac{\partial}{\partial y} g(x, y)\Big|_{\bar{x},\bar{y}}. \qquad (102)$$

Daraus folgt nach Einsetzen in Gl. (101)

$$s_z^2 = \frac{1}{nm-1} m(n-1) s_x^2 \left(\frac{\partial}{\partial x} g(x, y)\right)^2_{\bar{x},\bar{y}}$$

$$+ \frac{1}{nm-1} n(m-1) s_y^2 \left(\frac{\partial}{\partial y} g(x, y)\right)^2_{\bar{x},\bar{y}}, \qquad (103)$$

was schon bei recht kleinen Stichprobenumfängen in guter Näherung übergeht in

$$s_z^2 = s_x^2 \left(\frac{\partial}{\partial x} g(x, y)\right)^2_{\bar{x},\bar{y}} + s_y^2 \left(\frac{\partial}{\partial y} g(x, y)\right)^2_{\bar{x},\bar{y}}. \tag{104}$$

Diese Verknüpfung von s_z^2 mit s_x^2 und s_y^2 nennt man *Gaußsches Fehlerfortpflanzungsgesetz.* Es kann durch einfaches Hinzufügen weitere Summanden in Gl. (104) auf mehrere fehlerbehaftete Größen erweitert werden.

4 Schätzen von Parametern

Kennt man die Verteilung einer Meßgröße, so kann man die Verteilung charakterisierende Maßzahlen berechnen, wie in Abschnitt 2.5 gezeigt wurde. Wichtigste Maßzahlen waren der Mittelwert μ und die Varianz σ^2. In der Praxis kennt der Experimentator die Verteilung einer Meßgröße nur leider nicht. Daraus folgt, daß Maßzahlen wie μ und σ^2 nicht exakt angegeben, allenfalls aus entsprechenden Stichproben geschätzt werden können.

4.1 Punktschätzungen

Ziel des Schätzens muß es also zunächst sein, eine allgemein anwendbare *Schätzfunktion* $\tilde{\mathcal{U}}$ für einen zu schätzenden Parameter u der Grundgesamtheit zu finden, die dann mit den n Werten einer Stichprobe einen möglichst guten Schätzwert $\tilde{u}$ für diesen Parameter liefert. Da man auf diese Weise zunächst nur einen Punkt auf der Zahlengeraden erhält,

Tabelle 1. Mögliche Schätzwerte für die Parameter μ und σ^2 einer Normalverteilung

Parameter	Schätzwert
μ von $N(\mu, \sigma^2)$	1. $\bar{x}$
	2. $\frac{\max x_i + \min x_i}{2}$
	3. x_j mit $h(x_j)$ maximal
	4. der Median usw.
σ^2 von $N(\mu, \sigma^2)$	1. $s^2 = \frac{1}{n-1} \sum_i (x_i^2 - \bar{x}^2)$
	2. $s'^2 = \frac{1}{n} \sum_i (x_i^2 - \bar{x}^2)$
	3. $s''^2 = \frac{1}{n} \sum_i x_i^2 - \mu^2$ usw.

spricht man auch von *Punktschätzung.* Wie stets bei Schätzungen, wird es unterschiedliche Schätzfunktionen $\tilde{\mathcal{U}}$ geben, die dann selbst mit derselben Stichprobe unterschiedliche Schätzwerte $\tilde{u}$ für den betrachteten Parameter u der Grundgesamtheit liefern. Die Tabelle 1 zeigt einige Beispiele für unterschiedliche Schätzfunktionen $\tilde{\mathcal{U}}$ für μ und σ^2.

Welche Schätzfunktion ist nun die beste? Um dies zu beantworten, hat man recht allgemeine Forderungen aufgestellt, die gute Schätzfunktionen erfüllen sollen; die drei wichtigsten seien hier genannt. Schätzfunktionen sollen danach sein:

1. konsistent
2. erwartungstreu
3. möglichst wirksam.

4.1.1 Konsistente Schätzfunktionen

Eine selbstverständlich erscheinende Forderung an Schätzfunktionen $\tilde{\mathcal{U}}$ ist, daß sie für großen Stichprobenumfang n Schätzwerte $\tilde{u}$ liefern, die mit n gegen den wahren Parameter u der Grundgesamtheit streben. Diese Bedingung ist erfüllt, eine Schätzfunktion ist also konsistent, wenn

$$\lim_{n \to \infty} \mathcal{E}((\tilde{\mathcal{U}} = u)^2) = 0. \tag{105}$$

4.1.2 Erwartungstreue Schätzfunktionen

Die geforderte Konsistenz einer Schätzfunktion $\tilde{\mathcal{U}}$ ist aus Wahrscheinlichkeitsüberlegungen für das Grenzverhalten für großen Stichprobenumfang abgeleitet. Für endliche Stichprobenumfänge ist eine ebenfalls naheliegende Forderung die folgende:

Zieht man viele Stichproben aus derselben Grundgesamtheit und erhält damit viele, i. A. unterschiedliche Schätzwerte $\tilde{u}$, so soll der Erwartungswert der zugehörigen Schätzfunktion gleich dem zu schätzenden Parameter u der Grundgesamtheit sein, also

$$\mathcal{E}(\tilde{\mathcal{U}}) = u. \tag{106}$$

Schätzfunktionen, die diese Forderung erfüllen, heißen *erwartungstreue* Schätzfunktionen.

4.1.3 Wirksame Schätzfunktionen

Eine naheliegende Forderung ist weiter die, daß die möglichen Schätzwerte $\tilde{u}$ einer erwartungstreuen Schätzfunktion $\tilde{\mathcal{U}}$ sich möglichst dicht um ihren Erwartungswert häufen, was ja eine hohe Wahrscheinlichkeit bedeutet, daß auch eine einzelne Abschätzung des Parameters u durch eine einzige Stichprobe einen Schätzwert $\tilde{u}$ liefert, der nahe beim Parameter u der Grundgesamtheit liegt.

Wenn insbesondere für eine Schätzfunktion $\tilde{\mathcal{U}}$ im Vergleich mit allen möglichen anderen Schätzfunktionen $\tilde{\mathcal{U}}'$ gilt

$$\mathcal{E}((\tilde{\mathcal{U}} - u)^2) \leqq \mathcal{E}((\tilde{\mathcal{U}}' - u)^2) \qquad \text{für alle } \tilde{\mathcal{U}}' \neq \tilde{\mathcal{U}} \tag{107}$$

nennt man $\tilde{\mathcal{U}}$ *wirksamste* Schutzfunktion.

4.1.4 Erwartungstreue von $\bar{\mathcal{X}}$ und $\mathcal{S}^2$

Es wird eine Meßgröße, also Zufallsvariable $\mathcal{X}$, mit beliebiger und unbekannter Verteilung betrachtet. Mit einer aus der zugehörigen Grundgesamtheit gezogenen Stichprobe vom Umfang n sollen die Parameter μ und σ^2 der Verteilung von $\mathcal{X}$ geschätzt werden. Dazu werde willkürlich der Mittelwert $\bar{\mathcal{X}}$ als Schätzfunktion für μ und $\mathcal{S}^2$ für σ^2 benutzt. Sind $\bar{\mathcal{X}}$ und $\mathcal{S}^2$ erwartungstreue Schätzfunktionen?

Es ist nach Gl. (90)

$$\bar{\mathcal{X}} = \frac{1}{n} \sum_1^n \mathcal{X}_i . \tag{108}$$

Damit ist

$$\mathcal{E}(\bar{\mathcal{X}}) = \mathcal{E}\left(\frac{1}{n} \sum_1^n \mathcal{X}_i\right) = \frac{1}{n} \sum_1^n \mathcal{E}(\mathcal{X}_i) . \tag{109}$$

Üblicherweise werden die n Stichprobenwerte x_i als n Meßwerte einer Meßgröße (bzw. Zufallsvariablen) $\mathcal{X}$ aufgefaßt. Man kann aber auch jeden der n Stichprobenwerte als einen einzigen Meßwert von n Meßgrößen $\mathcal{X}_i$ auffassen, die natürlich dieselbe Verteilungsfunktion wie $\mathcal{X}$ selbst haben. Dann ist

$$\mathcal{E}(\mathcal{X}_i) = \mathcal{E}(\mathcal{X}) \tag{110}$$

und damit folgt aus Gl. (109)

$$\mathcal{E}(\bar{\mathcal{X}}) = \frac{1}{n} \sum_1^n \mathcal{E}(\mathcal{X}) \tag{111}$$

und da

$$\mathcal{E}(\mathcal{X}) = \mu \tag{112}$$

folgt

$$\mathcal{E}(\bar{\mathcal{X}}) = \frac{1}{n} \sum_1^n \mu = \frac{1}{n} n\mu = \mu . \tag{113}$$

$\mathcal{X}$ ist also erwartungstreu.

In ähnlicher Weise zeigt man, daß $\mathcal{S}^2$ auch erwartungstreu ist, daß also

$$\mathcal{E}(\mathcal{S}^2) = \sigma^2 . \tag{114}$$

Würde man gemäß Tab. 1. $\mathcal{S}'^2$ als Schätzfunktion benutzt haben, wäre

$$\mathcal{E}(\mathcal{S}'^2) = \frac{n-1}{n} \sigma^2 ; \tag{115}$$

$\mathcal{S}'^2$ ist also eine nicht erwartungstreue Schätzfunktion. Dieser Vergleich zeigt, warum $\mathcal{S}^2$ nach Gl. (92) mit $\frac{1}{n-1}$ als Vorfaktor definiert worden war.

Noch deutlicher wird die Problematik der Wahl einer optimalen Schätzfunktion, wenn μ der Grundgesamtheit bekannt ist (z. B. aus sehr vielen Messungen). Dann ist nämlich nicht $\mathcal{S}^2$ eine erwartungstreue Schätzfunktion, sondern $\mathcal{S}''^2$, definiert in Tabelle 1.
Denn

$$\mathcal{S}''^2 = \frac{1}{n}\left(\sum_1^n \mathcal{X}_i\right) - \mu^2 \tag{116}$$

$$\mathcal{E}(\mathcal{S}''^2) = \frac{1}{n}\sum_1^n \mathcal{E}(\mathcal{X}_i^2) - \mu^2$$

$$= \frac{1}{n} n\mathcal{E}(\mathcal{X}^2) - \mu^2 = \sigma^2. \tag{117}$$

Dies macht deutlich, daß schon bei recht alltäglichen Problemen die vertrauten Schätzer nicht die besten sein können!

Man mache sich aber klar, daß im Einzelfall einer Stichprobe ein Schätzwert s^2 bei unbekanntem μ durchaus nicht am nächsten bei σ^2 liegen muß, sondern daß zufällig auch s''^2 näher bei σ^2 liegen kann!

4.2 Intervallschätzung — Konfidenzintervalle

4.2.1 Definition eines Konfidenzintervalls

In Abschnitt 4.1 wurde deutlich, daß oftmals mehrere Punktschätzer denkbar und konstruierbar sind, die i. A. auch unterschiedliche Schätzwerte $\tilde{u}$ für den einzig interessierenden Parameter der Grundgesamtheit u liefern. Nicht nur für den analytischen Chemiker ist die mit einem Punktschätzer mögliche Angabe ,,u ist ungefähr gleich $\tilde{u}$" unbefriedigend, er möchte Fehlergrenzen angeben, also etwa sagen: u liegt im Intervall $\{\tilde{u}_1, \tilde{u}_2\}$.

Eine Fehlerangabe mit solchen absoluten Fehlergrenzen ist bei Wahrscheinlichkeitsbetrachtungen nur sehr selten (etwa bei durch Maschinen gegebenen Grenzwerten) möglich. Wohl ist aber die Angabe eines Intervalls möglich, in dem u mit vorgegebener Wahrscheinlichkeit liegt. Dazu konstruiert man aus der Verteilung der Zufallsvariablen $\tilde{\mathcal{U}}$ die Intervallgrenzen $\tilde{u}_1$ und $\tilde{u}_2$ so, daß

$$P(\tilde{u}_1 < \mathcal{U} \leqq \tilde{u}_2) = \gamma. \tag{118}$$

Die Werte $\tilde{u}_1$ und $\tilde{u}_2$ werden dabei aus der durch die Stichprobenwerte bestimmten Verteilung der Schätzfunktion $\tilde{\mathcal{U}}$ berechnet. Das Intervall

$$\text{KONF}\{\tilde{u}_1 < u \leqq \tilde{u}_2\} \qquad (\gamma = \ldots)$$

nennt man *Konfidenzintervall.*

Die Länge dieses Intervalls hängt von der *Konfidenzzahl* γ ab, die der Experimentator nach den unterschiedlichsten Gesichtspunkten selbst vorgeben muß.

$\gamma = 0{,}95$ heißt also, daß mit 95% Wahrscheinlichkeit der wahre Parameter u der Grundgesamtheit im Intervall berechnet nach Gl. (118) liegt.

Die Wahl von $\gamma = 0{,}95$ (oder häufig auch 0,99, oder andere Werte) ist im Grunde willkürlich, wie jede Fehlerangabe.

Der Wert der statistischen Methoden liegt nun darin, diese Willkür mit vorgegebenen Methoden zu objektivieren und zu optimal scharfen Aussagen zu gelangen.

In diesem Zusammenhang wird die Bedeutung der Forderung nach konsistenten und wirksamen Schätzfunktionen klarer, als dies in Kapitel 4.1 über Punktschätzer möglich war. Abb. 5 zeigt die Bedeutung dieser Begriffe anhand der Wahrscheinlichkeitsfunktion f $(\tilde{\mathcal{U}} = \tilde{u})$ der Schätzfunktion $\tilde{\mathcal{U}}$.

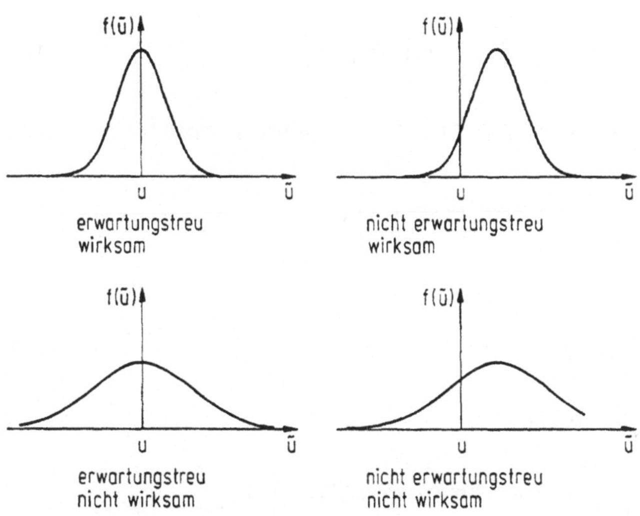

Abb. 5. Zur Erläuterung der Begriffe erwartungstreu und wirksam

4.2.2 Konfidenzintervall für μ einer Normalverteilung bei bekanntem σ^2

Es werde eine Zufallsvariable bzw. Meßgröße $\mathcal{X}$ betrachtet, die normalverteilt sei mit bekannter Varianz σ^2, aber unbekanntem Mittelwert μ. Aus einer Stichprobe vom Umfang n wird $\bar{x}$ berechnet, was einen (Punkt)-Schätzwert für μ liefert.

$$\overline{\mathcal{X}} = \frac{1}{n} \sum_{1}^{n} \mathcal{X}_i \tag{119}$$

soll nun als Schätzfunktion für μ aufgefaßt werden. Dann ist zur Bestimmung der Intervallgrenzen des Konfidenzintervalls für μ die Kenntnis der Verteilung von $\overline{\mathcal{X}}$ Voraussetzung.

Nach Abschnitt 2.6.5 ist $\overline{\mathcal{X}}$ unter den gegebenen Voraussetzungen ebenfalls normalverteilt, und zwar mit $N(\mu, \sigma^2/n)$, wobei eine Transformation nach Gl. (56) auf Standardform zur Zufallsvariablen $\mathcal{Z}$ führt

$$\mathcal{Z} = \frac{\overline{\mathcal{X}} - \mu}{\sigma} \cdot \sqrt{n}, \tag{120}$$

die normalverteilt mit N(0, 1) ist.

Man wählt entsprechend den Erfordernissen eine Konfidenzzahl und kann nach Gl. (11), also aus

$$P(-c < \mathcal{Z} \leqq c) = \gamma \tag{121}$$

über die Tabelle der Verteilungsfunktion der Normalverteilung die Schranken $\pm c$ für die Zufallsvariable $\mathcal{Z}$ berechnen, bzw. nach Rücktransformation gemäß Gl. (56) die Schranke für μ

$$P\left(\overline{\mathcal{X}} - \frac{c\sigma}{\sqrt{n}} < \mu \leqq \overline{\mathcal{X}} + \frac{c\sigma}{\sqrt{n}}\right) = \gamma. \tag{122}$$

Damit ist das Konfidenzintervall mit dem Stichprobenmittelwert $\bar{x}$ bestimmt als

$$\text{KONF}\left\{\bar{x} - \frac{c\sigma}{\sqrt{n}} < \mu \leqq \bar{x} + \frac{c\sigma}{\sqrt{n}}\right\}.$$

Meist schreibt man in der Praxis

$$\mu = \bar{x} \pm \frac{c\sigma}{\sqrt{n}} \quad (\gamma = \ldots) \tag{123}$$

und sollte γ stets mit angeben.

4.2.3 Konfidenzintervall für eine Normalverteilung für μ einer Normalverteilung bei unbekanntem σ^2

Es werde eine Zufallsvariable bzw. Meßgröße $\mathcal{X}$ betrachtet, die normalverteilt sei mit unbekannter Varianz σ^2 und unbekanntem Mittelwert μ. Aus einer Stichprobe vom Umfang n wird $\bar{x}$ berechnet, was einen (Punkt)-Schätzwert für μ liefert.

Unter diesen Voraussetzungen sind

$$\mathcal{Z} = \sqrt{n}\, \frac{\overline{\mathcal{X}} - \mu}{\sigma} \tag{124}$$

und

$$\mathcal{Y} = (n-1)\frac{\mathcal{S}^2}{\sigma^2} \tag{125}$$

unabhängige Zufallsvariable, wobei $\mathcal{Z}$ normalverteilt mit N(0, 1) und $\mathcal{Y}$ χ^2-verteilt mit n-Freiheitsgraden ist. Man eliminiert die unbekannte Varianz σ^2 und erhält die Zufallsvariable

$$\mathcal{T} = \frac{\mathcal{Z}}{\sqrt{\mathcal{Y}/(n-1)}} = \sqrt{n}\, \frac{\overline{\mathcal{X}} - \mu}{\mathcal{S}}. \tag{126}$$

Sie ist nach Absatz 2.7.2 t-verteilt mit n — 1 Freiheitsgraden. Mit den Gln. (23) und (118) und einer vorgegebenen Konfidenzzahl γ ist

$$P(-c < \mathcal{T} \leqq c) = F_t(c) - F_t(-c) = 2F_t(c) - 1 = \gamma, \quad (127)$$

da $F_t(x)$ symmetrisch ist.

Man wählt eine Konfidenzzahl γ und kann dann aus der Tabelle der t-Verteilung den Wert c bestimmen. Damit ist das Intervall

$$\{-c < \mathcal{T} \leqq +c\}$$

und nach Rücktransformation nach Gl. (126) das Konfidenzintervall für μ mit dem Stichprobenmittelwert $\bar{x}$ bestimmt

$$\text{KONF}\left\{\bar{x} - \frac{cs}{\sqrt{n}} < \mu \leqq \bar{x} + \frac{cs}{\sqrt{n}}\right\}.$$

Auch hier schreibt man in der Praxis

$$\mu = \bar{x} \pm \frac{cs}{\sqrt{n}} \quad (\gamma = \ldots). \quad (128)$$

In ähnlicher Weise können Konfidenzintervalle für die Differenz zweier Mittelwerte bestimmt werden, siehe Abschnitt 5.2.

4.2.4 Konfidenzintervall für die Varianz σ^2 einer Normalverteilung

Es werde wieder eine Zufallsvariable bzw. Meßgröße $\mathcal{X}$ betrachtet, die normalverteilt sei mit unbekannter Varianz σ^2 und unbekanntem Mittelwert μ. Aus einer Stichprobe vom Umfang n wird s^2 berechnet, was einen (Punkt-)Schätzwert für σ^2 liefert. Unter diesen Voraussetzungen ist

$$\mathcal{Y} = (n-1)\frac{\mathcal{S}^2}{\sigma^2} \quad (129)$$

eine Zufallsvariable, die χ^3-verteilt mit n — 1 Freiheitsgraden ist. Mit den Gln. (23) und (118) und mit einer vorgegebenen Konfidenzzahl γ ist

$$P(c_1 < \mathcal{Y} \leqq c_2) = F_{\chi^2}(c_2) - F_{\chi^2}(c_1) = \gamma. \quad (130)$$

Im Gegensatz zur Normal- und t-Verteilung ist die χ^2-Verteilung unsymmetrisch, das heißt $c_2 \neq c_1$. Eine notwendige und zweite Beziehung liefert die Forderung, daß die rechts und links außerhalb des Vertrauensbereichs liegenden Wahrscheinlichkeitsintegrale gleich sein sollen, wie in Abb. 6 verdeutlicht.

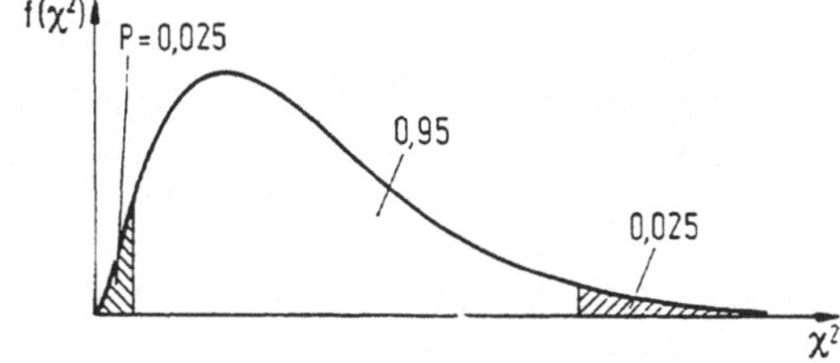

Abb. 6. Zur Bestimmung eines Konfidenzintervalls für die Varianz — unsymmetrische Intervallgrenzen

Damit folgt:

$$F_{\chi^2}(c_1) = \frac{1-\gamma}{2} \tag{131}$$

$$F_{\chi^2}(c_2) = \frac{1+\gamma}{2}. \tag{132}$$

Aus der Tabelle der χ^2-Verteilung bei $n - 1$ Freiheitsgraden wird c_1 und c_2 bestimmt. Damit ist das Intervall

$$\left\{c_1 < (n-1)\frac{s^2}{\sigma^2} < c_2\right\}$$

und nach Auflösen bezüglich σ^2 das Konfidenzintervall für σ^2 bestimmt.

$$\text{KONF}\left\{\frac{n-1}{c_2}s^2 < \sigma^2 < \frac{n-1}{c_1}s^2\right\}.$$

Eine Schreibweise „$\sigma^2 = s^2 \pm \ldots$“ ist wegen der Unsymmetrie des Intervalls nicht möglich!

4.2.5 Konfidenzintervalle bei beliebigen Verteilungen

Die oben gezeigten Methoden zur Bestimmung von Konfidenzintervallen setzen die Normalverteilung der Grundgesamtheit voraus. Kennt man, wie häufig der Fall, die Verteilung nicht, so können die Verfahren grundsätzlich nicht angewandt werden. *Näherungsweise* können diese Verfahren jedoch bei *großen Stichprobenumfängen* trotzdem angewandt werden, da mit dem zentralen Grenzwertsatz aus Absatz 2.8 die Zufallsvariable $\mathcal{X} = \sqrt{n}\,\frac{\overline{\mathcal{X}} - \mu}{\sigma}$ asymptotisch (d. h. für $n \to \infty$) normalverteilt ist mit N(0, 1). Bei kleinen Stichproben aus nicht normalverteilten Grundgesamtheiten ist die Anwendung der genannten Methoden fragwürdig.

4.3 Parameter-Tests

4.3.1 Vorgehensweise beim Testen

Die in 4.2 diskutierten Punkt- und Intervallschätzungen und die damit verbundenen Fragestellungen mache man sich anhand der Abb. 7 am Beispiel des Konfidenzintervalls für den Mittelwert einer Normalverteilung nochmals klar.

Die Fragestellung des Testens ist zwar mit der des Intervallschätzens verwandt, ist andererseits aber in gewisser Weise dazu komplementär. So wird ein Konfidenzintervall für μ um $\bar{x}$ konstruiert, das Testen geschieht mit $\bar{x}$ anhand eines Intervalls um einen hypothetischen Parameter μ_0. Das soll im folgenden erläutert werden.

Aufgrund irgendwelcher Erfahrungen, Vermutungen oder auch eines gesetzlichen oder eines durch einen Kunden vorgeschriebenen Grenz-

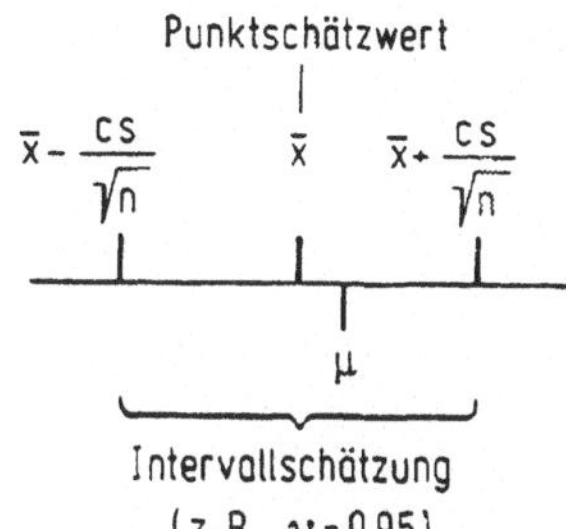

Abb. 7. Punkt- und Intervallschätzung von μ

wertes stellt man für einen Parameter u einer Grundgesamtheit eine Hypothese auf, etwa

$$u = u_0 . \tag{133}$$

Mit einem aus einer Stichprobe bestimmten Schätzwert $\tilde{u}$, beim Testen häufig *Prüfgröße* genannt, testet man diese Hypothese u_0 dann gegen mögliche Alternativen $u = u_a$, z. B. gegen

$$\text{a)}\ u = u_a > u_0 \tag{134}$$

$$\text{b)}\ u = u_a < u_0 \tag{135}$$

$$\text{c)}\ u = u_a \neq u_0 . \tag{136}$$

Einen Test nach a) nennt man einen rechtsseitigen, nach b) einen linksseitigen und nach c) einen zweiseitigen Test.

Entscheidungskriterium für oder gegen die Annahme der Hypothese ist dabei, ob der Schätzwert $\tilde{u}$ innerhalb oder außerhalb eines um u_0 mit einer vorgegebenen Signifikanzzahl α aus der Verteilungsfunktion von $\tilde{\mathcal{U}}$ konstruierten Intervalls liegt, also innerhalb oder außerhalb des Wahrscheinlichkeitsintervalls, das entsprechend den drei Alternativen Gln. (134—136) definiert ist durch

$$\text{a)}\ P(\tilde{\mathcal{U}} > c) = \alpha \tag{137}$$

$$\text{b)}\ P(\tilde{\mathcal{U}} < c) = \alpha \tag{138}$$

$$\text{c)}\ 1 - P(c_1 < \tilde{\mathcal{U}} \leqq c_2) = \alpha \tag{139}$$

Abbildung 8 veranschaulicht diese Fälle.

Mit Abb. 8 wird also die Hypothese verworfen, wenn die Prüfgröße $\tilde{u}$ im schraffierten Bereich liegt. Daraus folgt: Die Signifikanzzahl α gibt den *Fehler erster Art* an, den man macht, wenn man die Hypothese aufgrund einer Stichprobe verwirft, obwohl sie richtig ist. Daraus folgt weiter: Der Test wird um so signifikanter sein, je kleiner α ist.

Welcher Wert im Einzelfall für α gewählt wird, hängt entscheidend von den Folgen einer Fehlentscheidung ab. Auch hier gilt, was in Abs. 4.2.1 schon gesagt wurde, daß die Statistik vor allem mit wohldefinierten übertragbaren Methoden Willkür (hier in der Wahl der Intervallgrenzen zur Entscheidungsfindung) objektiviert.

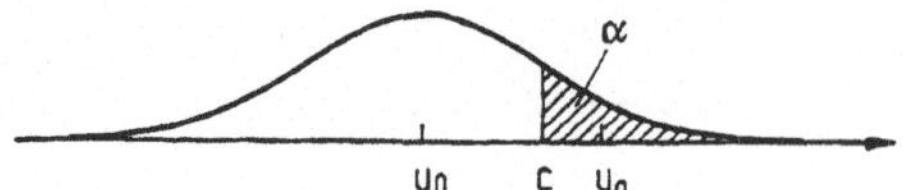

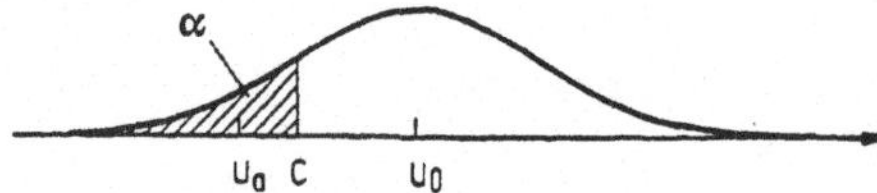

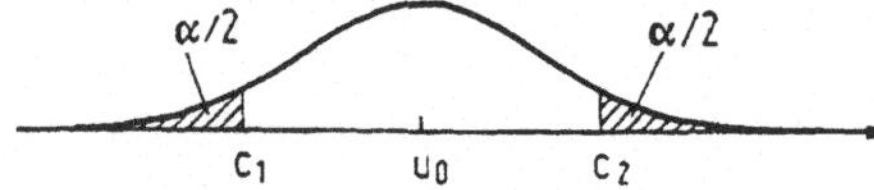

Abb. 8. Entscheidung beim Testen

Die Wahl von α hängt aber außerdem von den Folgen eines *Fehlers zweiter Art* ab, den man macht, wenn man die Hypothese annimmt, obwohl sie falsch ist. Diesen Fehler kann man für gegebene Alternativen abschätzen, indem man entsprechend den Alternativen Gln. (134—136) die Wahrscheinlichkeit $\beta(u_a)$ einen Fehler zweiter Art zu vermeiden, berechnet

a) $P(\tilde{\mathcal{U}} > c) = \beta(u_a)$ (140)

b) $P(\tilde{\mathcal{U}} < c) = \beta(u_a)$ (141)

c) $1 - P(c_1 < \tilde{\mathcal{U}} \leqq c_2) = \beta(u_a)$ (142)

$\beta(u_a)$ wird dabei aus der Verteilung der Alternative u_a berechnet. Siehe dazu auch Schemata Abschn. 5.3.

Die Wahrscheinlichkeit $\beta(u_a)$ nennt man auch *Macht des Tests*. Offensichtlich ist also die Wahrscheinlichkeit, einen Fehler zweiter Art zu machen, $1 - \beta(u_a)$.

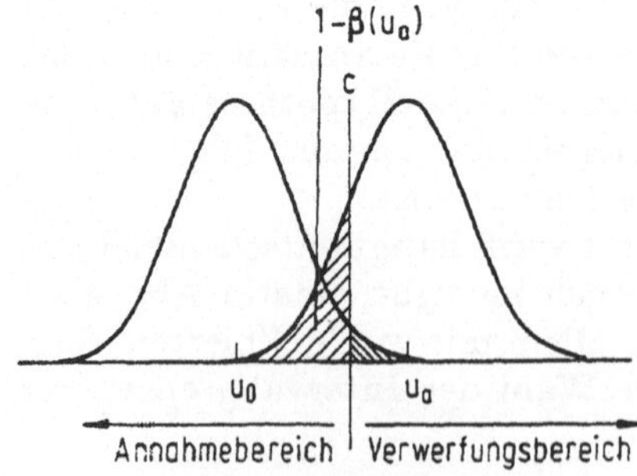

Abb. 9. Fehler erster Art und zweiter Art

Aus dem Gesagten folgt, daß ein Fehler zweiter Art nur mit der Annahme der Hypothese gemacht werden könnte. Man wird also in der Praxis die Fragestellung eines Tests, wenn möglich, stets so fassen, daß die Antwort im Regelfall eine Ablehnung der Hypothese ist.

Abb. 9 soll die Fehler erster und zweiter Art verdeutlichen.

Ähnlich wie zur Berechnung von Konfidenzintervallen muß auch beim Testen die Verteilung der Schätzfunktion $\tilde{\mathcal{U}}$ um u_0 und u_a angebbar sein.

Die folgenden Beispiele setzen normalverteilte Grundgesamtheiten voraus; für diese sind die folgenden Tests optimal scharf. Ähnlich wie bei der Bestimmung von Konfidenzintervallen können diese Tests aber auch in vielen Fällen für nicht normalverteilte Grundgesamtheiten verwandt werden, wenn der Stichprobenumfang genügend groß ist.

4.3.2 Test des Mittelwerts der Normalverteilung bei bekannter Varianz

Es werde eine Zufallsvariable bzw. Meßgröße $\mathcal{X}$ betrachtet, die normalverteilt sei mit bekannter Varianz σ^2 und unbekanntem Mittelwert μ. Aus einer Stichprobe wird der Schätzwert $\bar{x}$ berechnet, der die Prüfgröße für den Test ist. Hypothese sei $\mu = \mu_0$. Unter diesen Voraussetzungen ist $\mathcal{Z} = \frac{\bar{\mathcal{X}} - \mu_0}{\sigma}\sqrt{n}$ eine Zufallsvariable, die normalverteilt ist mit N(0. 1).

Aus der Tafel der Normalverteilung wird mit vorgegebener Signifikanzzahl α die Schranke c bestimmt und mit der transformierten Prüfgröße

$$\tilde{z} = \frac{\bar{x} - \mu_0}{\sigma}\sqrt{n} \tag{143}$$

verglichen.

Siehe Schema im Abschnitt 5.3.

4.3.3 Test des Mittelwerts der Normalverteilung bei unbekannter Varianz

Es werde eine Zufallsvariable bzw. Meßgröße $\mathcal{X}$ betrachtet, die normalverteilt sei mit unbekannter Varianz σ^2 und unbekanntem Mittelwert μ. Aus einer Stichprobe vom Umfang n werden die Schätzwerte $\bar{x}$ und s^2 berechnet. Hypothese sei $\mu = \mu_0$. Unter diesen Voraussetzungen ist, ähnlich wie beim Konfidenzintervall 4.2.3, $\mathcal{T} = \frac{\bar{\mathcal{X}} - \mu_0}{s}\sqrt{n}$ eine Zufallsvariable, die t-verteilt ist mit n — 1 Freiheitsgraden. Aus der Tafel der t-Verteilung mit n — 1 Freiheitsgraden wird mit vorgegebener Signifikanzzahl α die Schranke c bestimmt und mit der ebenfalls transformierten Prüfgröße

$$\tilde{t} = \frac{\bar{x} - \mu_0}{s}\sqrt{n} \tag{144}$$

verglichen.

Siehe Schema in Abschnitt 5.3.

Für genügend große n ($n > 25$) ist s^2 ein genügend genauer Schätzer für σ^2. Dann kann der Test mit diesem Schätzwert für σ^2 auch nach Abschnitt 4.3.2 durchgeführt werden, was wegen der Verwendung der Normalverteilung bequemer ist. Leider sind so große Stichprobenumfänge in der chemischen Analytik sehr selten.

Analog kann man die Differenz der Mittelwerte zweier unabhängiger Variabler z. B. auf Gleichheit testen; die entsprechende transformierte Prüfgröße $\tilde{t}$ ist dann

$$\tilde{t} = \frac{\bar{x}_1 - \bar{x}_2}{s_d} \sqrt{N}, \tag{145}$$

wobei die zusammengefaßte Standardabweichung s_d ist

$$s_d = \sqrt{\frac{(n_1 - 1)\, s_1^2 + (n_2 - 1)\, s_2^2}{n_1 + n_2 - 2}} \tag{146}$$

und

$$N = \left(\frac{1}{n_1} + \frac{1}{n_2}\right)^{-1}. \tag{147}$$

Bei diesem Test ist (wie auch sonst meistens) nur die einseitige Fragestellung wichtig, die auf die Alternative $\mu_1 - \mu_2 > 0$ beschränkt werden kann, da stets durch Wahl der Bezeichnung $\bar{x}_1 - \bar{x}_2 > 0$ erreicht werden kann, womit eine Alternative $\mu_1 - \mu_2 < 0$ unsinnig ist.
Siehe dazu Schema im Abschnitt 5.3.

Der Vergleich der Mittelwerte mehrerer Normalverteilungen mit homogenen Varianzen ist mit der einfachen Varianzanalyse möglich. Die Varianzanalyse vergleicht dazu die Streuungen zwischen den Stichproben mit den Streuungen innerhalb der Stichproben. Ein Schema Abschnitt 5.3 zeigt das praktische Vorgehen.

4.3.4 Test der Varianz der Normalverteilung

Es werde wieder eine Zufallsvariable bzw. Meßgröße $\mathscr{X}$ betrachtet, die normalverteilt sei mit unbekannter Varianz σ^2 und unbekanntem Mittelwert μ. Aus einer Stichprobe vom Umfang n wird der Schätzwert s^2 berechnet. Hypothese sei $\mu = \mu_0$; unter diesen Voraussetzungen ist $\mathscr{Y} = (n - 1)\, \mathscr{S}^2/\sigma^2$ eine Zufallsvariable, die χ^2-verteilt ist mit $n - 1$ Freiheitsgraden. Aus der Tafel der χ^2-Verteilung mit $n - 1$ Freiheitsgraden wird mit vorgegebener Signifikanzzahl α die Schranke c bestimmt und mit dem transformierten Schätzwert

$$\tilde{y} = (n - 1)\, \frac{s^2}{\sigma^2} \tag{148}$$

verglichen.

Siehe Schema im Abschnitt 5.3.

Auch ein Test auf Gleichheit der Varianzen zweier Normalverteilungen wird angegeben; die transformierte Prüfgröße ist dann

$$\tilde{v} = s_1^2/s_2^2, \tag{149}$$

die F-verteilt mit $(n_1 - 1,\ n_2 - 1)$ Freiheitsgraden ist.

Bei diesem Test ist nur die einseitige Fragestellung interessant, die auf die Alternative $\sigma_1^2/\sigma_2^2 > 1$ beschränkt werden kann, da stets durch Wahl der Bezeichnung $s_1^2/s_2^2 > 1$ erreicht werden kann.

Ein häufig benutzter Test auf Homogenität von Varianzen ist der Bartlett-Test. Er setzt gut normalverteilte Gesamtheiten voraus sowie mindestens $k = 5$ Stichproben mit Stichprobenwerten x_{ij} und Umfängen n_i ($i = 1 \dots k$). Nimmt man Gleichheit aller Varianzen an, ist die Variable

$$\mathscr{W} = \frac{1}{d}\left[(n - k) \ln (\mathscr{S}^2) - \sum_i (n_i - 1) \ln (\mathscr{S}_i^2)\right] \tag{150}$$

χ^2-verteilt mit $k - 1$ Freiheitsgraden, wobei ist

$$d = 1 + \frac{1}{3(k - 1)}\left[\sum_1^k (n_i - 1)^{-1} - (n - k)^{-1}\right], \tag{151}$$

$$n = \sum_1^k n_i \tag{152}$$

und

$$s^2 = \frac{1}{n - k} \sum_1^k ((n_i - 1) s_i^2) . \tag{153}$$

Siehe dazu Schema in Abs. 5.3.

4.3.5 *Ausreißertest*

Voraussetzung der bisherigen Tests waren ausreißerfreie Stichproben. Bedingt durch Ablesefehler, Übertragungsfehler, elektronische Störungen usw. können jedoch Stichprobenwerte gefunden werden, die in manchen Fällen aufgrund der Unmöglichkeit eines solchen Wertes (eine Kugel von 5 mm ⌀ kann nicht durch eine Bohrung von 3 mm fallen!) sofort aussortiert werden können, in vielen Fällen aber nur „abnorm" aussehen. Hier kann die Statistik wieder objektive Methoden zur Erkennung wahrscheinlicher Ausreißer liefern. Entsprechende Tests sollten aber generell sehr vorsichtig verwendet werden. Erwähnt sollen hier werden die Ausreißertests nach Nalimov, Grubbs (siehe dazu auch H. Streuli, Fresenius Z. Anal. Chem. *303*, 406 (1980)), Dean-Dixon und Graf und Henning, die alle in entsprechenden Lehrbüchern beschrieben sind.

4.3.6 *Sonstige Tests*

Es gibt eine enorme Anzahl von Tests für die unterschiedlichsten Anwendungen. Insbesondere sollen erwähnt werden Tests auf Normalverteilung der Grundgesamtheit, wie der Chi-quadrat-Test oder der Kolmogoroff-Smirnow-Test, sowie verteilungsunabhängige Tests. Die Besprechung solcher Tests würde den Rahmen dieses Aufsatzes jedoch sprengen.

5 Arbeitsschemata für die Bestimmung von Konfidenzintervallen und für die Durchführung von Tests

5.1 Voraussetzungen

Voraussetzungen für alle Schemata in diesem Abschnitt sind normalverteilte Grundgesamtheiten, deren Varianzen beim Vergleich von Mittelwerten homogen sein müssen, was z. B. mit dem Bartlett-Test geprüft werden kann.

Die durchgerechneten Beispiele nutzen die folgenden vier fiktiven Stichproben, die den Gehalt eines Wirkstoffs in mg in Tabletten angeben, wie er an unterschiedlichen Tagen vom Dosierautomaten geliefert wurde.

Stichprobe				
1	104, 106, 101, 101, 103, 107, 108	$\bar{x}_1 = 104{,}3$	$s_1^2 = 7{,}907$	$s_1 = 2{,}812$
2	105, 104, 107, 111, 103	$\bar{x}_2 = 106$	$s_2^2 = 10$	$s_2 = 3{,}162$
3	99, 98, 103, 107, 101, 102	$\bar{x}_3 = 101{,}7$	$s_3^2 = 10{,}27$	$s_3 = 3{,}204$
4	104, 100, 105, 109, 106, 107	$\bar{x}_4 = 105{,}2$	$s_4^2 = 9{,}37$	$s_4 = 3{,}061$
5	104, 105, 106, 106, 107	$\bar{x}_5 = 105{,}6$	$s_5^2 = 1{,}30$	$s_5 = 1{,}140$

Für die Konfidenzintervallbestimmung 5.2.1 und den Test 5.3.1 wird beispielshalber σ^2 als aus vielen solchen Meßserien bekannt vorausgesetzt mit $\sigma^2 = 9{,}00$.

5.2.1 Konfidenzintervall für den Mittelwert μ einer Normalverteilung bei bekannter Varianz σ^2

		Beispiel
Gegeben $\sigma = \sqrt{\sigma^2}$	$\sigma =$ $n =$	$\sigma_1 = 3$ g $n_1 = 7$
Berechne mit Gl. (90) $\bar{x} = \frac{1}{n} \sum_i x_i$	$\bar{x} =$	$\bar{x}_1 = 104{,}3$ g
Wähle	$\gamma =$	$\gamma = 0{,}95$
Bestimme $c = \Phi^{-1}\left(\frac{1+\gamma}{2}\right)$ aus der Normalverteilung	$c =$	$c = 1{,}96$
Berechne $a = \frac{c\sigma}{\sqrt{n}}$	$a =$	$a = 2{,}2$ g

Konfidenzintervall

KONF $\{\bar{x} - a < \mu \leqq \bar{x} + a\}_{\gamma = \dots}$

$\mu = \bar{x} \pm a$ $\qquad\qquad$ $\mu_1 = (104{,}3 \pm 2{,}2)$ g

5.2.2 Konfidenzintervall für den Mittelwert μ einer Normalverteilung bei unbekannter Varianz σ^2

		Beispiel
Gegeben	$n =$	$n_1 = 7$
Berechne mit Gl. (90) $\bar{x} = \frac{1}{n} \sum x_i$	$\bar{x} =$	$\bar{x}_1 = 104{,}3$ g
Berechne mit Gl. (92) $s = \frac{1}{n-1} \sum (x_i - \bar{x})^2$	$s =$	$s_1 = 2{,}812$ g
Wähle	$\gamma =$	$\gamma = 0{,}95$
Bestimme $c = F_t^{-1}\left(\frac{1+\gamma}{2}\right)$ aus der t-Verteilung mit $n - 1$ Freiheitsgraden	$c =$	$c = 2{,}45$
Berechne $a = \frac{cs}{\sqrt{n}}$	$a =$	$a = 2{,}6$ g

Konfidenzintervall

KONF $\{\bar{x} - a < \mu \leqq \bar{x} + a\}_{\gamma = \dots}$

$\mu = \bar{x} \pm a$ $\qquad$ $\mu_1 = (104{,}3 \pm 2{,}6)$ g

5.2.3 Konfidenzintervall für die Differenz $\mu_1 - \mu_2$ der Mittelwerte zweier Normalverteilungen mit unbekannten, aber gleichen Varianzen σ^2

		Beispiel
Gegeben	$n_1 =$ $n_2 =$	$n_1 = 7$ $n_2 = 5$
Berechne mit Gl. (90) $\bar{x}_1 = \frac{1}{n_1} \sum_i x_{1i}$	$\bar{x}_1 =$	$\bar{x}_1 = 104{,}3$ g
Berechne mit Gl. (90) $\bar{x}_2 = \frac{1}{n_2} \sum_i x_{2i}$	$\bar{x}_2 =$	$\bar{x}_2 = 106{,}0$ g
Berechne mit Gl. (92) $s_1 = \frac{1}{n_1 - 1} \sum_i (x_{1i} - \bar{x}_1)^2$	$s_1 =$	$s_1 = 2{,}812$ g
Berechne mit Gl. (92) $s_2 = \frac{1}{n_2 - 1} \sum_i (x_{2i} - \bar{x}_2)^2$	$s_2 =$	$s_2 = 3{,}162$ g
Berechne mit Gl. (146) $s_d = \sqrt{\frac{(n_1 - 1)\, s_1^2 + (n_2 - 1)\, s_2^2}{n_1 + n_2 - 2}}$	$s_d =$	$s_d = 2{,}957$ g

5.2.3. Konfidenzintervall für die Differenz $\mu_1 - \mu_2$ der Mittelwerte zweier Normalverteilungen mit unbekannten, aber gleichen Varianzen σ^2; Fortsetzung

		Beispiel
Berechne mit Gl. (147) $N = \left(\frac{1}{n_1} + \frac{1}{n_2}\right)^{-1}$	$N =$	$N = 2{,}917$
Wähle	$\gamma =$	$\gamma = 0{,}95$
Bestimme $c = F_t^{-1}\left(\frac{1+\gamma}{2}\right)$ aus der t-Verteilung mit $n_1 + n_2 - 2$ Freiheitsgraden	$c =$	$c = 2{,}23$
Berechne $a = \frac{c s_d}{\sqrt{N}}$	$a =$	$a = 3{,}9$ g

Konfidenzintervall

$\mathrm{KONF}\{\bar{x}_1 - \bar{x}_2 - a < \mu_1 - \mu_2 \leqq \bar{x}_1 - \bar{x}_2 + a\}_{\gamma=\ldots}$

$\mu_1 - \mu_2 = \bar{x}_1 - \bar{x}_2 \pm a$ $\quad$ $\mu_1 - \mu_2 = -(1{,}7 \pm 3{,}9)$ g

5.2.4 Konfidenzintervall für die Varianz einer Normalverteilung

		Beispiel
Gegeben	$n =$	$n_1 = 7$
Berechne mit Gl. (92) $s^2 = \frac{1}{n-1} \sum (x_i - \bar{x})^2$	$s^2 =$	$s_1^2 = 7{,}907$ g^2
Wähle	$\gamma =$	$\gamma = 0{,}95$
Bestimme $c_1 = F_{\chi^2}^{-1}\left(\frac{1-\gamma}{2}\right)$	$c_1 =$	$c_1 = 1{,}24$
Bestimme $c_2 = F_{\chi^2}^{-1}\left(\frac{1+\gamma}{2}\right)$ aus der χ^2-Verteilung mit $n - 1$ Freiheitsgraden	$c_2 =$	$c_2 = 14{,}46$
Berechne $a_1 = \frac{(n-1)\, s^2}{c_1}$	$a_1 =$	$a_1 = 38{,}26$ g^2
$a_2 = \frac{(n-1)\, s^2}{c_2}$	$a_2 =$	$a_2 = 3{,}281$ g^2

Konfidenzintervall

$\mathrm{KONF}\{a_2 < \sigma^2 \leqq a_1\}_{\gamma=\ldots}$ $\quad$ $3{,}28\ \mathrm{g}^2 < \sigma_1^2 < 38{,}26\ \mathrm{g}^2$

5.3.1 Test für den Mittelwert einer Normalverteilung bei bekannter Varianz σ^2

		Beispiel
Gegeben	$n =$	$n_1 = 7$
$\sigma = \sqrt{\sigma^2}$	$\sigma =$	$\sigma_1 = 3\,g$
Hypothese $\mu = \mu_0$	$\mu_0 =$	$\mu = \mu_0 = 103\,g$
Alternative		
a) $\mu = \mu_a > \mu_0$		
b) $\mu = \mu_a < \mu_0$	$\mu_a =$	b) $\mu = \mu_a = 100\,g$
c) $\mu = \mu_a \neq \mu_0$		
Berechne mit Gl. (90) $\bar{x} = \frac{1}{n}\sum_i x_i$	$\bar{x} =$	$\bar{x}_1 = 104{,}3\,g$
Berechne die Prüfgröße $\tilde{z} = \frac{\bar{x} - \mu}{\sigma}\sqrt{n}$	$\tilde{z} =$	$\tilde{z} = 1{,}146$
Wähle	$\alpha =$	$\alpha = 0{,}05$
Bestimme		
a) $c = \varphi^{-1}(1 - \alpha)$		
b) $c = \varphi^{-1}(1 - \alpha)$	$c =$	b) $c = 1{,}65$
c) $c = \varphi^{-1}(1 - \alpha/2)$		
aus der Normalverteilung		

Entscheide

Annahme der Hypothese, wenn

a) $\tilde{z} < c$	
b) $\tilde{z} > c$	b) $1{,}146 > -1{,}65$
c) $-c < \tilde{z} < +c$	Annahme der Hypothese

Bei Annahme der Hypothese:

Berechne die Macht

a) $\beta(\mu_a) = \Phi\left(\frac{\mu_a - \mu_0}{\sigma}\sqrt{n} - c\right)$

b) $\beta(\mu_a) = \Phi\left(\frac{\mu_0 - \mu_a}{\sigma}\sqrt{n} - c\right)$ — Beispiel: b) $\beta(\mu_a) = \Phi(0{,}9958) = 0{,}84$

c) $\beta(\mu_a) = \Phi\left(\frac{\mu_0 - \mu_a}{\sigma}\sqrt{n} - c\right) + \Phi\left(\frac{\mu_a - \mu_0}{\sigma}\sqrt{n} - c\right)$

5.3.2 Test für den Mittelwert einer Normalverteilung bei unbekannter Varianz

		Beispiel
Gegeben	$n =$	$n_1 = 7$
Hypothese $\mu = \mu_0$	$\mu_0 =$	$\mu = \mu_0 = 103$ g
Alternative		
a) $\mu = \mu_a > \mu_0$		
b) $\mu = \mu_a < \mu_0$	$\mu_a =$	b) $\mu = \mu_a = 100$ g
c) $\mu = \mu_a \neq \mu_0$		
Berechne mit Gl. (90) $\bar{x} = \frac{1}{n} \sum_i x_i$	$\bar{x} =$	$\bar{x}_1 = 104{,}3$ g
Berechne mit Gl. (92) $s = \left(\frac{1}{n-1} \sum (x_i - \bar{x})^2\right)^{1/2}$	$s =$	$s_1 = 2{,}812$ g
Berechne die Prüfgröße $\tilde{t} = \frac{\bar{x} - \mu_0}{s} \sqrt{n}$	$\tilde{t} =$	$\tilde{t} = 1{,}223$
Wähle	$\alpha =$	$\alpha = 0{,}05$
Bestimme		
a) $c = F_t^{-1}(1 - \alpha)$		
b) $c = F_t^{-1}(1 - \alpha)$	$c =$	$c = 1{,}94$
c) $c = F_t^{-1}(1 - \alpha/2)$		
aus der t-Verteilung mit $n - 1$ Freiheitsgraden		

Entscheide

Annahme der Hypothese, wenn

a) $\tilde{t} < c$

b) $\tilde{t} > -c$ — b) $1{,}223 > -1{,}94$

c) $-c < \tilde{t} < c$ — Annahme der Hypothese

Bei Annahme der Hypothese

Berechne die Macht

a) $\beta(\mu_a) = F_t\left(\frac{\mu_a - \mu_0}{s}\sqrt{n} - c\right)$

b) $\beta(\mu_a) = F_t\left(\frac{\mu_0 - \mu_a}{s}\sqrt{n} - c\right)$ — b) $\beta(\mu_a) = \beta(100) = F_t(0{,}8826) = 0{,}79$

c) $\beta(\mu_a) = F_t\left(\frac{\mu_a - \mu_0}{s}\sqrt{n} - c\right) + F_t\left(\frac{\mu_0 - \mu_a}{s}\sqrt{n} - c\right)$

5.3.3 Vergleich der Mittelwerte zweier Normalverteilungen bei unbekannten, aber gleichen Varianzen

		Beispiel
Gegeben	$n_1 =$ $n_2 =$	$n_1 = 7$ $n_2 = 5$
Hypothese $\Delta_0 = \mu_1 - \mu_2 = 0$	$\Delta_0 =$	$\Delta_0 = \mu_2 - \mu_1 = 0$
Alternative $\Delta_a > 0$	$\Delta_a =$	$\Delta_a = \mu_2 - \mu_1 = 6$ g
Berechne mit Gl. (90) $\bar{x}_1 = \frac{1}{n_1} \sum_i x_{1i}$	$\bar{x}_1 =$	$\bar{x}_1 = 104{,}3$ g
Berechne mit Gl. (90) $\bar{x}_2 = \frac{1}{n_2} \sum_i x_{2i}$	$\bar{x}_2 =$	$\bar{x}_2 = 106{,}0$ g
Berechne mit Gl. (92) $s_1 = \left(\frac{1}{n_1 - 1} \sum_i (x_{1i} - \bar{x}_1)^2\right)^{1/2}$	$s_1 =$	$s_1 = 2{,}812$ g
Berechne mit Gl. (92) $s_2 = \left(\frac{1}{n - 1} \sum_i (x_{2i} - \bar{x})^2\right)^{1/2}$	$s_2 =$	$s_2 = 3{,}162$ g
Berechne mit Gl. (146) $s_d = \left(\frac{(n_1 - 1)\, s_1^2 + (n_2 - 1)\, s_2^2}{n_1 + n - 2}\right)^{1/2}$	$s_d =$	$s_d = 2{,}957$ g
Berechne mit Gl. (147) $N = \left(\frac{1}{n_1} + \frac{1}{n_2}\right)^{-1}$	$N =$	$N = 2{,}917$
Berechne die Prüfgröße $\tilde{t} = \frac{\bar{x}_1 - \bar{x}_2}{s_d} \sqrt{N}$	$\tilde{t} =$	$\tilde{t} = 0{,}982$
Wähle	$\alpha =$	$\alpha = 0{,}05$
Bestimme $c = F_t^{-1}(1 - \alpha)$ aus der t-Verteilung mit $n_1 + n_2 - 2$ Freiheitsgraden	$c =$	$c = 1{,}81$

Entscheide

Annahme der Hypothese, wenn

$\tilde{t} < c$ — $0{,}982 < 1{,}81$

Bei Annahme der Hypothese

Berechne die Macht

$$\beta(\Delta_a) = F_t\left(\frac{\Delta_a}{s_d}\sqrt{N} - c\right)$$

b) $\beta\,(\Delta_a = 6) = F_t(1{,}66) = 0{,}94$

5.3.4 Vergleich der Mittelwerte μ_i von k Normalverteilungen bei unbekannten, aber gleichen Varianzen — einfache Varianzanalyse

		Beispiel
Hypothese: alle Mittelwerte μ_i $(i = 1 \dots k)$ sind gleich		
Alternative: nicht alle Mittelwerte μ_i sind gleich		
Gegeben k Stichproben, je vom Umfang n_i	$k =$	$k = 4$
Berechne mit Gl. (152) $n = \sum_i n_i$	$n =$	$n = 24$
Berechne mit Gl. (90) alle Mittelwerte x_i	$\bar{x}_1 =$	$\bar{x}_1 = 104{,}3$ g
$x_i = \frac{1}{n_i} \sum_j^{n_i} x_{ij}$	$\bar{x}_2 =$	$\bar{x}_2 = 106$ g
	$\vdots$	$\bar{x}_3 = 101{,}7$ g
	$\bar{x}_k =$	$\bar{x}_4 = 105.2$ g
Berechne Gesamtmittelwert $\bar{x} = \frac{1}{n} \sum_{i=1}^{k} n_i \bar{x}_i$	$\bar{x} =$	$\bar{x} = 104{,}2$ g
Berechne $A = \sum_{i=1}^{k} \sum_{j=1}^{n_i} x_{ij}^2$	$A =$	$A = 260\,871{,}00\ g^2$
Berechne $q_1 = \sum_{i=1}^{k} n_i (\bar{x}_i)^2 - n(\bar{x})^2$	$q_1 =$	$q_1 = 205{,}65\ g^2$
Berechne $q_2 = A - \sum_{i=1}^{k} n_i (\bar{x}_i)^2$	$q_2 =$	$q_2 = 81{,}99\ g^2$
Berechne die Prüfgröße $\tilde{v} = \frac{q_1}{k-1} \Big/ \frac{q_2}{n-k}$	$\tilde{v} =$	$\tilde{v} = \frac{68{,}55}{4{,}10} = 16{,}72$
Wähle	$\alpha =$	$\alpha = 0{,}05$
Bestimme $c = F_f^{-1}(1-\alpha)$ aus der F-Verteilung mit $(k-1, n-k)$ Freiheitsgraden	$c =$	$c = 3{,}10$

Entscheide

Annahme der Hypothese, wenn

$\tilde{v} < c$	$\tilde{v} > c$
	mindestens ein Mittelwert (evtl. μ_3?) ist nicht gleich

5.3.5 Test für die Varianz einer Normalverteilung

		Beispiel
Hypothese $\sigma^2 = \sigma_0^2$	$\sigma_0^2 =$	$\sigma^2 = \sigma_0^2 = 9\ g^2$
Alternative		
a) $\sigma^2 = \sigma_a^2 > \sigma_0^2$		
b) $\sigma^2 = \sigma_a^2 < \sigma_0^2$	$\sigma_a^2 =$	$\sigma^2 = \sigma_a^2 = 25\ g^2$
c) $\sigma^2 = \sigma_a^2 \neq \sigma_0^2$		
Gegeben	$n =$	$n_1 = 7$
Berechne mit Gl. (92)		
$s^2 = \frac{1}{n-1} \sum_i (x_i - \bar{x})^2$	$s^2 =$	$s_1^2 = 7{,}905\ g^2$
Berechne die Prüfgröße		
$\tilde{y} = \frac{s^2}{\sigma_0^2} (n-1)$	$\tilde{y} =$	$\tilde{y} = 5{,}27$
Wähle	$\alpha =$	$\alpha = 0{,}05$
Bestimme		
a) $c_2 = F_{\chi^2}^{-1}(1-\alpha)$		
b) $c_1 = F_{\chi^2}^{-1}(\alpha)$	$c_1 =$	
c) $c_1 = F_{\chi^2}^{-1}(\alpha/2)$	$c_2 =$	$c_2 = 12{,}60$
und $c_2 = F_{\chi^2}^{-1}(1-\alpha/2)$		
aus der χ^2-Verteilung mit $n - 1$ Freiheitsgraden		

Entscheidung	
Annahme der Hypothese, wenn	
a) $\tilde{y} < c_2$	a) $5{,}27 < 12{,}60$
b) $\tilde{y} > c_1$	Annahme der Hypothese
c) $c_1 < \tilde{y} < c_2$	

Bei Annahme der Hypothese	
Berechne die Macht	
a) $\beta(\sigma_a^2) = 1 - F_{\chi^2}(c_2\sigma_0^2/\sigma_a^2)$	a) $\beta\ (\sigma_a^2 = 25)$
b) $\beta(\sigma_a^2) = 1 - F_{\chi^2}(c_1\sigma_0^2/\sigma_a^2)$	$= 1 - F_{\chi^2}(4{,}54)$
c) $\beta(\sigma_a^2) = 1 - F_{\chi^2}(c_2\sigma_0^2/\sigma_a^2) + F_{\chi^2}(c_1\sigma_0^2/\sigma_a^2)$	$= 0{,}40$

5.3.6 Vergleich der Varianzen zweier Normalverteilungen

		Beispiel
Hypothese $\sigma_1^2/\sigma_2^2 = q = 1$	$q = 1$	$\sigma_2^2/\sigma_1^2 = 1$
Alternative		
$\sigma_1^2/\sigma_2^2 = q > 1$	$q > 1$	$\sigma_2^2/\sigma_1^2 = q = 2$
Gegeben	$n_1 =$	$n_1 = 7$
	$n_2 =$	$n_2 = 5$
Berechne mit Gl. (92)	$s_1^2 =$	$s_1^2 = 7{,}907\ g^2$
$s_i^2 = \frac{1}{n-1} \sum_i (x_i - x)^2$	$s_2^2 =$	$s_2^2 = 10\ g^2$
Berechne die Prüfgröße $\tilde{v} = s_1^2/s_2^2$	$\tilde{v} =$	$\tilde{v} = s_2^2/s_1^2 = 1{,}265$
Wähle	$\alpha =$	$\alpha = 0{,}05$
Bestimme $c = F_F^{-1}(1-\alpha)$ aus der F-Verteilung mit $(n_1 - 1, n_2 - 1)$ Freiheitsgraden	$c =$	$c = 4{,}53$
Entscheide		
Annahme der Hypothese, wenn $\tilde{v} < c$		$1{,}265 < 4{,}53$
Bei Annahme der Hypothese Berechne die Macht		
$\beta(q) = 1 - F_F(c/q)$		$\beta(q = 2) = 1 - F_F(2{,}27) = 0{,}82$

5.3.7 Vergleich der Varianzen σ_i^2 von k Normalverteilungen Bartlett-Test

		Beispiel
Hypothese: alle k Varianzen sind gleich		
Alternative: nicht alle Varianzen sind gleich		
Gegeben: alle n_i $(i = 1 \ldots k)$	$k =$	$k = 5$
Berechne mit Gl. (152) $n = \sum_{i=1}^{k} n_i$	$n =$	$n = 29$
Berechne mit Gl. (92)	$s_1^2 =$	$s_1^2 = 7{,}907\ g^2$

5.3.7. (Fortsetzung)

		Beispiel
$s_i^2 = \frac{1}{n_i - 1} \sum_{j=1}^{n_i} (x_{ij} - \bar{x}_i)^2$	$s_2^2 =$ $s_3^2 =$ $\vdots$ $s_k^2 =$	$s_2^2 = 10{,}0\ g^2$ $s_3^2 = 10{,}27\ g^2$ $s_4^2 = 9{,}37\ g^2$ $s_5^2 = 1{,}30\ g^2$
Berechne mit Gl. (153) $s^2 = \frac{1}{n - k} \sum_{i=1}^{k} (n_i - 1)\, s_i^2$	$s^2 =$	$s^2 = 7{,}95175\ g^2$
Berechne mit Gl. (151) $d = 1 + \frac{1}{3(k-1)} \times \left(\sum_{i=1}^{k} (n_i - 1)^{-1} - (n - k)^{-1}\right)$	$d =$	$d = 1{,}08542$
Berechne die Prüfgröße $\tilde{w} = \frac{1}{d}\left[(n - k) \ln (s^2) - \sum_{i=1}^{k} (n_i - 1) \ln (s_i^2)\right]$	$\tilde{w} =$	$\tilde{w} = 3{,}9261$
Wähle	$\alpha =$	$\alpha = 0{,}05$
Bestimme $c = F_{\chi^2}^{-1}(1 - \alpha)$ aus der χ^2-Verteilung mit $(k - 1)$ Freiheitsgraden	$c =$	$c = 9{,}49$

Entscheide

Annahme der Hypothese, wenn $\tilde{w} < c$

$3{,}9261 < 9{,}49$
Annahme der Hypothese

6 Lineare Regression

6.1 Grundsätzliche Bemerkungen

In den bisherigen Abschnitten wurde die Verteilung einer Zufallsvariablen betrachtet, insbesondere wurden Parameter der Verteilung dieser Zufallsvariablen abgeschätzt. In diesem Abschnitt sollen zwei Variable $\mathcal{X}$ und $\mathcal{Y}$ betrachtet werden. Sind $\mathcal{X}$ und $\mathcal{Y}$ beide gleichberechtigte Zufallsvariable und bestehen irgendwelche Zusammenhänge zwischen $\mathcal{X}$ und $\mathcal{Y}$, spricht man von deren *Korrelation*. So sind etwa Körpergröße und Körpergewicht korreliert. Betrachtet man $\mathcal{Y}$ dagegen als abhängige Zufallsvariable und

$\mathscr{X}$ als unabhängige Variable, die in vielen Fällen keine Zufallsvariable zu sein braucht, so spricht man von *Regression von $\mathscr{Y}$ bezüglich $\mathscr{X}$*, wenn zwischen $\mathscr{X}$ und $\mathscr{Y}$ irgendwelche Zusammenhänge bestehen.

Solche Regressionen spielen in der Praxis des analytischen Chemikers eine wichtige Rolle, wo lineare Zusammenhänge in Eichgeraden vorausgesetzt werden bzw. überprüft werden sollen.

6.2 Regressionsgerade der Stichprobe

Es werde eine Stichprobe vom Umfang n aus einer zweidimensionalen Grundgesamtheit gezogen. Die Stichprobenwerte seien Stichprobenpaare (x_i, y_i). Trägt man diese Wertepaare graphisch auf, so erhält man z. B. Abb. 10.

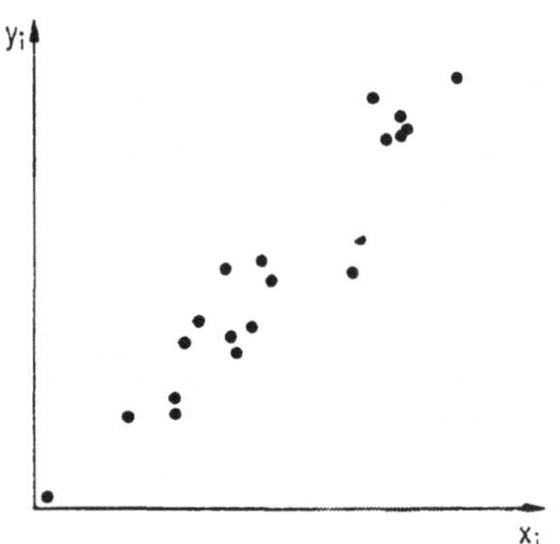

Abb. 10. Lineare Regression von y bezüglich x

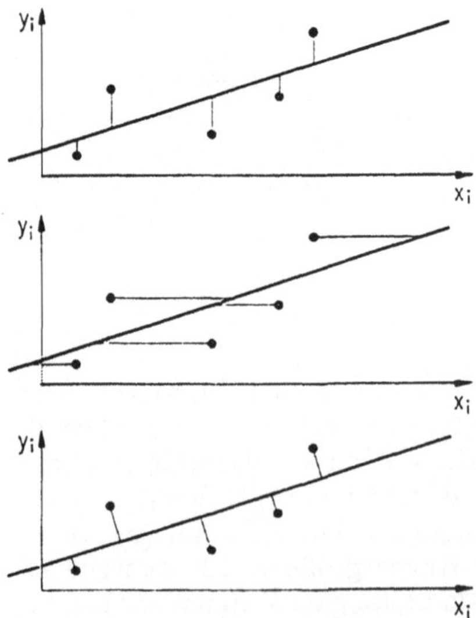

Abb. 11. Zur Minimierung der Abstandsquadrate in einer linearen Regression

Mit dem Auge kann man eine lineare Regression von $\mathcal{Y}$ bezüglich $\mathcal{X}$ leicht erkennen, und man kann eine Gerade mit dem Auge optimiert durch die Punktfolge legen. Dieses subjektive Verfahren ist wenig befriedigend, weswegen man nach *Methoden zur objektiven* und übertragbaren Bestimmung einer „optimalen Geraden“ sucht. Man bestimmt die Gerade so, daß die Abstände der Punkte von der Geraden minimal werden, genauer, daß die Summe ihrer Abstandsquadrate minimal wird. Drei Möglichkeiten bieten sich an, die Abb. 11 andeutet.

Alle drei Möglichkeiten haben ihre Bedeutung. Betrachtet man allerdings $\mathcal{X}$ als unabhängige Variable, die, wie häufig, nicht zufallsabhängig ist, $\mathcal{Y}$ als die von $\mathcal{X}$ abhängige und zufallsabhängige Variable, dann ist der Methode Abb. 11a) der Vorzug zu geben.

Es sei

$$y = a + bx \tag{154}$$

die Gleichung der optimalen Geraden.

Dann muß nach dem oben Gesagten die Summe der Abstandsquadrate minimal sein, also auch s_Δ^2

$$s_\Delta^2 = \frac{1}{n-2} \sum_{i=1}^{n} [y_i - (a + bx_i)]^2. \tag{155}$$

Das heißt

$$\frac{\partial}{\partial a} s_\Delta^2 = 2 \sum_{1}^{n} (y_i - a - bx_i) = 0 \tag{156}$$

$$\frac{\partial}{\partial b} s_\Delta^2 = 2 \sum_{1}^{n} (y_i - a - bx_i)\, b = 0. \tag{157}$$

Daraus folgt

$$a = \frac{\sum x_i^2 \sum y_i - \sum x_i \sum (x_i y_i)}{n \sum x_i^2 - (\sum x_i)^2} \tag{158}$$

$$b = \frac{n \sum (x_i y_i) - \sum x_i \sum y_i}{n \sum x_i^2 - (\sum x_i)^2} = \frac{s_{xy}}{s_x^2}, \tag{159}$$

womit die Regressionsgerade der y-Werte bezüglich der x-Werte in der Stichprobe bestimmt ist.

Der Korrelationskoeffizient kann nach Gl. (97) berechnet werden

$$r_{xy} = \frac{s_{xy}}{s_x s_y} = b\,\frac{s_x}{s_y}. \tag{160}$$

Man kann die Regressionsgerade mit a und b nach Gln. (158) und (159) schreiben oder auch als

$$y - \bar{y} = b(x - \bar{x}), \tag{161}$$

was die Bedeutung vor allem des Regressionskoeffizienten b betont und zum anderen zeigt, daß die Regressionsgerade stets durch den Punkt $(\bar{x}, \bar{y})$ geht.

6.3 Regressionsgerade der Grundgesamtheit

Die in 6.2 erhaltene Regressionsgerade ist eine mögliche von vielen: Wiederholung des Experiments führt trotz etwa gleich gewählten x_i zu unterschiedlichen y_i und damit zu unterschiedlichen a und b.

a und b sind also allenfalls Schätzwerte für die entsprechenden Koeffizienten α und β der Regressionsgeraden der Grundgesamtheit, in der der folgende lineare Zusammenhang gegeben sei

$$\mathcal{Y} = \alpha + \beta\mathcal{X}. \tag{162}$$

6.4 Konfidenzintervall für α oder β

Für die weitere Betrachtung werde angenommen, daß $\mathcal{X}$ eine zufallsfehlerfreie Variable ist und $\mathcal{Y}$ für jedes feste $\mathcal{X} = x_i$ eine Zufallsvariable verteilt mit $N(\mu_i, \sigma^2)$. σ^2 hänge nicht von x ab. Dann ist

$$\mathcal{E}(\mathcal{Y}_i) = \mu_i \tag{163}$$

$$\mathcal{E}((\mathcal{Y}_i - \mu_i)^2) = \sigma^2, \tag{164}$$

und mit Gl. (162) folgt

$$\mu_i = \alpha + \beta x_i. \tag{165}$$

Um α und β aus einer Stichprobe abzuschätzen, wird a und b als eine Realisation einer Zufallsvariablen $\mathcal{A}$ und $\mathcal{B}$ aufgefaßt, also b etwa als Realisation von

$$\mathcal{B} = \frac{n \sum x_i \mathcal{Y}_i - \sum x_i \sum \mathcal{Y}_i}{n \sum x_i^2 - (\sum x_i)^2}. \tag{166}$$

$\mathcal{B}$ ist ein erwartungstreuer Schätzer für β, denn

$$\begin{aligned}\mathcal{E}(\mathcal{B}) = \mu_B &= \frac{n \sum (x_i \mathcal{E}(\mathcal{Y}_i)) - \sum x_i \sum \mathcal{E}(\mathcal{Y}_i)}{n \sum x_i^2 - (\sum x_i)^2} \\ &= \frac{n \sum x_i(\alpha + \beta x_i) - \sum x_i \sum (\alpha + \beta x_i)}{n \sum x_i^2 - (\sum x_i)^2} = \beta.\end{aligned} \tag{167}$$

Genauso berechnet man

$$\mathcal{E}((\mathcal{B} - \beta)^2) = \sigma_B^2 = \frac{n\sigma^2}{n \sum x_i^2 - (\sum x_i)^2} = \frac{\sigma^2}{(n-1)\, s_x^2} \tag{168}$$

und analog auch

$$\mathcal{E}((\mathcal{A} - \alpha)^2) = \sigma_A^2 = \frac{\sigma^2 \sum x_i^2}{n \sum x_i^2 - (\sum x_i)^2} = \frac{\sigma^2 \sum x_i^2}{n(n-1)\, s_x^2} \tag{169}$$

und auch die Kovarianz von $\mathcal{A}$ und $\mathcal{B}$

$$\mathcal{E}((\mathcal{A} - \alpha)(\mathcal{B} - \beta)) = \sigma_{AB} = \frac{\sigma^2 \sum x_i}{n \sum x_i^2 - (\sum x_i)^2}. \tag{170}$$

Daraus folgt sofort, daß A und B korreliert sind

$$\rho_{AB} = \frac{\sigma_{AB}}{\sigma_A \sigma_B} = \frac{\sum x_i}{\sqrt{n \sum x_i^2}} . \tag{171}$$

Um σ_A^2 und σ_B^2 schätzen zu können, benötigt man eine Schätzfunktion für σ^2.
Es kann gezeigt werden, daß

$$\mathcal{S}_\Delta^2 = \frac{1}{n-2} \sum (\mathcal{Y}_i - (a + bx_i))^2 \tag{172}$$

eine erwartungstreue Schätzfunktion für σ^2 ist.
Damit sind

$$\mathcal{S}_a = \frac{\mathcal{S}_\Delta^2 \sum x_i^2}{n(n-1)\, s_x^2} \tag{173}$$

und

$$\mathcal{S}_b^2 = \frac{\mathcal{S}_\Delta^2}{(n-1)\, s_x^2} \tag{174}$$

erwartungstreue Schätzer für σ_A^2 und σ_B^2.

Die Zufallsvariablen $\mathcal{A}$ und $\mathcal{B}$ sind normalverteilt mit $N(\alpha, \sigma_A^2)$ bzw. $N(\beta, \sigma_B^2)$ und die Zufallsvariable $\mathcal{V} = (n-2)\,\mathcal{S}^2/\sigma^2$ ist χ^2-verteilt mit $n-2$ Freiheitsgraden.
Dann sind die Variablen

$$t_a = \frac{\mathcal{A} - \alpha}{\sigma} \Big/ \sqrt{\mathcal{V}/(n-2)} = \frac{\mathcal{A} - \alpha}{\mathcal{S}_a} \tag{175}$$

$$t_b = \frac{\mathcal{B} - \beta}{\sigma} \Big/ \sqrt{\mathcal{V}/(n-2)} = \frac{\mathcal{B} - \beta}{\mathcal{S}_b} \tag{176}$$

t-verteilt mit $n-2$ Freiheitsgraden, womit analog Abschnitt 4.2.3 Konfidenzintervalle für a und b konstruiert werden können.

$$\alpha = a \pm c \cdot s_a \tag{177}$$

$$\beta = b \pm c \cdot s_b , \tag{178}$$

wobei c aus der t-Verteilung bei $n-2$ Freiheitsgraden bestimmt wird. Da $\mathcal{A}$ und $\mathcal{B}$ korreliert sind, kann jeweils nur ein Konfidenzintervall angegeben werden, nicht gleichzeitig das zweite.
Siehe dazu das Arbeitsschema in Abschnitt 6.6.

6.5 Konfidenzintervall für den Mittelwert μ_i von $\mathcal{Y}_i(x_i)$

Bestimmt werden soll ein Konfidenzintervall für den Mittelwert μ_i der Zufallsvariablen $\mathcal{Y}_i$ bei festen $\mathcal{X} = x_i$.
Die Regressionsgerade ist nach Gl. (161)

$$y = \bar{y} + b(x - \bar{x}) . \tag{179}$$

Faßt man $\mathscr{B}$ als Zufallsvariable auf, die normalverteilt ist mit $N(\beta, \sigma_B^2)$, dann ist — was hier nicht gezeigt werden soll — die zu einem festgehaltenen x_i gehörige Schätzfunktion

$$\tilde{\mathscr{Y}}_i = \bar{y} + \mathscr{B}(x_i - \bar{x}) \tag{180}$$

normalverteilt mit $N(\mu_i, \tilde{\sigma}_i^2)$, wobei ist

$$\sigma_i^2 \quad \left[\frac{(x_i - \bar{x})^2}{(n-1)\, s_x^2} + \frac{1}{n}\right] \sigma^2 = k^2\sigma^2 = k^2(x_i)\, \sigma^2. \tag{181}$$

Damit ist die Zufallsvariable $\tilde{\mathscr{Z}} = \dfrac{\tilde{\mathscr{Y}}_i - \mu_i}{\tilde{\sigma}_i}$ normalverteilt mit $N(0, 1)$.

$\tilde{\mathscr{Y}}_i$ wird nach Gl. (180) geschätzt und $\tilde{\sigma}$ kann mit Gl. (181) geschätzt werden. Also ist die transformierte Variable $\tilde{\mathscr{T}}_i = \dfrac{\bar{y} + \mathscr{B}(\bar{x}_i - \bar{x}) - \mu_i}{\sqrt{k^2\sigma^2 \mathscr{V}/(n-2)}}$ eine t-Variable mit $(n-2)$ Freiheitsgraden.

Man bestimmt die Schranken $\pm c$ für den Schätzwert $\tilde{t}_i$

$$\tilde{t}_i = \frac{\bar{y} + b(x_i - \bar{x}) - \mu_i}{ks} = \frac{\tilde{y}_i - \mu_i}{ks}, \tag{182}$$

transformiert diese Schranken nach μ_i zurück und erhält damit das Konfidenzintervall für μ_i.

$$\mu_i = \tilde{y}_i \pm c \cdot k \cdot s. \tag{183}$$

Siehe dazu das Arbeitsschema Abschnitt 6.6.

Die Bedeutung dieses Konfidenzintervalls wird mit der Abb. 12 vielleicht noch klarer.

Es soll darauf hingewiesen werden, daß beim Erstellen einer Eichgeraden gewöhnlich x (z. B. die Konzentration) die unabhängige und y (z. B. die Extinktion) die abhängige Variable ist, beim späteren Gebrauch der Eichgeraden aber umgekehrt y die unabhängige und x die abhängige Variable darstellt. Dazu soll auf zwei Artikel von S. Ebel in CAL Computer-Anwendung im Labor, 1983, hingewiesen werden.

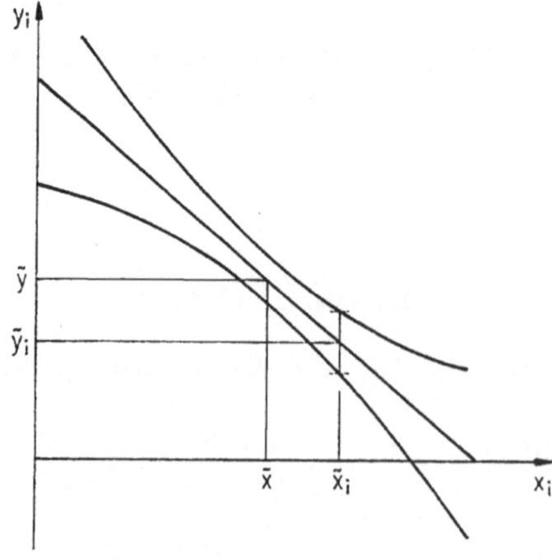

Abb. 12. Konfidenzintervall für y-Werte bei festgehaltenen x-Werten

6.6 Arbeitsschemata zur linearen Regression

Gegeben seien n Stichprobenwertepaare (x_i, y_i), wobei x_i in einer Eichmessung die unabhängige Variable, hier die Konzentrationen von Eichlösungen, und y_i die abhängige und fehlerbehaftete, bei festgehaltenem x_i normalverteilte Variable, hier also z. B. die Meßgröße „Extinktion“ sei.

Folgende Konzentrationen und Extinktionen wurden gemessen:

$x_i/10^{-6}$ mol l^{-1}	y_i
103	0,121
197	0,224
261	0,311
350	0,406
472	0,546
593	0,700
686	0,798
802	0,950
914	1,044
1020	1,193

6.6.1 Bestimmung der Regressionskoeffizienten a und b und des Korrelationskoeffizienten r einer Regressionsgeraden $y = a + bx$

		Beispiel
Gegeben: n Wertepaare (x_i, y_i)	$n =$	$n = 10$
Berechne $\Sigma_1 = \Sigma x_i$	$\Sigma_1 =$	$\Sigma_1 = 5398$
$\Sigma_2 = \Sigma x_i^2$	$\Sigma_2 =$	$\Sigma_2 = 3804068$
$\Sigma_3 = \Sigma y_i$	$\Sigma_3 =$	$\Sigma_3 = 6{,}293$
$\Sigma_4 = \Sigma x_i y_i$	$\Sigma_4 =$	$\Sigma_4 = 4433{,}078$
$\Sigma_5 = \Sigma y_i^2$	$\Sigma_5 =$	$\Sigma_5 = 5{,}166979$
Berechne $a = \dfrac{\Sigma_2\Sigma_3 - \Sigma_1\Sigma_4}{n\Sigma_2 - (\Sigma_1)^2}$	$a =$	$a = 0{,}0010385$
Berechne $b = \dfrac{n\Sigma_4 - \Sigma_1\Sigma_3}{n\Sigma_2 - (\Sigma_1)^2}$	$b =$	$b = 0{,}0011639$
Berechne $r = \dfrac{n\Sigma_4 - \Sigma_1\Sigma_3}{(n\Sigma_5 - (\Sigma_3)^2)(n\Sigma_2 - (\Sigma_1)^2)^{1/2}}$	$r =$	$r = 0{,}99964$

6.6.2 Konfidenzintervall für den Regressionskoeffizienten β einer linearen Regression von y bezüglich x

		Beispiel
Gegeben n Wertepaare x_i, y_i		
Bestimme a und b nach Schema 6.6.1	$a =$ $b =$	$a = 0{,}0010385$ $b = 0{,}0011639$
Berechne mit Gl. (172) $s_\Delta^2 = \frac{1}{n-2} \sum_i (y_i - (a + bx_i))^2$	$s_\Delta^2 =$	$s_\Delta^2 = 0{,}000110057$
Berechne mit Gl. (92) $s_x^2 = \frac{1}{n-1} \sum_i (x_i - \bar{x})^2$	$s_x^2 =$	$s_x^2 = 98914{,}18$
Berechne mit Gl. (174) $s_b = \left(\frac{s_\Delta^2}{(n-1)\, s_x^2}\right)^{1/2}$	$s_b =$	$s_b = 0{,}011119 \cdot 10^{-3}$
Wähle	$\gamma =$	$\gamma = 0{,}95$
Bestimme $c = F_t^{-1}\left(\frac{1+\gamma}{2}\right)$ aus der t-Verteilung mit $n - 2$ Freiheitsgraden	$c =$	$c = 2{,}31$
Berechne $l = cs_b$	$l =$	$l = 0{,}0257 \cdot 10^{-3}$
Konfideninintervall KONF $\{b - l < \beta \leqq b + l\}_{\gamma = \ldots}$ $\beta = b \pm l$		$\beta = (1{,}164 \pm 0{,}026)\, 10^{-3}$

6.6.3 Konfidenzintervall für den Mittelwert μ_i der Meßgröße Y_i bei festgehaltenem x_i

		Beispiel
Gesucht Konfidenzintervall für μ_i an der Stelle x_i	$x_i =$	$x_i = 197$
Bestimme b nach Schema 6.6.1	$b =$	$b = 0{,}0011639$
Berechne $\tilde{y}_i = \bar{y} + b(x_i - \bar{x})$	$\tilde{y}_i =$	$\tilde{y}_i = 0{,}2303$
Berechne mit Gl. (90) $\bar{x} = \frac{1}{n} \sum x_i$	$\bar{x} =$	$\bar{x} = 539{,}8$
Berechne mit Gl. (92) $s_x^2 = \frac{1}{n-1} \sum (x_i - \bar{x})^2$	$s_x^2 =$	$s_x^2 = 98914{,}18$

6.6.3. (Fortsetzung)

		Beispiel
Berechne mit Gl. (172) $s_\Delta = \left(\frac{1}{n-2} \sum (y_i - (a + bx_i))^2\right)^{1/2}$	$s_\Delta =$	$s_\Delta = 0{,}0104908$
Berechne mit Gl. (181) $k(x_i) = \left(\frac{(x_i - \bar{x})^2}{(n-1)\, s_x^2} + \frac{1}{n}\right)^{1/2}$	$k(x_i) =$	$k(x_i) = 0{,}4817$
Wähle	$\gamma =$	$\gamma = 0{,}95$
Bestimme $c = F_t^{-1}\left(\frac{1+\gamma}{2}\right)$ aus der t-Verteilung mit − 2 Freiheitsgraden	$c =$	$c = 2{,}31$
Berechne $l = c k(x_i)\, s_\Delta$	$l =$	$l = 0{,}0117$
Konfidenzintervall KONF $\{\bar{y}_i - l < \mu_i \leqq \bar{y}_i + l\}_{\gamma = \ldots}$ $\mu_i = \bar{y}_i \pm l$		$\mu_i = 0{,}2303 \pm 0{,}0117$

Dieser Artikel basiert auf Erfahrungen, die der Autor zusammen mit Dr. R. Böhm, Degussa Hanau, bei der Durchführung von Fortbildungskursen der Gesellschaft Deutscher Chemiker gewinnen konnte.

Dank sei gesagt dem Centro de Química des Instituto Venezolano de Investigaciones Científicas in Caracas, wo dieser Aufsatz in angenehmer Atmosphäre geschrieben wurde.

Weiterführende Literatur

Die angegebene Literatur ist nur eine kleine Auswahl meist neuerer Bücher aus einer großen Vielfalt angebotener Werke zur Statistik und Wahrscheinlichkeitstheorie.

1. E. Kreyszig, Statistische Methoden und ihre Anwendungen, Vandenhoeck & Ruprecht, Göttingen 1979, ISBN 3-525-40717-3
2. P. Zöfel, Statistik in der Praxis, Uni-Taschenbücher 1293, G. Fischer Verlag, Stuttgart 1985, ISBN 3-437-40145-9
3. G. Gottschalk, Auswertung quantitativer Analysenergebnisse, in: Analytiker Taschenbuch Band 1, S. 63, Springer-Verlag, Berlin 1980, ISBN 0-540-09594-2
4. K. Doerffel, Statistik in der analytischen Chemie, Verlag Chemie Weinheim 1984, ISBN 3-527-26122-2
5. K. Doerffel und W. Wundrack, Korrelationsfunktion in der Analytik, in: Analytiker Taschenbuch Band 6, Springer-Verlag, Berlin 1986, ISBN 3-540-15037-4

6. L. Sachs, Angewandte Statistik, Springer-Verlag, Berlin 1974
7. S. Noack, Auswertung von Meß- und Versuchsdaten mit Taschenrechner und Tischcomputer, W. de Gruyter, Berlin 1980, ISBN 3-11-007263-7
8. M. Fisz, Wahrscheinlichkeitsrechnung und Mathematische Statistik, VEB Deutscher Verlag der Wissenschaften, Berlin 1980
9. J. C. Miller, J. N. Miller, Statistics for Analytical Chemistry, Ellis Horwood Limited, Chichester 1984, ISBN 0-85312-655-0
10. J. Green, D. Margerison, Statistical treatment of experimental data, Elsevier Scientific Publishing Co., Amsterdam 1979, ISBN 0-444-41725-7
11. M. Hollander, F. Proschan, The statistical exorcist, Marcel Dekker, Inc. New York 1984, ISBN 0-8247-7225-3
12. H. Scheffé, The Analysis of Variance, John Wiley & Sons, Inc., New York 1959, ISBN 0-471-75834-5
13. A. S. C. Ehrenberg, Statistik oder der Umgang mit Daten, VHC Verlagsgesellschaft, Weinheim 1986, ISBN 3-527-25440-4
14. J. C. Miller and J. N. Miller, statistics for Analytical Chemistry, Ellis Horwood Ltd., Chichester 1984, ISBN 0-85312-655-0

Gute Analytische Praxis

H. Vogel

Schützenpfad 31
D-55218 Ingelheim

1 Einleitung

Die Analytische Chemie hat während der letzten Jahrzehnte infolge der raschen Entwicklung immer genauerer und empfindlicherer Methoden eine zuvor kaum vorstellbare Bedeutung gewonnen. Analytische Ergebnisse sind die Grundlage für Planungen und Entscheidungen auf vielen Gebieten; genannt seien z. B. die Entwicklung und Produktion von Chemikalien, Arzneimitteln, Lebensmitteln und Schädlingsbekämpfungsmitteln sowie der Umweltschutz. Von den Ergebnissen wird erwartet, daß sie zuverlässig sind und eine richtige Aussage liefern. Falschaussagen können zu Fehlplanungen, wirtschaftlichen Verlusten oder auch zu Gesundheitsgefährdungen führen.

Gerade die Forderung nach dem Schutz der Bevölkerung vor gesundheitlichen Schäden veranlaßte Behörden, verbindliche Regeln für die Herstellung, die Prüfung und das Inverkehrbringen bestimmter Warengruppen zu erlassen.

Aufbauend auf Regeln der amerikanischen Food and Drug Administration (FDA) veröffentlichte die WHO 1968 die Regeln der „Good Manufacturing Practices" (GMP) für die Herstellung und Prüfung von Arzneimitteln (revidierte Fassung von 1975 s. [1]). Diese Regeln waren für den Schutz der Länder der Dritten Welt erstellt worden, um diese vor dem Import minderwertiger Ware zu schützen. Sie gewährleisten heute, nachdem sie in praktisch allen Staaten mit pharmazeutischer Industrie in nationales Recht überführt wurden, einen Mindestqualitätsstandard der in den Verkehr gebrachten Arzneimittel.

Mit diesen Regeln werden generelle Abläufe und Vorgehensweisen bei der Herstellung und Prüfung von Arzneimitteln vorgeschrieben; sie befassen sich nicht speziell mit den Arbeiten und Abläufen in einem Analytischen Kontrollabor und können deshalb nur sinngemäß auf dieses übertragen werden.

Dieser Mangel an speziellen Regeln für das Analytische Labor veranlaßte die Britische Gesundheitsbehörde, ihren nationalen GMP-Regeln einen Abschnitt über „Good Control Laboratory Practice" [2] anzufügen.

Auch die „Convention for the Mutual Recognition of Inspections in Respect of the Manufacture of Pharmaceutical Products" (PIC), der 14 europäische Staaten angeschlossen sind, erließ zusätzlich zu ihren GMP-Regeln die „Guidelines for Good Pharmaceutical Control-Laboratory Practice" [3].

Eine gewisse Begriffsverwirrung wurde durch die FDA hervorgerufen, die 1978 die „Good Laboratory Practice Regulations" (GLP) [4] erließ. Der Anlaß hierzu waren unzureichend durchgeführte toxikologische Prüfungen für die Anmeldung neuer pharmazeutischer Wirkstoffe, auf die die FDA in Prüfberichten und bei gezielt durchgeführten Inspektionen gestoßen war. Infolgedessen sind diese „GLP"-Regeln auf die Durchführung von nichtklinischen — in erster Linie toxikologischen — Prüfungen abgestimmt.

Neben diesem pharmazeutischen Bereich hat während der letzten 10 bis 15 Jahre eine Reihe von Staaten Gesetze über das Inverkehrbringen von Chemikalien, z. B. [5], erlassen, um deren Unbedenklichkeit gegenüber Menschen und Umwelt zu gewährleisten. In diesen werden u. a. umfangreiche Prüfungen von neuen Chemikalien gefordert.

Um innerhalb ihrer Mitgliedstaaten einen einheitlichen Qualitätsstandard der Prüfdaten sicherzustellen und um damit die gegenseitige Anerkennung der Daten durch die Mitgliedstaaten zu ermöglichen, veröffentlichte 1982 die „Organisation for Economic Co-operation and Development" (OECD) die „Good Laboratory Practice in the Testing of Chemicals" (GLP) [6]. Diese Regeln liefern den Sicherheitsrahmen für die Qualität der geforderten chemisch-physikalischen, toxikologischen und ökotoxikologischen Prüfungen; die Forderung nach der Richtigkeit und Zuverlässigkeit der erhaltenen Daten ist jedoch nicht in dieser Richtlinie enthalten [7, 8].

Auch diese GLP-Regeln legen das Schwergewicht auf toxikologische Prüfungen; die analytischen Prüfungen der Chemikalien sind nur ein Teil des gesamten Prüfplanes.

Deshalb gibt der Begriff „Gute Laborpraxis" die Forderung nach der Sorgfalt bei der Durchführung von analytischen Prüfungen und nach der Richtigkeit der erhaltenen Daten nicht ausreichend wieder. Wenn von der Anwendung der GLP-Regeln in einem Analytischen Labor die Rede ist, sollte besser der Begriff „Gute Analytische Praxis" (GAP) verwendet werden. GLP hat damit eine übergeordnete Richtlinienfunktion, wogegen GAP zusätzliche Erfordernisse beschreibt, die speziell für die Analytische Chemie gefordert werden.

Diese verschiedenen G...P-Regeln haben heute eine weltweite Anerkennung gefunden und eine kaum überschaubare Zahl von Publikationen hat sich damit auseinandergesetzt. Bezüglich der Umsetzung der GLP- bzw. GAP-Regeln in die analytische Praxis sei auf einige Veröffentlichungen hingewiesen [9—15].

Im folgenden soll auf die Bereiche näher eingegangen werden, die für das GAP-gerechte Arbeiten von besonderer Bedeutung sind.

2 Dokumentation

Aus den genannten G...P-Regeln lassen sich folgende Grundsätze ableiten:

1. Kein Arbeitsschritt darf dem Zufall überlassen bleiben.
2. Die Erarbeitung eines analytischen Ergebnisses muß lückenlos zurückverfolgt werden können.

Daraus folgt, daß alle Anweisungen und Unterlagen, die im Zusammenhang mit der Durchführung analytischer Prüfungen benötigt werden oder anfallen, schriftlich vorliegen müssen. Solch eine umfassende Dokumentation hat den Zweck,

— das Prüfsystem zu beschreiben,
— das Risiko von Irrtümern, die bei einer mündlichen Kommunikation unvermeidlich sind, zu verringern,
— sicherzustellen, daß die Mitarbeiter mit allen Einzelheiten eines Vorganges vertraut sind, und
— die Überprüfung und Rückverfolgung von Ergebnissen zu ermöglichen.

Zu dieser Dokumentation gehören insbesondere

— Arbeitsanweisungen,
— Prüfanweisungen und
— Arbeits- und Ergebnisprotokolle.

2.1 Arbeitsanweisungen

Arbeitsanweisungen (engl.: Standard Operating Procedures, SOP) können als das Rückgrat eines Analytischen Labors bezeichnet werden; sie dienen der Festlegung von Zuständigkeiten sowie der Regelung von Abläufen wichtiger, wiederkehrender Vorgänge. Durch sie wird die Zuverlässigkeit und Kontinuität der Arbeiten im Laboratorium sichergestellt. Darüber hinaus sind sie ein wertvolles Hilfsmittel für die Einweisung neuer und für die Fortbildung älterer Mitarbeiter.

Bei der Auswahl der Bereiche, für die Arbeitsanweisungen erstellt werden sollen, sollte man sich von seiner Erfahrung leiten lassen. Eine Hilfe bietet die Frage nach dem Risiko und der Tragweite des Fehlablaufes bei einem bestimmten Vorgang. Es hat sich bewährt, zunächst ein Paket von „Kern"-Anweisungen zu erstellen; die tägliche Praxis, kritisch verfolgt, zeigt dann sehr schnell, welche Lücken ausgefüllt werden müssen.

Naturgemäß hängt es sehr stark von der Aufgabenstellung, dem strukturellen Aufbau und der Eingliederung eines Analytischen Laboratoriums in eine übergeordnete Organisation ab, für welche Gebiete Arbeitsanweisungen erstellt werden müssen; die folgenden Angaben sollen deshalb als Leitfaden dienen, der den gegebenen Verhältnissen angepaßt werden muß.

Arbeitsanweisungen sollen vorliegen für

— die Festlegung von Aufgaben- und Verantwortungsbereichen von Mitarbeitern,
— Arbeitsabläufe; eine Übersicht über den gesamten Ablauf einer Analyse von der Probenahme (oder dem Mustereingang) bis zum Versand des Ergebnisprotokolls hilft Unklarheiten, Überschneidungen oder auch Lücken im System zu erkennen,
— das Erstellen, das Inkraftsetzen, die Verteilung, die Änderung, die Ungültigkeitserklärung und die Archivierung von Arbeitsanweisungen und Prüfungsvorschriften,
— das Vorgehen bei der Validierung von Prüfmethoden,
— die Kalibrierung von Geräten,
— die Handhabung von Standardsubstanzen und Reagenzien, die Aufbewahrung von Rückstellmustern,
— die Ablage und Aufbewahrungsfristen von Dokumenten,
— Musternahme,
— Reinigungsvorschriften,
— Arbeitssicherheit und persönliche Schutzmaßnahmen,
— Abfallbeseitigung.

Bei der Erstellung von Arbeitsanweisungen sollten einige allgemeine Punkte beachtet werden:

Es ist zweckmäßig, ein einheitliches Formular zu verwenden, in dem Felder vorzusehen sind für

— den Titel der Anweisung,
— die zugeordnete Nummer des Numerierungssystems,
— das Datum, ab dem die Anweisung gültig wird,
— das Datum, ab dem der Vorläufer für ungültig erklärt wurde,
— die Seitenzahl und die Gesamtblattzahl,
— die Unterschriften des Erstellers und des Verantwortlichen.

Das Numerierungssystem sollte flexibel gestaltet sein, so daß es jederzeit erweitert werden kann und Ergänzungen oder Neuauflagen zuläßt.

Der Inhalt muß klar gegliedert sein; die Formulierungen sollen eindeutig und verständlich sein. Es empfiehlt sich, die Anweisungen zusammen mit den Mitarbeitern zu erstellen oder die Entwürfe mit ihnen durchzusprechen, um deren Erfahrungen einzubeziehen und um Mißverständnisse zu vermeiden.

Die Arbeitsanweisungen müssen den Mitarbeitern jederzeit zugänglich sein. Sie sollten regelmäßig auf ihre Aktualität überprüft werden; ungültige Anweisungen müssen aus dem Verkehr gezogen und archiviert werden.

2.2 Prüfanweisungen

Unter diesem Begriff werden die nicht-chargenbezogenen Prüfunterlagen verstanden, d. h., die Prüfmethoden und die Spezifikationen (Toleranzen).

In Kontrollaboratorien, die regelmäßig wiederkehrende Analysen durchzuführen haben, müssen für jedes Produkt Prüfungsvorschriften vorhanden sein, die die für die Beurteilung relevanten Prüfpunkte, die zugehörigen Methoden und die Toleranzen enthalten.

In Untersuchungslaboratorien, die wechselnde Aufträge zu erfüllen haben, wird häufig eine Sammlung wiederkehrender Methoden vorliegen, die dann für einen einzelnen Auftrag zusammengestellt und ggf. durch selbst entwickelte Methoden ergänzt werden.

Soweit auf offizielle Prüfmethoden, die für viele Gebiete vorliegen (Lebensmittel, Arzneimittel, Schädlingsbekämpfungsmittel usw.), zurückgegriffen werden kann, genügt in den Prüfunterlagen ein Hinweis auf diese Methoden.

Entscheidend ist, daß die ausgeführten Bestimmungsmethoden so detailliert vorliegen, daß sie ohne Schwierigkeiten nachgearbeitet werden können, und daß aus den schriftlichen Aufzeichnungen einwandfrei hervorgeht, nach welchen Methoden im Einzelfall gearbeitet wurde. Hierzu gehören auch genaue Angaben über die benötigten Reagenzien (u. U. mit Hinweis auf die Herstellvorschrift) und die eingesetzten Geräte.

Es ist eine Selbstverständlichkeit, daß Vorschriften genau befolgt werden müssen. Es hat sich aber immer wieder gezeigt, daß im Einzelfall Änderungen — häufig kurzfristig — erforderlich sind. Für solch einen Fall muß in einer Arbeitsanweisung festgelegt sein, wie vorzugehen ist, d. h., wer die Änderung genehmigen darf, welche Voraussetzungen erfüllt sein müssen und wie die Änderung erfolgen soll. Dabei sind handschriftliche Korrekturen durchaus zulässig, sie müssen jedoch mit Datum und Unterschrift des Verantwortlichen versehen sein.

Festgelegte Toleranzen müssen eingehalten werden. Häufig wiederkehrende Abweichungen weisen auf Schwierigkeiten im Herstellverfahren oder der Analysenmethode hin. Soll trotz des Überschreitens einer Toleranz ein Muster (oder eine Charge) freigegeben werden, so muß die Begründung hierzu in den Unterlagen vermerkt werden.

Ähnlich wie für Arbeitsanweisungen gelten auch für Prüfungsvorschriften einige formale Regeln. Hierzu gehören:

- einheitliches Formular,
- eindeutige Bezeichnung,
- Numerierung,
- Gültig- bzw. Ungültigkeitserklärung,
- Unterschrift des Verantwortlichen.

2.3 Prüfprotokolle

Unter einem Prüfprotokoll werden alle chargenspezifischen Prüfungsunterlagen verstanden. Hierzu gehören die Rohdaten und das Untersuchungsattest.

Zu den Rohdaten zählen alle handschriftlichen und automatischen Aufzeichnungen, die im Verlaufe einer Analyse anfallen. Dies sind alle Berechnungen, Registrierkurven und ausgedruckten Unterlagen; außerdem können es Einzelheiten der Durchführung, besondere Beobachtungen oder Vorkommnisse sein [16].

In der Regel werden alle handschriftlichen Aufzeichnungen in einem Laborjournal festgehalten. Dieses muß so angelegt sein, daß die Aufzeichnungen schnell und zuverlässig dem untersuchten Muster zugeordnet werden können. Dies kann mittels der Musterbezeichnung und Chargennummer oder mittels einer laborinternen Analysennummer erfolgen.

Handschriftliche Aufzeichnungen bergen stets das Risiko von Übertragungsfehlern in sich. Deshalb sollten soweit wie möglich Geräte mit angeschlossenen Druckern, z. B. Waagen und (Taschen-) Rechner, eingesetzt werden. Die Druckstreifen können dann direkt in das Laborjournal eingeklebt werden.

Anstelle eines Laborjournals kann auch eine Lose-Blatt-Form für die Dokumentation der Rohdaten gewählt werden. Diese ist dann vorzuziehen, wenn einzelne Prüfungen für ein Muster von verschiedenen Mitarbeitern oder in verschiedenen Laborgruppen durchgeführt werden.

Die Einzelergebnisse müssen von dem verantwortlichen Mitarbeiter mit Namenszeichen abgezeichnet werden. Dies kann im Laborjournal bzw. auf dem entsprechenden Formular oder auf dem Analysenattest erfolgen.

Für notwendige Korrekturen gelten die gleichen Regeln wie im Finanzwesen, d. h., die zu korrigierende Eintragung darf nicht gelöscht, sondern muß so durchgestrichen werden, daß sie noch lesbar bleibt. Geht aus der Unterlage nicht eindeutig hervor, wer die Korrektur vorgenommen hat, muß sie mit Namenszeichen und Datum versehen sein; ggf. ist auch der Grund für die Korrektur anzugeben.

Das Untersuchungsattest soll folgende Angaben enthalten:

- Name des Produktes oder des Musters,
- Chargen- und Analysennummer,
- Ein- und Ausgangsdatum,
- Nummer der Prüfungsvorschrift,
- Prüfpunkte mit zugehörigen Ergebnissen; ggf. Angabe der Methode,
- Beurteilung; ggf. mit Kommentierung,
- Unterschrift des Verantwortlichen.

2.4 Ablage und Aufbewahrung von Dokumenten

Alle Unterlagen, die für eine Prüfung relevant sind, müssen abgelegt und über einen festgelegten Zeitraum aufbewahrt werden. Hierzu gehören die Arbeitsanweisungen, die Prüfanweisungen, die Laborjournale und die Prüfprotokolle, aber auch die Validierungs- und Kalibrierungsunterlagen. Dies führt in der Praxis häufig zu Problemen, da hierfür ein beachtlicher Archivraum benötigt wird. Originalunterlagen brauchen jedoch nur über einen begrenzten Zeitraum aufbewahrt zu werden und können anschließend mikroverfilmt werden. Dies ist heute eine auch von den Behörden anerkannte Praxis. Die Mikrofilme sind möglichst in einem feuerfesten Raum aufzubewahren. Auch die Speicherung auf EDV-Datenträgern ist zulässig, wenn die Daten zuverlässig gesichert werden und ein rascher Zugriff möglich ist.

Die Aufbewahrungsfristen sind naturgemäß für die verschiedenen Sachgebiete unterschiedlich. Sie müssen jedoch eindeutig festgelegt werden. Im Zweifelsfall sollten die Unterlagen wie andere wichtige Geschäftsvorgänge behandelt und 30 Jahre aufgehoben werden.

2.5 Rückstellmuster

Neben den erwähnten Unterlagen müssen zusätzlich Muster der analysierten Ware, sogenannte Rückstellmuster, aufbewahrt werden. Diese sollen eine Wiederholung von Analysen ermöglichen, wenn hierzu aus internen oder externen Gründen ein Anlaß besteht. Sie bieten ferner die Möglichkeit, auch nach längerer Zeit Qualitätsvergleiche zwischen einzelnen Chargen oder zwischen älterer und neuerer Ware durchführen zu können.

Grundsätzlich soll zu jedem Analysenmuster ein Rückstellmuster aufbewahrt werden. Zweckmäßigerweise wird bereits bei der Musternahme eine Teilmenge zurückgestellt. Häufig wird auch die unverbrauchte Menge des Analysenmusters hierfür verwendet. Dieses Vorgehen ist jedoch nur zulässig, wenn eine Veränderung des Musters durch den Einfluß von Sauerstoff oder Feuchtigkeit bei der Probenentnahme oder bei der Lagerung ausgeschlossen ist. Fertig verpackte Ware soll nach Möglichkeit im Originalpackmittel aufbewahrt werden.

Die Menge des Musters muß mindestens für eine Vollanalyse ausreichen.

Die Lagerbedingungen, d. h. Temperatur, Feuchtigkeit und Licht, sind so zu wählen, daß eine Qualitätsveränderung während der Lagerung auf ein unvermeidbares Mindestmaß beschränkt bleibt.

Die Aufbewahrungsdauer richtet sich nach den Eigenschaften und dem Verwendungszweck der Produkte. Muster von Ausgangsstoffen müssen mindestens so lange aufbewahrt werden, bis die gesamte Charge aufgebraucht ist und bis gewährleistet ist, daß die Qualität der damit hergestellten Produkte den Anforderungen entspricht. Rückstellmuster von Endprodukten müssen so lange zur Verfügung stehen, bis Beanstandungen vom Markt ausgeschlossen werden können bzw. bis handelsübliche oder festgelegte Haltbarkeitsfristen überschritten sind. Die Aufbewahrungsdauer muß in einer Arbeitsanweisung festgelegt sein.

3 Validierung

Die Validierung von Herstell- und Prüfverfahren ist eine Grundforderung der GMP-Regeln, durch die die Eignung und die Zuverlässigkeit der angewandten Verfahren sichergestellt werden soll. Dabei besteht ein wesentlicher Unterschied zwischen der Validierung von Herstellverfahren und der von Analysenmethoden. Während bei ersteren die Bandbreite einzelner Verfahrensschritte geprüft und festgelegt wird, innerhalb derer sich ein Prozeß ohne Beeinträchtigung der Qualität des Endproduktes bewegen darf, werden bei der Validierung von Analysenmethoden charakteristische Parameter ermittelt, die eine Aussage über die Eignung und die Zuverlässigkeit einer Methode erlauben.

Eine auf die Analytik zugeschnittene Definition der Validierung haben Bosshardt und Schorderet [17] gegeben: „Unter Validierung versteht man die Gesamtheit aller sich über Planung, Ausführung und Dokumentation erstreckenden Maßnahmen, die die Gültigkeit einer analytischen Methode beweisen. Der Prüfaufwand richtet sich nach der Methodik, der Apparatur und den Anforderungen an die Güte des Resultates".

Für die Validierung analytischer Methoden sind die folgenden Parameter von Bedeutung [18, 19, 20]:

– Richtigkeit

Die Richtigkeit (engl.: accuracy of the mean) eines Verfahrens beschreibt den Grad der Übereinstimmung der ermittelten Analysenwerte mit dem wahren Wert oder dem Wert eines anerkannten Standards. Als Maß für die Richtigkeit dient der systematische Fehler (Bias).

Der absolute Nachweis der Richtigkeit ist in der Regel schwer zu erbringen; in der Praxis haben sich die nachstehenden Verfahren bewährt:

1. Von einem homogenen Durchschnittsmuster einer repräsentativen Probe, deren Gehalt aus Herstellunterlagen bekannt ist oder mittels einer zweiten, unabhängigen und validierten Methode ermittelt wurde, werden mindestens drei Bestimmungen durchgeführt und der Mittelwert berechnet.
2. Bei komplex zusammengesetzten Proben werden, wenn die einzelnen Bestandteile bekannt und verfügbar sind, Mischungen mit unterschiedlichem Gehalt der zu bestimmenden Komponente hergestellt. Zum Beispiel werden einem Gemisch der Begleitstoffe 80, 100 und 120% des Sollwertes der zu bestimmenden Substanz zugemischt und jede Mischung mindestens zweimal analysiert.

Liegen die Mittelwerte der Ergebnisse innerhalb eines Toleranzbereiches, der erfahrungsgemäß mit der angewandten Methode erreicht werden kann, z. B. 98–102%, kann die Richtigkeit als gesichert gelten. Liegen die Mittelwerte außerhalb dieses Bereiches, muß jeder Teilschritt der Methode einschließlich der Probenvorbereitung überprüft werden.

– Präzision

Die Präzision (engl.: precision) bezeichnet das Ausmaß der Übereinstimmung zwischen Ergebnissen, wie sie bei wiederholter Anwendung einer Methode gewonnen werden. Da sie abhängig ist von den vorgegebenen Bedingungen, unterscheidet man die Wiederholbarkeit (engl.: repeatability) und die Vergleichbarkeit (reproducibility).

Die Wiederholbarkeit gibt die Präzision einer Methode an, wenn diese von *einem* Mitarbeiter durchgeführt wird. Sie wird bestimmt, indem der Mitarbeiter eine Probe mehrmals (möglichst fünfmal) aufarbeitet und jede Probelösung mindestens zweimal mißt. Aus den Einzelwerten wird die Wiederholstandardabweichung nach der folgenden Gleichung ermittelt:

$$s = \sqrt{\frac{\sum (x_i - \bar{x})^2}{n - 1}}$$

Es bedeutet s = Standardabweichung
x_i = Einzelwert
$\bar{x}$ = Mittelwert
n = Anzahl der Bestimmungen.

Die Vergleichbarkeit gibt die Präzision einer Methode wieder, wenn diese von verschiedenen Mitarbeitern oder in verschiedenen Laboratorien durchgeführt wird. Zu ihrer Ermittlung wird die Wiederholstandardabweichung von einem zweiten Mitarbeiter oder von einem zweiten Labor mit der selben Probe wiederholt. Mit dem t-Test [21] wird geprüft, ob die beiden Versuchsreihen signifikante Unterschiede aufweisen. Ist dies nicht der Fall, werden die Einzelwerte beider Reihen zusammengefaßt und die Vergleichsstandardabweichung berechnet.

Bei Bestimmungen, die keine aufwendige Probenvorbereitung benötigen (reine Substanzen, Lösungen), kann mit einem vereinfachten Versuchsplan gearbeitet werden.

In einzelnen Fällen kann es erforderlich sein, auch die Präzision des Meßsystems zu bestimmen. Hierzu wird von einem Mitarbeiter eine Probe einmal aufgearbeitet und die Probenlösung mehrmals gemessen. Mit diesen Einzelwerten wird die Systemstandardabweichung berechnet.

— Selektivität
Die Selektivität (engl.: selectivity) beschreibt, in welchem Ausmaß das Signal der zu bestimmenden Substanz durch Signale anderer Substanzen gestört, überlagert oder beeinflußt wird.

Die Selektivität einer quantitativen Methode ist nicht immer gegeben (Maßanalyse, Kolorimetrie) und auch nicht immer erforderlich. Bei chromatographischen Methoden ist sie jedoch ein wichtiger Parameter und muß überprüft werden. Hierzu werden einer Probe die möglichen Störsubstanzen in einer meßbaren Menge beigemischt und diese Mischung analysiert. Stehen die Störsubstanzen nicht zur Verfügung, muß durch Variation von stationärer und mobiler Phase geprüft werden, ob das Meßsignal überlagert wird. Handelt es sich bei den Störsubstanzen um Zersetzungsprodukte der Prüfsubstanz, so kann durch Streßteste versucht werden, diese künstlich zu erzeugen.

— Störanfälligkeit/Belastbarkeit
Unter Störanfälligkeit (engl.: ruggedness) versteht man die Einwirkung von Umwelteinflüssen wie Licht, Sauerstoff oder Temperatur auf Analysenproben (ggf. auch auf Reagenzien und Maßlösungen), die zu einer Veränderung der Ergebnisse führen kann.

Zur Überprüfung wird die Probenlösung über eine angemessene Zeit den stabilitätsbeeinflussenden Faktoren ausgesetzt und mit einer unbelasteten Lösung verglichen. Gegebenenfalls müssen die einzelnen Schritte der Probenaufarbeitung auf die gleiche Weise überprüft werden.

— Linearität
Linearität (engl.: linearity) ist der funktionelle Zusammenhang zwischen Signal und Konzentration der zu messenden Substanz, der durch die Funktionsgleichung $y = ax + b$ beschrieben werden kann.
Der Bereich für die Überprüfung der Linearität hängt von dem erforderlichen Bestimmungsbereich ab; er soll in jedem Fall über die normalen Bestimmungsgrenzen hinausgehen.

— Nachweisgrenze
Die Nachweisgrenze (engl.: limit of detection) ist die kleinste noch zuverlässig nachweisbare Menge einer Substanz.

— Bestimmungsgrenze
Die Bestimmungsgrenze (engl.: limit of quantitation) gibt die untere Grenzkonzentration an, die noch quantitativ erfaßt werden kann und sich signifikant von der Konzentration „Null" unterscheidet.
Die Ermittlung von Nachweis- und/oder Bestimmungsgrenze ist in der Regel nur bei Grenztests erforderlich. Die Bestimmungsgrenze soll mindestens um den Faktor 1,5 über der Nachweisgrenze liegen.

Grundsätzlich müssen alle Methoden validiert werden, deren Ergebnisse zur Beurteilung einer Probe beitragen. Im Einzelfall muß über die Notwendigkeit und den erforderlichen Umfang entschieden werden. Dabei wird in der Regel das Schwergewicht auf halbquantitative und quantitative Bestimmungen gelegt werden.

Bei der Planung einer Validierung sind zunächst

— der zu erfassende Konzentrationsbereich,
— die Matrix der Probe und
— die vorgesehene Methode

zu berücksichtigen. Über die weitere Vorgehensweise geben Inman und Mitarbeiter [22] Empfehlungen über die zu treffende Auswahl von Validierungsparametern und über den Prüfungsumfang. Auch Bosshardt und Schorderet [17], Wachter [19] und Amore [23] gehen auf weitere Einzelheiten der Validierung ein.

Folgende Punkte müssen beachtet werden:

— die zu validierende Methode muß optimiert und schriftlich niedergelegt sein.
— zu Beginn muß ein detaillierter Versuchsplan erstellt werden; durch sinnvolle Kombination von Versuchen können mehrere Parameter gleichzeitig ermittelt und dadurch der Arbeitsaufwand begrenzt werden.
— Meßgeräte müssen kalibriert bzw. auf ihre Funktionstüchtigkeit überprüft sein.
— die Muster müssen repräsentativ sein; Reagenzien und Vergleichssubstanzen müssen ausreichend charakterisiert sein.

Planung, Durchführung und Ergebnisse einer Validierung müssen ausführlich dokumentiert werden, um eine Nachprüfung und ggf. eine Wiederholung zu ermöglichen. Die Dokumentation sollte neben der Methodenbeschreibung enthalten:

— Die Chargen- und Herkunftsbezeichnung von Proben und Vergleichssubstanzen,
— die Qualität der Vergleichssubstanzen,
— die verwendeten Geräte,
— Spektren, Chromatogramme (ggf. Fotos), Registrierkurven usw.,
— die Parameter der Geräteeinstellungen,
— die Berechnungen und Ergebnisse,
— eine zusammenfassende Übersicht und Bewertung der Ergebnisse.

Wird eine validierte Methode an ein anderes Laboratorium übergeben, so muß die Validierung zumindest in einem begrenzten Umfang wiederholt werden. Der einfachste und häufig ausreichende Weg ist die Paralleluntersuchung von Mustern und der statistische Vergleich der Ergebnisse. Die Muster sollten nach Möglichkeit den normalen Gehalt an Verunreinigungen oder Abbauprodukten aufweisen. Zusätzlich ist es zweckmäßig, die Vergleichsstandardabweichung zu bestimmen.

4 Kalibrierung

Die Funktionstüchtigkeit einer Methode wird, wie dargelegt, mit der Validierung sichergestellt. Das setzt voraus, daß die eingesetzten Geräte und Instrumente dem vorgesehenen Zweck angepaßt sind, daß sie einwandfrei arbeiten und daß die Meßergebnisse innerhalb vorgegebener Toleranzen liegen. Hierzu dient die Kalibrierung.

Im Gegensatz zur Methodenvalidierung, die nur wiederholt werden muß, wenn Änderungen der Methode vorgenommen werden, muß die Kalibrierung in regelmäßigen Zeitintervallen erfolgen, um Abweichungen, die manchmal nur sehr langsam einsetzen, rechtzeitig erkennen zu können.

Nach dem deutschen Eichgesetz müssen bestimmte Meßgeräte wie z. B. zur Bestimmung der Masse, des Volumens und der Temperatur geeicht sein. Soweit diese Eichungen regelmäßig erfolgen müssen, z. B. bei Waagen, sind die vorgeschriebenen Zeitintervalle jedoch sehr lang (2 Jahre) und für laborinterne Zwecke nicht ausreichend.

Für technisch aufwendige Analysengeräte, z. B. für Spektrophotometer, werden häufig Wartungsverträge mit den Herstellerfirmen abgeschlossen. Diese Wartungsverträge erstrecken sich aber gewöhnlich auch nur auf ein bis zwei Inspektionen pro Jahr.

Zur Sicherung der Qualität der Analysenergebnisse ist es deshalb erforderlich, daß alle Geräte und Instrumente, die im Laufe einer Analyse benötigt werden und durch deren fehlerhafte Funktion Analysenergebnisse verfälscht werden können, laborintern regelmäßig kalibriert werden [24].

Diese Kalibrierung erfordert die Festlegung der Prüfmethode, der zulässigen Toleranz und des Zeitintervalls der Prüfungen.

Die Methoden ergeben sich z. T. aus der Meßgröße selbst (Bestimmung der Masse); z. T. sind sie auch in offiziellen Kompendien niedergelegt (Überprüfung der Schmelztemperatur). Andere Methoden müssen dagegen laborintern entwickelt werden; dabei sind die Gerätebeschreibungen und Gebrauchsanweisungen der Gerätehersteller oft eine Hilfe (Beispiele s. [25]).

Ähnliches gilt für die Toleranzen. Diese sind durch das Eichgesetz, DIN-Vorschriften, Kompendien oder die Gerätespezifikationen des Herstellers festgelegt.

Für die Kalibrierung sind in aller Regel Referenzmaterialien erforderlich. Dies können Primär- oder auch Sekundärstandards sein (s. folgenden Abschnitt).

Bei der Entscheidung über die Kalibrierungsmethode sollte pragmatisch vorgegangen werden. Für die Überprüfung von Waagen wird nicht unbedingt ein geeichter Gewichtssatz benötigt; ein oder mehrere Metallplättchen unterschiedlicher Masse können diesen Zweck auch erfüllen. Entscheidend ist, daß signifikante Abweichungen vom (sorgfältig ermittelten) Gewicht erkannt werden können [16].

Eichlösungen für die Überprüfung der Extinktionsgenauigkeit von Spektrophotometern sollten dem Hauptmeßbereich angepaßt werden.

Ein Beispiel für die zielgerechte Planung der Kalibrierung sind Trockenschränke und Muffelöfen. Bei diesen reicht es nicht aus, die Richtigkeit des Thermometers zu überprüfen, auch die gleichmäßige Temperaturverteilung im Trockenraum sollte überprüft werden.

Bei der Festlegung der Zeitintervalle ist stets das Risiko, das bei einem nachgewiesenen Fehler entsteht, zu berücksichtigen. Dann stellt sich die Frage, wann dieser auftrat und welche Analysen davon beeinflußt wurden. Dies kann umfangreiche Wiederholungen nach sich ziehen. Deshalb spielen die Art des Gerätes, die Häufigkeit der Benutzung, die Erfahrung mit diesem Gerät oder Gerätetyp und ggf. auch der Aufstellungsort bei der Festlegung der Prüfintervalle eine Rolle. Eine Ausnahme machen Geräte für vergleichende Bestimmungen (Chromatographen), bei denen jeder Analyse die Aufnahme einer Eichkurve vor- oder nachgeschaltet wird. Bei diesen ist im Allgemeinen eine weitergehende Kalibrierung nur dann erforderlich, wenn Unregelmäßigkeiten im System festgestellt werden.

Die Prüfmethode, die Toleranz und die Häufigkeit der Überprüfung müssen für jedes Gerät in einer Arbeitsanweisung niederlegt sein. Diese soll auch die Maßnahmen, die bei festgestellten Abweichungen zu treffen sind, enthalten.

Es ist zweckmäßig, einen oder mehrere Mitarbeiter für die Kalibrierung der Geräte und Instrumente verantwortlich zu machen.

Die Ergebnisse der Prüfungen müssen in einem Prüfprotokoll — oft ist eine Karteikarte ausreichend — festgehalten und mit Datum und dem Namenszeichen des Prüfers versehen sein. Dieses Prüfprotokoll muß, ggf. zusammen mit dem Prüfbericht des Kundendienstes, ebenso aufbewahrt werden wie die übrigen Prüfunterlagen.

Die Mitarbeiter müssen jederzeit Zugriff haben zu den Anweisungen und zu den Gebrauchsanleitungen. Sie müssen außerdem aus Unterlagen am oder beim Gerät ersehen können, wann die letzte Kalibrierung stattgefunden hat und wann die nächste erfolgen wird.

5 Standardsubstanzen, Reagenzien, Chemikalien

Standardsubstanzen werden als Vergleichs- oder Bezugsmaterial für die Standardisierung von Methoden und für die Kalibrierung von Instrumenten eingesetzt. Sie lassen sich unterscheiden in

- Referenz- oder Primärstandards und
- Arbeits- oder Sekundärstandards.

Erstere sind Substanzen, die von staatlich anerkannten Organisationen zertifiziert und vertrieben werden, z. B. von der WHO, dem National Bureau of Standards (NBS), oder von Pharmakopoe-Organisationen.

Von diesen Referenzstandards werden häufig im Laboratorium Arbeitsstandards abgeleitet. Das sind Substanzen, die mit diesen verglichen und dann als interne Standards deklariert werden. Zu den Arbeitsstandards zählen ferner gekaufte Chemikalien oder Chemikalien aus eigener Herstellung, die für den vorgesehenen Zweck geeignet sind und als Standards festgelegt werden.

Standardsubstanzen müssen sorgfältig gehandhabt, gelagert und verwaltet werden. In größeren Laboreinheiten ist es zweckmäßig, hiermit einen Mitarbeiter zu beauftragen. Seine Aufgaben sind

- die Ausgabe von Teilmengen der Substanzen an die Benutzer,
- die Bestandsführung,
- die Beschaffung neuer Substanzen,
- die Veranlassung von Nachanalysen (viele Substanzen sind nur begrenzt haltbar, deshalb sollte eine Laufzeit festgelegt werden, nach der die Substanz nachanalysiert oder durch eine neue ersetzt werden muß),
- der Austausch von Substanzen, wenn deren Ersatz erforderlich ist,
- die Archivierung der Unterlagen einschließlich der Untersuchungsatteste,
- die ordnungsgemäße Lagerung.

Die Angaben auf dem Etikett müssen eine eindeutige Identifizierung der Substanz sowie die Zuordnung zur Dokumentation ermöglichen und müssen dem Benutzer die für ihn wichtigen Hinweise geben. Hierzu gehören:

- die Substanzbezeichnung,
- die Chargennummer und ggf. die interne Identifizierungsnummer,
- das Eingangs- bzw. Untersuchungsdatum,
- das Verfalldatum,
- die verbindliche Kenngröße, z. B. Schmelzpunkt oder Gehalt,
- die Lagerungshinweise.

Reagenzien müssen für den vorgesehenen Zweck ausgewählt und in den Vorschriften eindeutig beschrieben sein. Gekaufte Reagenzien sollen auf dem Behälter das Originaletikett tragen. Zusätzlich muß das Eingangsdatum und — bei begrenzter Haltbarkeit — die Laufzeit vermerkt sein. Gegebenenfalls sind spezielle Lagerungshinweise zu geben.

Für selbst herzustellende Reagenzien müssen schriftliche Arbeitsanweisungen vorliegen. Wenn möglich sollte ein bestimmter Mitarbeiter mit der Herstellung beauftragt werden. Auf dem Etikett muß neben den üblichen Angaben das Datum der Herstellung vermerkt und vom Verantwortlichen abgezeichnet sein.

Es versteht sich von selbst, daß die Standgefäße von Normallösungen das Datum der Herstellung, den Faktor, das Datum der letzten Faktoreinstellung und das Namenszeichen des Verantwortlichen tragen müssen. Im Sinne der GAP ist es aber wichtig, daß diese Angaben gesondert dokumentiert und ebenso wie alle anderen Prüfunterlagen archiviert werden.

Für die im Laboratorium verwendeten Chemikalien sollte eine Lagerkartei geführt werden, in der das Eingangsdatum und ggf. auch das Verfalldatum vermerkt sind. Es ist zweckmäßig, das Lager einmal jährlich zu überprüfen.

6 Musternahme

Die Musternahme ist nicht nur der erste sondern auch ein wesentlicher Schritt einer Analyse. Muster, die nicht ordnungsgemäß gezogen wurden, ziehen einen hohen Analysenaufwand nach sich und können infolge einer Fehlaussage durch Fehlproduktion oder Auslieferung fehlerhafter Ware zu wirtschaftlichen Verlusten führen.

Deshalb gehört die Musternahme zum Verantwortungsbereich des Leiters eines Kontrollabors. Auch wenn die technische Durchführung der Musternahme nicht in seiner Hand liegt, muß er sicherstellen, daß alle erforderlichen Arbeitsanweisungen für die Musternahme bei den zuständigen Mitarbeitern vorliegen und er muß sich durch regelmäßige Inspektionen davon überzeugen, daß diese Arbeitsanweisungen auch eingehalten werden.

Die mit der Musternahme beauftragten Mitarbeiter müssen ausreichende Erfahrung besitzen und sollten regelmäßig über die speziellen Anforderungen dieser Aufgabe unterrichtet werden. Sie sollten über gute Stoffkenntnisse, ein kritisches Beobachtungsvermögen und technisches Verständnis verfügen.

Durch schriftliche Arbeitsanweisungen müssen alle wesentlichen Aufgaben und Tätigkeiten geregelt werden. Hierzu gehören

- die Methoden der Probenahme und die Probenahmepläne,
- die zu verwendenden Geräte, ihre Reinigung und Aufbewahrung,
- die zu entnehmende Menge,
- die Behälter für die Proben und ihre Beschriftung,
- Vorsichtsmaßnahmen.

Das Ziel der Musternahme ist es, aus einer bestimmten Produktmenge Muster unter solchen Bedingungen zu ziehen, daß die Analysenergebnisse eine zuverlässige Aussage über die Qualität dieser Produktmenge ermöglichen.

In der Regel ist die zu bemusternde Einheit eine Charge. Wenn dies nicht möglich ist, gilt ein Wareneingang als Einheit. Bei kontinuierlichen Prozessen kann eine bestimmte Produktmenge oder ein Produktionszeitraum als Mengeneinheit festgelegt werden.

Um eine zuverlässige Qualitätsaussage zu ermöglichen, müssen die Muster ‚repräsentativ' sein; d. h., sie müssen in ausreichender Zahl und an den richtigen Stellen gezogen werden. Bei einigen Produktionsprozessen kann es jedoch zweckmäßig sein, ‚extreme' Muster zu ziehen. Zum Beispiel können bei Abfüllprozessen fester Produkte Entmischungen auftreten, die durch eine repräsentative Musternahme nicht erkannt werden. Behälter mit flüssigen Produkten können durch Reste von Reinigungsmitteln aus der Abfüllanlage kontaminiert sein. In solchen Fällen ist es zweckmäßig, Muster am Anfang, in der Mitte und am Ende des Abfüllvorganges zu ziehen und diese getrennt auf Homogenität oder Gehalt zu prüfen.

Die Zahl der zu entnehmenden und zu prüfenden Muster sollte möglichst nach statistischen Plänen erfolgen, wie sie z. B. in dem Military Standard 105 D [26] festgelegt sind. Bei der Bemusterung und Prüfung chemischer Produkte ist dies jedoch in der Regel wegen des hohen analytischen Aufwands nicht möglich. Deshalb ist bei der Festlegung von Musternahmeplänen stets das Risiko zu bedenken, das besteht, wenn die analytische Aussage mit einer größeren Unsicherheit behaftet ist. In der Praxis hat es sich bewährt, Probenahmepläne nach der Formel

$$N = x\,(\sqrt{n} + 1)$$

festzulegen, wobei n die Zahl der Gebinde und N die Zahl der zu ziehenden Muster bedeutet. Der Faktor x kann den unterschiedlichen Risiken angepaßt werden.

Häufig ist es ausreichend, die einzelnen Muster nur einigen kritischen Tests, z. B. der Prüfung auf Identität, zu unterziehen, diese dann zu mischen und an dem Mischmuster die Gesamtanalyse durchzuführen. Dabei sollten aber nicht mehr als fünf Einzelmuster zu einem Mischmuster vereinigt werden, weil sonst mögliche Untermischungen oder Inhomogenitäten zu sehr verdünnt werden.

Die Geräte für die Probenahme sollen aus einem inerten Werkstoff bestehen und müssen leicht zu reinigen sein. Sie sollen getrennt von anderen Laborgeräten aufbewahrt werden.

Jede Probe muß in einen geeigneten, vorgeschriebenen Behälter gefüllt werden, der mit

- der Produktbezeichnung,
- der Chargen- oder Wareneingangsnummer und
- dem Datum der Musternahme

zu beschriften ist. Außerdem muß durch eine entsprechende Kennzeichnung sichergestellt sein, daß die Probe dem Gebinde, dem sie entnommen wurde, zugeordnet werden kann.

Vor der Bemusterung von Wareneingängen sollten die Gebinde auf einwandfreie Kennzeichnung, Sauberkeit und Unversehrtheit überprüft werden. Jedes Gebinde muß die genaue Produktbezeichnung und, soweit erforderlich, die Chargennummer tragen. Sind Gebinde so beschädigt, daß der Inhalt austreten kann, sollten diese zurückgewiesen werden, denn dann ist die Qualität des Inhaltes nicht mehr gewährleistet und andere Waren können kontaminiert werden.

Einige Kriterien wie Farbstich, (schwacher) Geruch oder auch Homogenität können oft nur am Originalgebinde geprüft werden; deshalb gehören diese Prüfungen ebenfalls zu den Aufgaben der Musternahme.

Kann ein Mitarbeiter durch ein Produkt gefährdet werden, muß eine schriftliche Anweisung über die erforderlichen Sicherheitsmaßnahmen, z. B. das Tragen von Handschuhen, Mundschutz oder Schutzbrille, vorliegen. Oft ist es zweckmäßig, solche Produkte in einem getrennten Raum, in dem ein Abzug installiert ist, zu bemustern. Dies hat außerdem den Vorteil, daß eine Kontamination anderer Produkte infolge Staubbildung verhindert wird.

Alle Befunde sind vom Mitarbeiter schriftlich festzuhalten und von ihm abzuzeichnen; sie gehen in die Gesamtbeurteilung mit ein.

7 Einsatz der EDV

Die elektronische Datenverarbeitung ist heute aus einem analytischen Laboratorium nicht mehr wegzudenken. Sie wird vornehmlich in zwei Bereichen eingesetzt: einmal in der Laboradministration, d. h., der administrativen Unterstützung der Arbeitsabläufe von der Musternahme bis zur Erstellung des Untersuchungsattestes und zum anderen bei der Labordatenerfassung, d. h., der Erfassung analytischer Daten und ihrer Auswertung.

Im Sinne der GAP ist die elektronische Datenverarbeitung nichts anderes als ein weiteres System im gesamten Ablauf, an das die gleichen Anforderungen an Richtigkeit und Zuverlässigkeit gestellt werden wie an die analytischen Systeme.

In den G...P-Richtlinien fehlen in der Regel spezielle Hinweise auf den Einsatz der EDV, weil diese zur Zeit der Erstellung der Richtlinien noch nicht die Bedeutung von heute erlangt hatte.

Nur die britische Gesundheitsbehörde hat in der gültigen Auflage ihrer GCLP-Regeln einen gesonderten Abschnitt über die Anforderungen an ein EDV-System aufgenommen.

Darin heißt es u. a.:

- Wenn ein manuelles System durch ein EDV-System ersetzt wird, darf das Risiko einer Fehlaussage nicht zunehmen.
- Die Verantwortung des Leiters einer Laboreinheit wird durch den Einsatz von Computern nicht verändert; d. h., der verantwortliche Leiter muß sich Grundkenntnisse in der elektronischen Datenverarbeitung aneignen, um die Abläufe verstehen zu können, er muß dafür sorgen, daß die Mitarbeiter, die diese Systeme bedienen, entsprechend ausgebildet sind und er muß eng mit den Fachleuten der EDV zusammenarbeiten.

EDV-Systeme müssen ebenso wie analytische Systeme vor dem Einsatz validiert werden. Dies ist eine Forderung, die bei der Komplexität der Systeme nicht leicht zu erfüllen ist. Nachdem die Aufsichtsbehörden, vor allem die der USA (FDA) und Englands (DHSS), bei ihren Inspektionen in zunehmendem Maße die eingesetzten EDV-Systeme überprüften und umfangreiche Unterlagen über den Nachweis der Zuverlässigkeit forderten, setzten sich Fach-Arbeitskreise mit diesen Fragen auseinander und versuchten, realistische Wege für die Validierung zu entwickeln.

Die Arbeiten von Passing und Unkelbach [27] und von Doubek und Polonius [28] geben eine ausführliche Darstellung der erforderlichen Schritte.

Alle wichtigen Vorgänge beim Einsatz von EDV-Anlagen müssen in Arbeitsanweisungen festgelegt sein. Hierzu gehören z. B.

- Beschreibungen des Systems und der Abläufe,
- Anweisungen über Eingabe- und Entscheidungsbefugnisse, über die Berechtigung und Vorgehensweise bei der Änderung eingegebener Daten und über die Berechtigung und Vorgehensweise bei Änderungen im System,
- Vorschriften über die Datensicherung.

Ein eingeführtes EDV-System unterliegt im Laufe der Zeit unvermeidlichen Änderungen; dies können Änderungen im Hardware-, Software- oder Peripheriebereich sein. Soweit wesentliche Teile geändert oder ausgetauscht werden, muß unmittelbar anschließend die Validierung ganz oder teilweise wiederholt werden. Um aber auch geringfügige Veränderungen, die negative Auswirkungen haben können, rechtzeitig zu erkennen, muß eine Überprüfung des Systems in regelmäßigen Abständen erfolgen. Diese kann praxisnah durchgeführt werden, indem einmal festgelegte Standardabläufe wiederholt und mit dem Original verglichen werden. In der Administration kann hierzu ein vollständiger Erfassungsvorgang dienen, d. h., von der Auftragsgenerierung über die Dateneingabe bis zum Ausdruck des Untersuchungsattestes. Bei der Labordatenerfassung kann ein typischer Analysenvorgang einschließlich der Reporterstellung nachvollzogen werden.

8 Personal

Die Mitarbeiter im Laboratorium, die mit der Ausführung der Analysen beauftragt sind, sind zweifellos das wichtigste Glied in der Kette der Qualitätssicherungsmaßnahmen. Alle genannten Maßnahmen wie Arbeitsanweisungen, Validierungen und Kalibrierungen reichen nicht aus, zuverlässige Daten zu erstellen, wenn den Mitarbeitern die nötigen Fachkenntnisse und das Verständnis für diese Maßnahmen fehlen.

Mit dem Übergang von den klassischen naßchemischen Methoden zu den modernen physikalischen Methoden mit den zugehörigen oft komplizierten Instrumenten änderte sich auch das Anforderungsprofil an die Mitarbeiter. Neben einer guten Grundausbildung in allgemeinen Labortechniken müssen diese heute in der Lage sein, moderne Analysengeräte fachgerecht zu bedienen und die zugrunde liegenden Meßprinzipien zu verstehen. Die modernen Techniken, verpackt in einer Black-Box, mit den automatisch ausgedruckten Ergebnissen, verleiten dazu, diesen kritiklos zu vertrauen. Hier sind gute Kenntnisse seitens der Mitarbeiter und eine kritische Beobachtung der Vorgänge vonnöten.

In dem guten Ausbildungs- und Wissensstand der Mitarbeiter liegt jedoch auch die Gefahr, daß sie versucht sind, vorgegebene Methoden abzuändern, wenn sie dies für zweckmäßig halten. Solch ein Verhalten steht jedoch im Gegensatz zu den GAP-Prinzipien. Deshalb reicht ein hoher Ausbildungsstand der Mitarbeiter alleine nicht aus sondern muß ergänzt werden durch das Verständnis der den GAP-Regeln zugrunde liegenden Prinzipien und durch die Bereitschaft, diese als einen unabdingbaren Teil der Arbeit anzusehen.

Hier liegt eine wesentliche Aufgabe der Vorgesetzten. Durch Schulung und Diskussionen müssen sie den Mitarbeitern klar machen, daß die GAP-Regeln keine überflüssige, bürokratische Bürde sind, sondern daß sie nötig sind, um die Zuverlässigkeit und Richtigkeit analytischer Aussagen sicherzustellen.

9 Organisation und Selbstinspektion

Durch die beschriebenen Maßnahmen werden die Bedingungen festgelegt, unter denen Prüfungen geplant, durchgeführt und dokumentiert werden müssen. Damit werden Schwachstellen im System, fehlerhafte Bestimmungen und eine lückenhafte Dokumentation soweit wie möglich ausgeschlossen. Das setzt aber voraus, daß diese Maßnahmen auch eingehalten werden.

Ausgehend von dem Grundsatz, daß niemand sich selbst kontrollieren soll, fordern deshalb die GLP-Richtlinien die Einsetzung einer Qualitätssicherungseinheit, die der Leitung unmittelbar unterstellt ist und deren Mitglieder nicht an den Prüfungen beteiligt sein dürfen.

Dieses Qualitätssicherungspersonal muß

— sich vergewissern, daß der Prüfplan und die Standard-Arbeitsanweisungen dem Personal, das die Prüfungen durchführt, zur Verfügung stehen und muß
— durch regelmäßige Inspektionen der Prüfeinrichtung und/oder durch Überprüfung (Audit) einer laufenden Prüfung sicherstellen, daß der Prüfplan und die Standard-Arbeitsanweisungen befolgt werden [6].

Soweit eine Laboreinheit nichtklinische Prüfungen von pharmazeutischen Wirkstoffen für einen Zulassungsantrag oder von Chemikalien gemäß dem Chemikaliengesetz durchführt, ist sie verpflichtet, diese Vorschriften zu befolgen. Dies gilt auch für die zugehörigen analytischen Arbeiten.

Es stellt sich die Frage, wie diese Forderung nach einer unabhängigen Qualitätssicherung von analytischen Laboratorien erfüllt werden kann, die nicht verpflichtet sind, unter den genannten GLP-Bedingungen zu arbeiten.

In der Regel wird es für diese Laboratorien nicht sinnvoll sein, Mitarbeiter für diese Aufgabe freizustellen. Statt dessen bietet sich die Selbstinspektion durch Angehörige der Laboreinheit an. Diese dürfen selbstverständlich nicht unmittelbar an der Planung und Durchführung der zu kontrollierenden Arbeiten beteiligt sein. Vorzugsweise sollte der Vorgesetzte der gesamten Einheit oder eine Gruppe von benannten Mitarbeitern diese Selbstinspektion durchführen.

Die Aufgabe dieser Gruppe ist die Überprüfung aller festgelegten Maßnahmen zur „Guten Analytischen Praxis". Sie muß die Ergebnisse, die Beanstandungen, die vorgeschlagenen Verbesserungsmaßnahmen und die dafür vorgesehenen Zeitpunkte schriftlich festhalten und muß die Erfüllung dieser Maßnahmen zu gegebener Zeit kontrollieren.

Bei Laboratorien, die zuverlässig im Sinne der GAP arbeiten, sind ein bis zwei Inspektionen pro Jahr ausreichend.

Diese Inspektionen sind gleichzeitig eine gute Gelegenheit, mit den Mitarbeitern den Sinn der Maßnahmen zu diskutieren, sie von deren Notwendigkeit zu überzeugen und ggf. mit ihnen Verbesserungen zu erarbeiten.

10 Schluß

Bei der Diskussion der GAP-Regeln mit Fachleuten wird häufig die Auffassung vertreten, daß diese Regeln nicht neu seien sondern daß diese seit jeher zum verantwortungsbewußten Handeln eines Analytikers gehören. Das ist zweifellos richtig, jedoch waren diese Regeln nie schriftlich fixiert und wurden meistenteils ad-hoc angewendet.

Die GAP-Regeln verlangen nun

- eine systematische Planung der Arbeiten,
- eine schriftliche Festlegung von Zuständigkeiten und Abläufen und
- eine umfassende Dokumentation.

Damit wird erreicht, daß die erarbeiteten Daten ein hohes Maß an Zuverlässigkeit und Richtigkeit aufweisen. Entscheidungen, die auf analytischen Daten basieren, werden dadurch sicherer und Risiken werden minimiert.

Durch die umfassende Dokumentation können auch noch nach größeren Zeitabständen die einzelnen Arbeitsschritte nachvollzogen werden. Hierdurch können die Ursachen von Fehlern, die erst im Nachhinein erkannt werden, aufgeklärt und der Umfang eines möglichen Schadens kann ermittelt werden.

Insgesamt wird mit den GAP-Regeln ein international verbindlicher Qualitätsstandard festgelegt, der eine allgemeine Anerkennung der so erzielten Ergebnisse ermöglicht, so daß aufwendige Wiederholungsarbeiten vermieden werden.

Literatur

1. WHO Expert Committee on Specifications for Pharmaceutical Preparations, Twenty-fifth Report, Technical Report Series 567, Geneva 1975. Deutsche Übersetzung: Revidierte GMP-Richtlinie (1978). Dtsch. Apoth. Ztg. 118:53
2. Department of Health and Social Security (1983): Guide to Good Pharmaceutical Manufacturing Practice. London, Her Majesty's Stationery Office

3. Convention for the Mutual Recognition of Inspections in Respect of the Manufacture of Pharmaceutical Products (1985): Guidelines for Good Pharmaceutical Control-Laboratory Practice. Document PH 5/85, EFTA Secretariat Geneva
4. Department of Health, Education and Welfare, Food and Drug Administration: Good Laboratory Practice Regulations, Nonclinical Laboratory Studies. Federal Register Vol. 43, No. 247, December 22, 1978 p. 59986 to 60025 (USA)
5. Gesetz zum Schutz vor gefährlichen Stoffen (Chemikaliengesetz — ChemG) Bundesgesetzblatt 1980 Teil 1 S. 1718—1728
6. OECD (1982): Good Laboratory Practice in the Testing of Chemicals. Deutsche Übersetzung: Beilage 7/83 zum Bundesanzeiger Nr. 42a vom 4. Februar 1983
7. Wagner, Burkhard O. (1982): Pharmazeutische Verfahrenstechnik heute 1:75
8. Bundesverband der Pharmazeutischen Industrie (1983): Pharm. Ind. 45:338
9. Feltkamp, H., Fuchs, P., und Sucker, H. (1983): Pharmazeutische Qualitätskontrolle. Georg Thieme Verlag Stuttgart
10. Dertinger, G., Gänshirt, H., und Steinigen, M. (1984): GAP Praxisgerechtes Arbeiten in pharmazeutisch-analytischen Laboratorien. Wissenschaftliche Verlagsgesellschaft mbH Stuttgart
11. Merz, W., und Neu, H.-J. (1982): Fresenius Z. Anal. Chem. 311:651
12. Barnard, A. J. Jr., Mitchell, R. M., Wolf, G. E. (1978): Analytical Chemistry 50:1079A
13. Morton, Stephen D. (1983): Pharmaceutical Technology p. 38
14. Hey, Hanke (1987): Lebensmittelchem. Gerichtl. Chem. 41:128
15. Telling, G. M. (1979): Proc. Analyt. Div. Chem. Soc. p. 38
16. Horwitz, William (1978): Analytical Chemistry 50:521A
17. Bosshardt, H., und Schorderet, F. in [9] S. 87
18. Wilrich, P.-Th. in [9] S. 461
19. Wachter, A. in [10] S. 61
20. DIN 55350 Teil 13 (Vornorm)
21. Wilrich, P.-Th. in [9] S. 443
22. Inman, Eugene L., Frischmann, Joseph K., Jimenez, Pedro J., Winkel, Gary D., Persinger, Malcolm L., Rutherford, Bonnie S. (1987): Journal of Chromatographic Science 25:252
23. Amore, Francis (1979): Analytical Chemistry 51:1105A
24. Guerra, Johnny (1986): Pharmaceutical Technology p. 38
25. Santi, W. in [9] S. 53
26. Military Standard 105 D vom 29. 04. 63 Department of Defense USA
27. Passing, H., und Unkelbach, H.-D. (1987): Pharm. Ind. 49:590
28. Doubek, E., and Polonius, W. (1987): Pharm. Ind. 49:1285

Fehler und Vertrauensbereiche analytischer Ergebnisse

S. Ebel

Institut für Pharmazie und Lebensmittelchemie, Am Hubland, D-97074 Würzburg

Alle Betrachtungen und Ableitungen in diesem Beitrag gehen von folgenden Grundvoraussetzungen aus:

1. Die gefundenen Meßdaten oder Ergebnisse gehorchen einer geschätzten Normalverteilung oder bei kleineren Datenzahlen einer geschätzten t-Verteilung.
2. Der geschätzte Mittelwert $\bar{y}$ ist ein geeigneter Punktschätzer für den wahren Wert μ_y.
3. Die berechnete Varianz var(y) ist ein geeigneter Punktschätzer für das wahre Streuungsmaß σ_y^2.
4. Das allgemeine Fehlerfortpflanzungsgesetz nach Gauss berechnet geeignete Punktschätzer für das Streuungsmaß eines aus fehlerbehafteten Daten berechneten Ergebnisses.

1 Einführung

1.1 Übliche Angabe von Analysenergebnissen

In vielen Analysenprotokollen und auch analytischen Veröffentlichungen werden die Analysenergebnisse – insofern überhaupt eine Aussage über ein Streuungsmaß erfolgt – in der Form $\bar{x}_a \pm \mathrm{sdv}(x_a)$ angegeben. Der *Mittelwert* $\bar{x}_a$ wird dabei als Schätzwert (Schätzgröße, *Punktschätzer*) für den *wahren Wert* μ_x und die *geschätzte Standardabweichung* $\mathrm{sdv}(x_a)$ als Punktschätzer für die Wurzel aus der wahren *Varianz* σ_x^2 angesehen. Beide Schätzgrößen setzen voraus, daß die vorliegende *Stichprobe* der Analysenergebnisse x_a innerhalb einer definierten Irrtumswahrscheinlichkeit α von einer normalverteilten Stichprobe nicht unterscheidbar ist. In der Regel wird dies nicht überprüft. Bei den oftmals kleinen Datenzahlen wäre diese Überprüfung allerdings auch nur wenig aussagekräftig. Da in diesem Falle allenfalls geschätzt t-verteilte Daten vorliegen, ist die Ergebnis-Angabe $\bar{x}_a \pm \mathrm{sdv}(x_a)$ nur beschränkt aussagekräftig und sollte deshalb grundsätzlich in der Form $\bar{x}_a \pm \mathrm{sdv}(x_a); n_a$ erfolgen, also mit einer Angabe der Datenzahl verknüpft sein. Hieraus sind dann weitere statistische Kenngrößen berechenbar.

1.2 Übliche Fehlerrechnung

In der Regel wird bei der Berechnung so vorgegangen, daß die einzelnen Analysenmessungen ausgewertet werden – sei es über die Methode des externen Standards (1-1) oder über eine Kalibrierung (1-2) – und anschließend der Mittelwert (1-3) und die Standardabweichung (1-4) berechnet werden.

$$x_{a,i} = x_s \frac{y_{a,i}}{\bar{y}_s} \qquad (1\text{-}1)$$

$y_{a,i}$ Meßwert der Analysenprobe

$\bar{y}_s$ Mittelwert der Meßwerte des externen Standards

x_s Zustandsgröße
$x_{a,i}$ Analysenergebnis

$$x_{a,i} = \frac{y_{a,i} - \bar{y}_c}{a_1} + \bar{x}_c \qquad (1\text{-}2)$$

$\bar{x}_c/\bar{y}_c$ Datenschwerpunkt der Kalibrierung
a_1 Empfindlichkeit

$$x_a = \frac{1}{n_a} \sum x_{a,i} \qquad (1\text{-}3)$$

$$\mathrm{sdv}(x_a) = \sqrt{\frac{\sum (x_{a,i} - \bar{x}_a)^2}{n_a - 1}} \qquad (1\text{-}4)$$

Die hier verwendeten Formeln sind zwar prinzipiell richtig, aber trotzdem ist im ersten Falle das Ergebnis und in beiden Fällen die Fehlerrechnung nicht richtig! So muß z.B. in (1-1) bei $\bar{y}_s$ vom harmonischen – und nicht vom arithmetischen – Mittel ausgegangen werden. Bei der Fehlerrechnung wird in beiden Fällen übersehen, daß außer $x_{a,i}$ auch $\bar{y}_s$ bzw. $\bar{y}_c$ und a_1 fehlerbehaftete Größen sind.

In diesem Zusammenhang sei darauf hingewiesen, daß bei der Methode des externen Standards ein *Bezugspunkt* y_s bei der Vermessung des Standards bestimmt und festgelegt wird. Es liegt kein Kalibrierexperiment vor, da jede Kalibrierung mindestens zwei Kalibrierpunkte voraussetzt, da die einfachste Kalibrierfunktion, eine Kalibriergerade, durch zwei Größen definiert ist: Punkt und Richtung oder zwei Punkte. Die Methode des externen Standards ist somit auch keine Einpunktkalibrierung (*single level calibration*) wie oftmals behauptet wird, denn es wird der Punkt [0/0] zwar mit unendlich großem Gewicht einbezogen, aber weder experimentell bestätigt noch validiert.

Ähnliches gilt auch für andere Berechnungen von Analysenergebnissen. So ist z.B. bei der Berechnung des Ergebnisses einer Titration nach (1-5) der sog. Faktor der Maßlösung f fehlerbehaftet, was in der Regel nicht berücksichtigt wird.

$$x_{a,i} = \frac{V_E \mathrm{f}}{m_e} \frac{c_R}{z M_r} \qquad (1\text{-}5)$$

V_E Endpunktvolumen
m_e Einwaage
c_R Nennkonzentration der Maßlösung
z stöchiometrischer Faktor
M_r relative Molmasse

In der Regel resultieren aus diesem üblichen Vorgehen zu kleine Punktschätzer für das Streuungsmaß $\mathrm{sdv}(x_a)$, da Fehlerquellen unberücksichtigt bleiben. Die Erfahrung zeigt, daß es sich zumeist um den Faktor 1,5 bis 2,5 handelt.

Noch problematischer ist die Angabe von Vertrauensbereichen von Analysenergebnissen, da hier in der Regel unbewußt – allerdings vielleicht auch manchmal mit falsch verstandener Statistik bewußt – noch größere Fehler gemacht werden können.

Üblicherweise geht man so vor, daß man wie oben aus den vorliegenden n_a Daten das Ergebnis $\bar{x}_a$ mit der zugehörigen geschätzten Standardabweichung $sdv(x_a)$ ermittelt und anschließend über (1-6) den Vertrauensbereich (1-7) berechnet und angibt.

$$sdv(\bar{x}_a) = \frac{sdv(x_a)}{\sqrt{n}} \tag{1-6}$$

$$cnf(\bar{x}_a) = \bar{x}_a \pm t_{\alpha,n-1} \frac{sdv(x_a)}{\sqrt{n}} \tag{1-7}$$

Diese Angabe wäre für einen *Mittelwert von Meßwerten* richtig, *nicht* aber für ein *berechnetes Ergebnis*, da wie oben die Unsicherheit der Standards oder Kalibrierdaten nicht berücksichtigt werden.

Manchmal geht man aber auch so vor, daß man sagt, man hat n_c Kalibrierproben vermessen. Aus diesen kennt man die statistischen Kenndaten – also $\bar{y}_c$ als Schätzer für μ_y, a_1 als Schätzer für die Empfindlichkeit des Analysenverfahrens und $var(y_c)$ als Schätzer für das wahre Streuungsmaß σ_y^2 – mit $n_c - 2$ Freiheitsgraden. Kommen nun Analysenmessungen hinzu, so gehören diese derselben Grundgesamtheit an, denn der Meßprozeß ist ja derselbe. Demzufolge gilt also $\bar{y}_a$ als Schätzer für μ_a und $var(y_c) = var(y_a)$, also gilt auch $f = n_a + n_c - 2$ Freiheitsgrade. Im Extremfall würde folglich *ein* Analysenmeßwert genügen. Dieses Vorgehen ist aber grundsätzlich falsch und ein Musterbeispiel falsch verstandener Statistik. Hier wird Vertrauensbereich und Vorhersagebereich verwechselt, da eine falsche Zuordnung der Meßwerte zu Stichproben und weiterhin eine falsche Zuordnung von Stichproben zu Grundgesamtheiten erfolgt ist. Kalibriermessungen und Analysenmessungen gehören nür im Hinblick auf den eigentlichen Meßprozeß derselben Grundgesamtheit an. Grundsätzlich setzt die statistische Beschreibung von Analysenergebnissen mehrere Analysenproben voraus, d.h. man hat es grundsätzlich mit *Stichproben* zu tun.

Für Einzeldaten gibt es in der Regel keine statistischen Aussagen.

Eine Stichprobe läßt sich als *Datenvektor* **y** von *Meßwerten* in der *Signaldomäne* (abhängige Variable y) oder als Datenvektor **x** von *Ergebnissen* in der analytisch relevanten Domäne der *Zustandsgröße* (unabhängige Variable x) auffassen. Ein Datenvektor besteht aus einer Folge von Meßwerten y_i oder Ergebnissen x_i in der zeitlichen Reihenfolge ihrer Gewinnung (Erstellung). Jede Stichprobe **y** oder **x** ist Bestandteil (*Teilmenge*) einer näher zu definierenden *Grundgesamtheit* $\bar{\mathbf{y}}$ oder $\bar{\mathbf{x}}$. Oftmals werden jedoch die Zuordnung von Stichproben zu Grundgesamtheiten nicht richtig vorgenommen.

Die beiden folgenden Abschnitte beschäftigen sich zunächst mit dem Problem der Abgrenzung von Grundgesamtheiten und der Zuordnung von Stichproben zu Grundgesamtheiten sowie mit der Definition und Beschreibung von Datenvektoren. Dabei ist die Beschreibung eines Datenvektors in der Regel problemlos. Dies gilt auch für den *Vergleich von Datenvektoren* und für das *Zusammenfassen von Datenvektoren.* Eigenartigerweise werden in den üblichen Lehrbüchern der Statistik die Probleme des *Verrechnen von Datenvektoren* nicht abgehandelt. Diesen Problemen sind die letzten Abschnitte für unterschiedliche Anwendungen gewidmet.

2 Grundgesamtheiten und Stichproben

Ein in der Statistik oftmals übersehenes Problem ist die eindeutige Zuordnung von Stichproben zu Grundgesamtheiten.

2.1 Grundgesamtheit

Ein pharmazeutischer Unternehmer produziert über Jahre hinweg einen pharmazeutischen Wirkstoff – z.B. Metronidazol (1) – nach einem wohl eingeführten und langjährig bewährten technischen Verfahren. Dabei entsteht in geringen Mengen eine isomere Verbindung (2). Das gereinigte Rohprodukt enthält zudem eine definierte Restfeuchte.

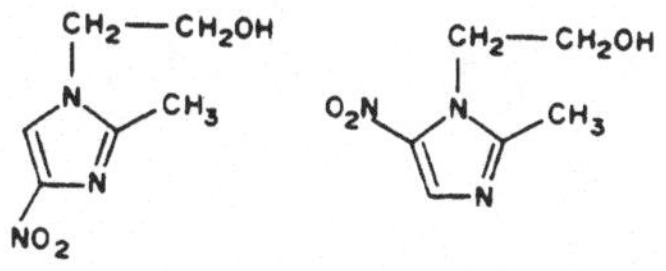

(1) (2)

Aufgrund des eingefahrenen Prozesses werden im Gehalt der Haupt- und Nebenkomponente sowie bei der Feuchte Schwankungen in einem eingegrenzten Bereich auftreten. Betrachtet man folglich über Jahre hinweg alle Chargen, so lassen sich diese als Teile einer *Grundgesamtheit des Produktes* $\bar{\mathbf{p}}$ auffassen und durch Gl. (2-1) beschreiben. Hierin bedeuten μ *wahre Werte* mit dem jeweils zugehörigen *wahren Streuungsmaß* (*wahre Varianz*) σ^2, wobei sich die Indices M auf das Hauptprodukt Metronidazol, I auf die isomere Verbindung und W auf den Wassergehalt beziehen. Die Schreibsweise $N[\mu, \sigma^2]$ symbolisiert das Vorliegen einer Normalverteilung.

$$\bar{\mathbf{p}} = N[\mu_M, \sigma_M^2; \mu_I, \sigma_I^2; \mu_W, \sigma_W^2]. \qquad (2\text{-}1)$$

2.2 Stichprobe

Werden nun aus einer Charge – oder auch aus mehreren Chargen randomisiert – n_p Proben gezogen, so entsteht eine *Stichprobe* $\mathbf{p}$. Diese Stichprobe sollte wegen der kleineren Datenzahl geschätzt einer *t-Verteilung* entsprechen, was durch die Schreibweise $N_t[,;]$ symbolisiert wird. Diese Stichprobe läßt sich durch den Punktschätzer *Mittelwert* $\bar{p}$ und der *geschätzten Varianz* var(p) beschreiben, wobei darauf zu achten ist, daß solche Punktschätzer sowohl für die Haupt- wie auch für die Nebenkomponente und die Feuchte existieren (2-2).

$$\mathbf{p} \stackrel{\alpha}{=} N_t[\bar{p}_M, \mathrm{var}(p_M); \bar{p}_I, \mathrm{var}(p_I); \bar{p}_W, \mathrm{var}(p_W); n_p] \tag{2-2}$$

Die Schreibweise $\stackrel{\alpha}{=}$ symbolisiert dabei die Aussage, daß die vor und hinter dem $\stackrel{\alpha}{=}$-Zeichen stehenden Größen zwar mathematisch nicht (numerisch) gleich, aber statistisch nicht unterscheidbar sind. In diesem Falle heißt dies, die Stichprobe $\mathbf{p}$ ist innerhalb einer definierten *Irrtumswahrscheinlichkeit* α von einer t-verteilten Stichprobe nicht unterscheidbar. Zu beachten ist, daß die Stichprobe $\mathbf{p}$ Bestandteil der Grundgesamtheit $\bar{\bar{\mathbf{p}}}$ ist.

Das folgende Diagramm soll in diesem Zusammenhang symbolisieren: Aus der Grundgesamtheit $\bar{\bar{\mathbf{p}}}$ und den Kenndaten μ und σ^2 für drei Kenngrößen resultieren die Stichproben $\mathbf{p}$ mit den Schätzern $\bar{p}$ und var(p), die in der Dimension *mehrerer Gehalte* oder Anteile definiert sind. In dieser symbolischen Darstellung sollen die Zeichen = und & andeuten, daß die Stichproben $\mathbf{p}$ Teile der Grundgesamtheit $\bar{\bar{\mathbf{p}}}$ sind. Diese Stichproben sind demzufolge ebenfalls in der Dimension mehrerer Gehalte oder Anteile definiert. Dieser Teilschritt entspricht also dem Übergang $\bar{\bar{\mathbf{p}}} \rightarrow \mathbf{p}$.

($\bar{\bar{\mathbf{p}}} \rightarrow \mathbf{p}$) [$\bar{\bar{\mathbf{p}}}$] = [$\mathbf{p}_1$] & [$\mathbf{p}_2$] & [$\mathbf{p}_3$] & [$\mathbf{p}_4$] &

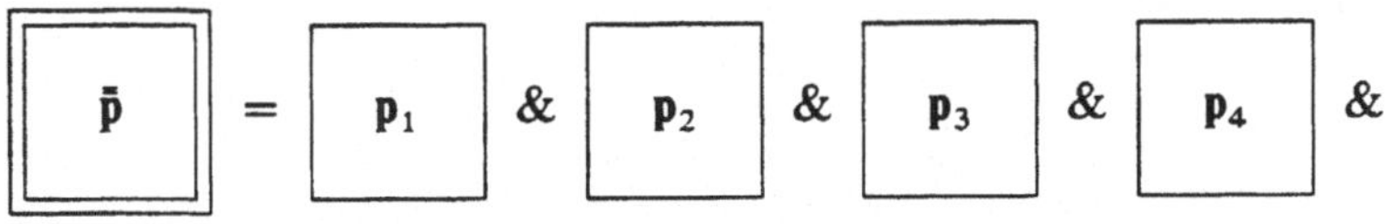

$$\bar{\bar{\mathbf{p}}} = N[\mu_M, \sigma_M^2; \mu_I, \sigma_I^2; \mu_W, \sigma_W^2]$$

$$\mathbf{p} \stackrel{\alpha}{=} N_t[\bar{p}_M, \mathrm{var}(p_M); \bar{p}_I, \mathrm{var}(p_I); \bar{p}_W, \mathrm{var}(p_W); n_p]$$

2.3 Laborstandard

Nun wird aus einer beliebigen Charge ein Teil entnommen und dieser Teil speziell aufgereinigt und speziell getrocknet. Durch aufwendige Analytik wird validiert festgestellt, daß das Isomere (2) mit einem Massenanteil von < 1 ppm praktisch nicht nachweisbar ist und daß die Restfeuchte von < 0,01% ebenfalls vernachlässigbar ist. Dieses aufgereinigte Metronidazol (1) wird als Laborstandard speziell aufbewahrt. Dieser Laborstandard gehört damit nicht mehr zur zuerst aufgeführten Grundgesamtheit, sondern stellt eine neue *Grundgesamtheit der Laborstandards* $\bar{\bar{\mathbf{s}}}$, also aller späteren Stichproben aus diesem Laborstandard dar und läßt sich durch (2-3) beschreiben.

$$\bar{\bar{\mathbf{s}}} = N[\mu_s, \sigma_s^2] \tag{2-3}$$

Durch Vergleich von (2-3) und (2-1) ergibt sich sofort und einsichtig: $\bar{\bar{\mathbf{s}}}$ ist *nicht* Bestandteil (Teilmenge) von $\bar{\bar{\mathbf{p}}}$, sondern eine neue Grundgesamtheit, denn es gilt eindeutig $\mu_s \neq \mu_M$ und $\sigma_s^2 \neq \sigma_M^2$. Außerdem sind die beiden anderen Bestandteile nicht enthalten. Der Pfeil ⇒ soll andeuten, daß durch einen tieferen Eingriff die Zuordnung der Stichprobe zu einer Grundgesamtheit neu definiert wird.

$\bar{p}$	=	p_1	&	p_2	&	p_3	&	p_4	&

($p \Rightarrow \bar{s}$) ⇓ Aufreinigen ⇓

$\bar{s}$

$$\bar{s} = N[\mu_s, \sigma_s^2]$$

Die Grundgesamtheit $\bar{s}$ und die daraus entnommenen Stichproben s sind in der Dimension *eines Gehaltes* definiert.

2.4 Stichproben der Kalibrierpunkte

Die Routineanalytik der Qualitätssicherung der Produktion des Wirkstoffes Metronidazol (1) und die Bestimmung des Isomeren (2) erfolgt einmal UV-spektrometrisch in 0,1 M-HCl und zum anderen durch differentielle Pulspolarographie in 0,02 M-NaOH [Ebel, Ledermann, Mümmler (1989)]. Beide Analysenverfahren bedürfen einer Kalibrierung. Hierzu wird aus der Grundgesamtheit des Laborstandards $\bar{s}$ eine Stichprobe s (2-4) gezogen. Es sei vorausgesetzt, daß diese Stichprobe geschätzt t-verteilt ist. Selbstverständlich ist s Bestandteil (Teilmenge) von $\bar{s}$.

$$s \stackrel{\alpha}{=} N_t[\bar{s}, \mathrm{var}(s); n_s] \qquad (2\text{-}4)$$

$\bar{p}$	=	p_1	&	p_2	&	p_3	&	p_4	&

⇓

($\bar{s} \rightarrow s$)

$\bar{s}$	=	s_1	&	s_2	&

$$s \stackrel{\alpha}{=} N_t[\bar{s}, \mathrm{var}(s); n_s]$$

Hieraus werden durch Wägen, Lösen und Verdünnen die Daten $x_{c,1}, x_{c,2}, x_{c,3}, \ldots$ einmal für die UV-Spektrometrie und einmal für die Polarographie erzeugt. Diese Daten sind in der Dimension des Grundzustandes – also in z.B. µg/100 mL – definiert. Es entstehen somit zwei Stichproben x_{UV} (2-5) und x_{pol} (2-6). Die in den beiden Gleichungen angeführten geschätzten Varianzen enthalten die Streuung der Wägung und des Volumens, d.h. prinzipiell sind diese in der Dimension der Zustandsgröße definierten Daten fehlerbehaftet.

$$x_{UV} \stackrel{\alpha}{=} N_t[\bar{s}_{UV}, \mathrm{var}(s_{UV}); n_{s,UV}] \tag{2-5}$$

$$x_{pol} \stackrel{\alpha}{=} N_t[\bar{s}_{pol}, \mathrm{var}(s_{pol}); n_{s,pol}] \tag{2-6}$$

Hier entstehen durch die Operationen *Wägen* und *Verdünnen* neue Einheiten, in diesem Falle *Stichproben der Kalibrierproben* x_c. Dabei ist übrigens zu beachten, daß die Stichproben x_c nicht aus einer gemeinsamen Grundgesamtheit $\bar{\bar{x}}_c$ entsprungen sind und auch eine Vereinigung zu einer solchen praktisch ohne Sinn wäre, denn es interessiert weder ein gepoolter Mittelwert noch eine gepoolte Varianz. Es wird deshalb auch bewußt zunächst nur *eine* Stichprobe symbolisch aufgeführt und/oder es fehlt das verbindende &-Symbol. Diese Stichproben sind in der Dimension einer *Konzentration* und nicht eines Gehaltes definiert. Dieser analytische Schritt entspricht einem Übergang $s \Rightarrow x_c$.

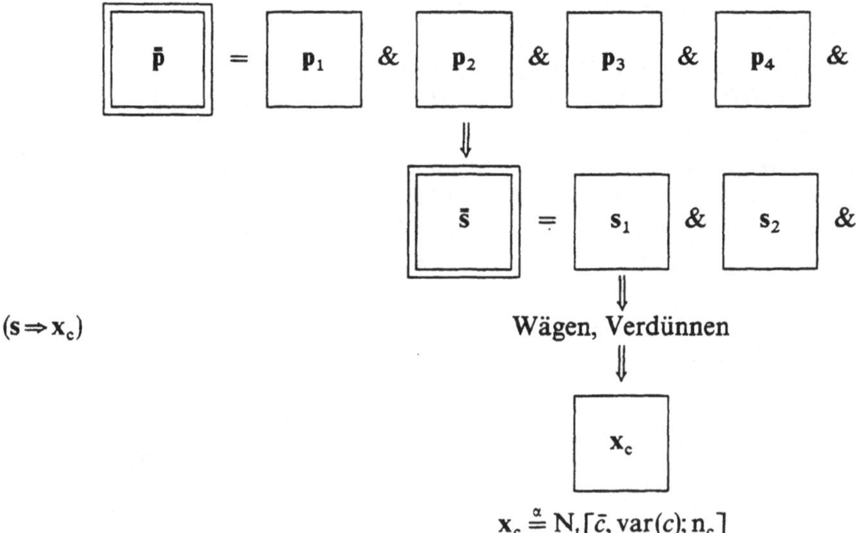

$$x_c \stackrel{\alpha}{=} N_t[\bar{c}, \mathrm{var}(c); n_c]$$

2.5 Stichproben der Meßpunkte

Durch die Operation *Messen* entstehen aus x_c abgeleiteten Stichproben y_c, die in der *Signaldimension* definiert sind. Die beiden Stichproben y_{UV} und y_{pol} besitzen unterschiedliche Dimensionen, gehören folglich auch verschiedenen Grundgesamtheiten an. Allerdings sind hier die Grundgesamtheiten uninteressant, es interessiert lediglich, daß das auf dem Meßprozeß und der Fehlerfortpflanzung aus var(x) basierende Streuungsmaß $var(y_c)$ für alle Kalibrierstichproben statistisch nicht unterscheidbar sein darf. Dieser Schritt entspricht einem Übergang $\mathbf{x} \Rightarrow \mathbf{y}_c$. Aus den *Meßgrößen* $\mathbf{y}_{c,UV}$ und den *Zustandsgrößen* (Konzentration) $\mathbf{x}_{UV}$ – und analog für die Polarographie – wird z.B. mit Hilfe der *linearen Regression* die *Kalibrierfunktion* $\hat{y}(x)_{UV}$ ermittelt. Aufgrund der verwendeten Rechenalgorithmen der linearen Regression wird das Streuungsmaß der Stichprobe $\mathbf{x}_c$ – also die geschätzte Varianz var(x) – als Fehler in y interpretiert und somit in das geschätzte Streuungsmaß var(d) bzw. var(y) überführt.

$$\mathbf{y}_c(x)_{UV} \overset{\alpha}{=} N_t[\hat{y}(x)_{UV}, var(\mathbf{d}_{UV}); n_{UV}] \tag{2-7}$$

$$\mathbf{y}_c(x)_{pol} \overset{\alpha}{=} N_t[\hat{y}(x)_{pol}, var(\mathbf{d}_{pol}); n_{pol}] \tag{2-8}$$

Letzter Schritt beim Kalibrierexperiment ist die *Berechnung der Kalibrierfunktion* $\hat{y}(x)$, also der Übergang $\mathbf{y}_c \Rightarrow \mathbf{y}(x)$. Dabei gilt aber wiederum, daß $\mathbf{y}_c(x)_{UV}$ eine Stichprobe einer für die UV-Spektroskopie aufgearbeiteten Grundgesamtheit $\bar{\bar{\mathbf{y}}}_{UV}$ (2-9) repräsentiert. Ähnliches gilt für die erhaltene Kalibrierfunktion der differentiellen Pulspolarographie.

$$\bar{\bar{\mathbf{y}}}_{UV} = N[\varphi(x)_{UV}, \sigma^2_{UV}] \tag{2-9}$$

$$\bar{\bar{\mathbf{y}}}_{pol} = N[\varphi(x)_{pol}, \sigma^2_{pol}] \tag{2-10}$$

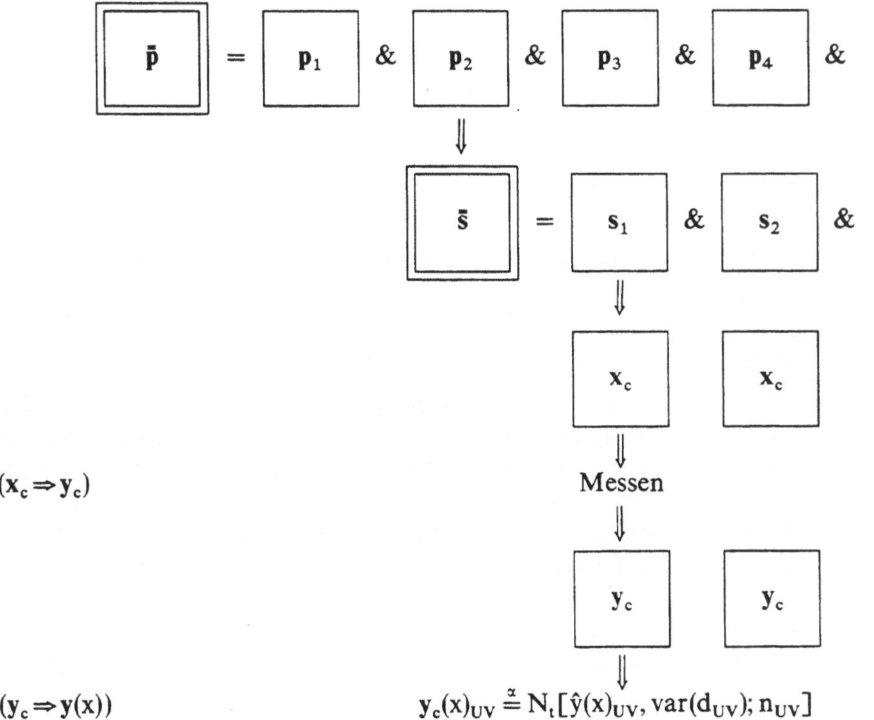

Damit ist aber auch eindeutig festgelegt, daß $y_{C,UV}$ bzw. $y_{c,pol}$ mit den zugehörigen Dimensionen der Signalgröße weder Bestandteil (Teilmenge) von $\bar{\mathbf{s}}$ noch von $\bar{\mathbf{p}}$ mit den Dimensionen eines oder mehrerer Gehalte sind.

Somit existieren drei unterschiedliche Definitionsräume mit den entsprechenden Grundgesamtheiten $\bar{\mathbf{p}}$, $\bar{\mathbf{s}}$ sowie bedingt $\bar{\mathbf{x}}$ und $\bar{\mathbf{y}}$. Alle Grundgesamtheiten sind jeweils in einer anderen Dimension – Masse, Gehalt, Signal – angesiedelt.

2.6 Stichprobe der Analysenmeßwerte

Bei der Qualitätskontrolle wird aus einer produzierten Charge des pharmazeutischen Wirkstoffes – diese Charge ist Bestandteil (Teilmenge) von $\bar{\mathbf{p}}$ – eine *Analysenstichprobe* $\mathbf{p}$ gezogen. Selbstverständlich ist diese Stichprobe Bestandteil der Grundgesamtheit $\bar{\mathbf{p}}$. Zunächst wird jede *Einzelprobe* gewogen und getrocknet und damit die Feuchte bestimmt. Jede Einzelprobe ist jetzt in der Dimension einer Masse definiert. Durch entsprechendes Aufarbeiten (Abwägen eines Aliquots, Lösen im definierten Lösemittel) wird die Einzelprobe zur *Meßprobe* $x_{m,i}$. Diese gehört zur Stichprobe $\mathbf{x}_m$ und besitzt wiederum die Dimension µg/100 mL. Von der Stichprobe der Kalibrierung $\mathbf{x}_c$ unterscheidet sich $\mathbf{x}_m$ z.B. darin, daß außer dem Wirkstoff Metronidazol (1) noch das Isomere (2) enthalten ist.

$$\mathbf{x}_m \overset{\alpha}{=} N_t[\bar{c}, \text{var}(c); n_m]$$

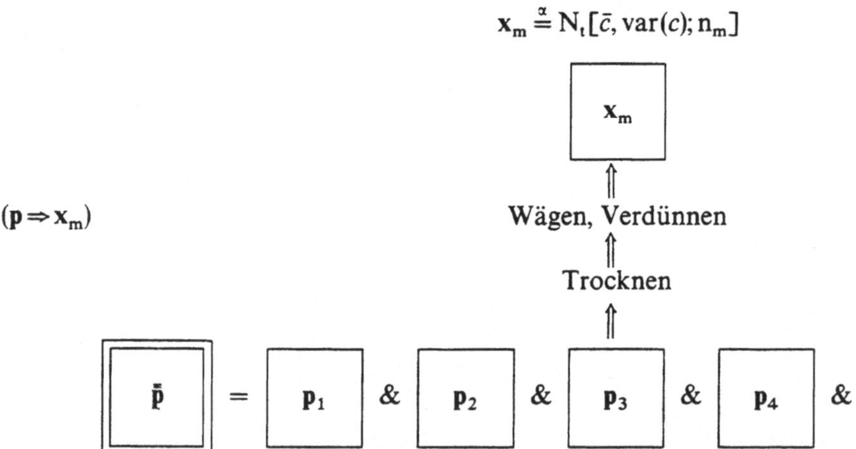

Durch Vermessen entstehen nun zwei neue Stichproben: Die Stichprobe der UV-spektrometrischen Analysen-Meßwerte $\mathbf{y}_{a,UV}$ (2-11) und der polarographischen Meßwerte $\mathbf{y}_{a,pol}$ (2-12). Üblicherweise wird var(d) bei der Analysenmessung und Kalibrierung gleich groß sein. Abweichungen können jedoch ohne weiteres vorkommen. So wird sich eine Inhomogenität der Gesamtprobe in einem größeren var(d) bei der Analysenmessung im Vergleich zur Kalibrierung bemerkbar machen.

$$\mathbf{y}_{a,UV} \overset{\alpha}{=} N_t[\hat{y}(x)_{UV}, \text{var}(d_{UV}); n_{a,UV}] \qquad (2\text{-}11)$$

$$\mathbf{y}_{a,pol} \overset{\alpha}{=} N_t[\hat{y}(x)_{pol}, \text{var}(d_{pol}); n_{a,pol}] \qquad (2\text{-}12)$$

Diese beiden Stichproben sind Teilmengen der meßtechnisch definierten Grundgesamtheiten $\bar{\bar{y}}_{UV}$ und $\bar{\bar{y}}_{pol}$ (2-13), nicht aber der Grundgesamtheiten $\bar{\bar{s}}$ oder $\bar{\bar{p}}$.

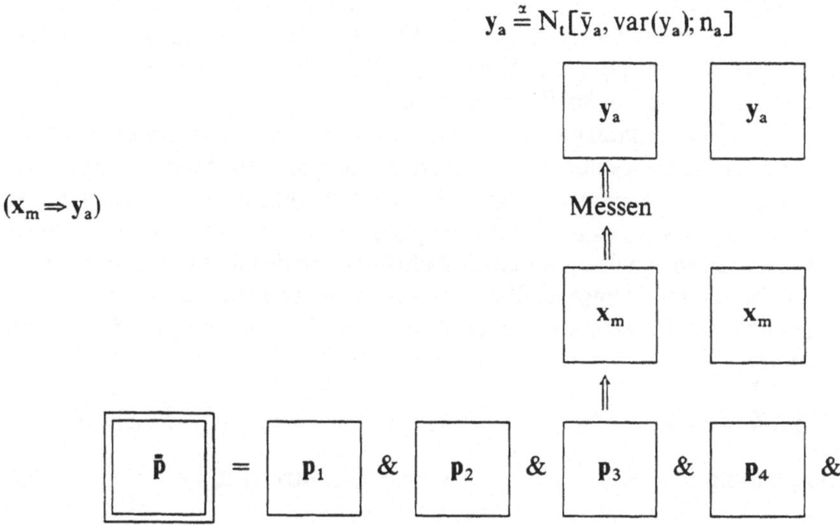

Als letzter Schritt erfolgt die Berechnung der gesuchten Analysenergebnisse über die beim Kalibrierexperiment ermittelte Kalibrierfunktion mit Hilfe deren Umkehrfunktion (Analysenfunktion).

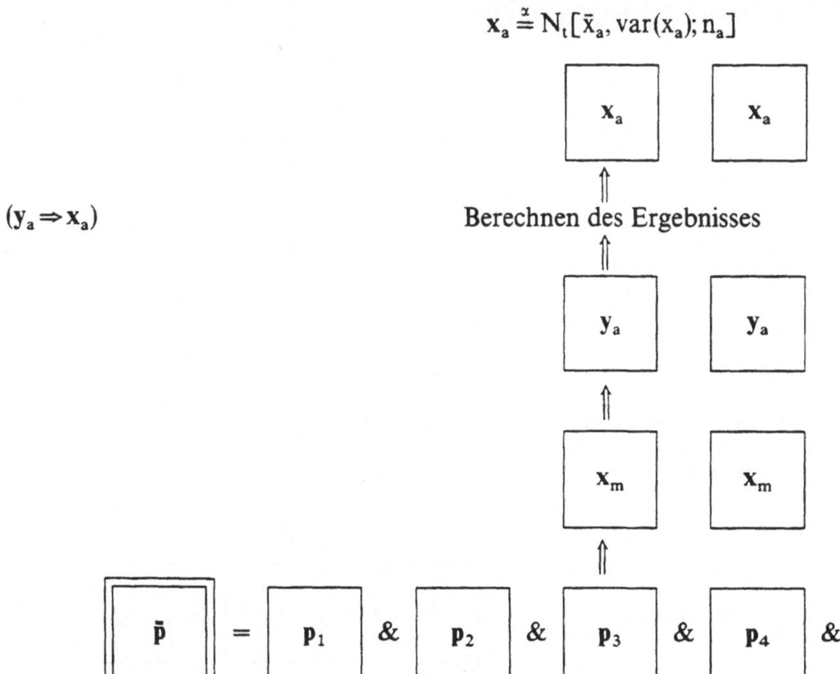

Zwar sind x_a und x_c in derselben Dimension – z.B. µg/100 mL – definiert, trotzdem gehören sie jedoch nicht zu einer *gemeinsamen Grundgesamtheit*. Die Stichprobe x_c ist originär aus einer Stichprobe **s** entstanden. Die Stichprobe x_a ist durch einen Rechenvorgang aus y_a entstanden. Damit können x_a und x_c auch niemals einer gemeinsamen Grundgesamtheit angehören. In einem letzten Schritt wird unter Berücksichtigung der Einwage und des Volumens des verwendeten Lösemittels der Gehalt in der Probe x_a berechnet.

Daraus ergibt sich dann das gesamte Ablaufschema des nächsten Diagramms. Betrachtet man den Gesamtablauf üblicher Analysenverfahren, so sind zwei grundlegende Vorgehensweisen üblich: Bei einer Kalibrierung wird im letzten Schritt die Stichprobe $y_c(x)_{UV}$ mit der Stichprobe y_a zur Stichprobe x_a verrechnet. Aus den Meßwerten y_a wird mit der Umkehrfunktion der Kalibrierfunktion das Ergebnis x_a berechnet. Demgegenüber wird bei der Auswertung über die Methode des externen Standards eine Stichprobe y_c mit einer Stichprobe y_a zur Stichprobe x_a verrechnet.

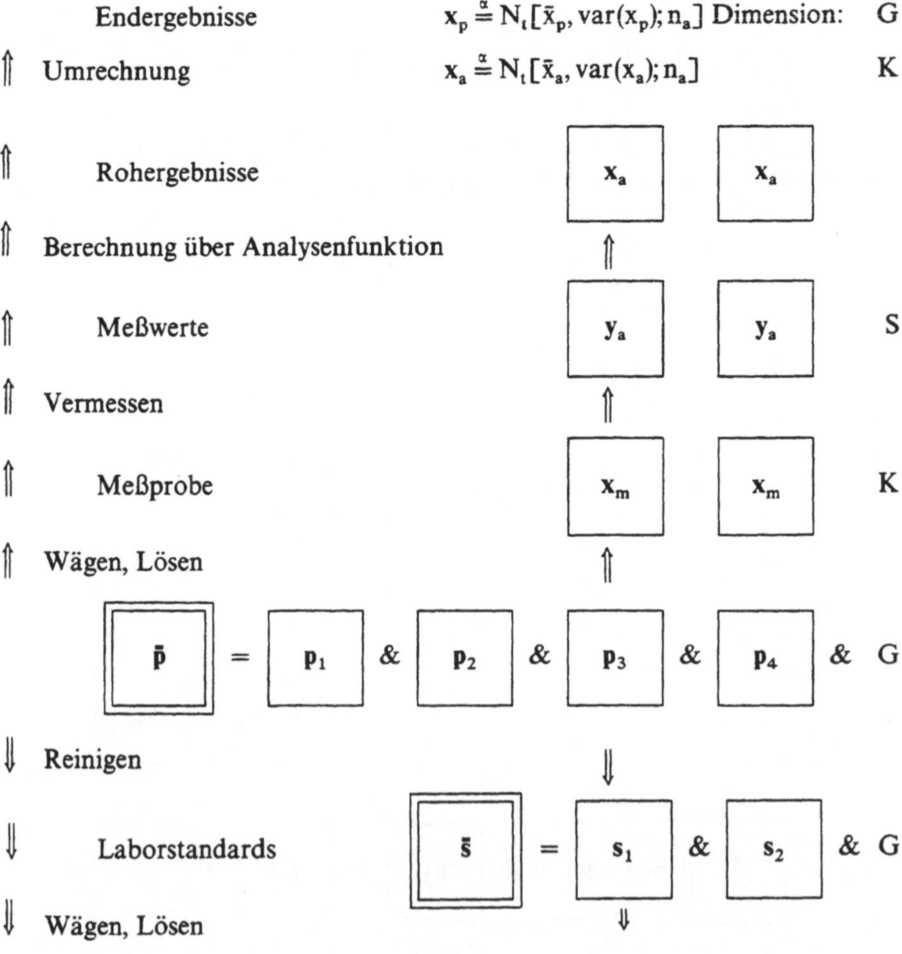

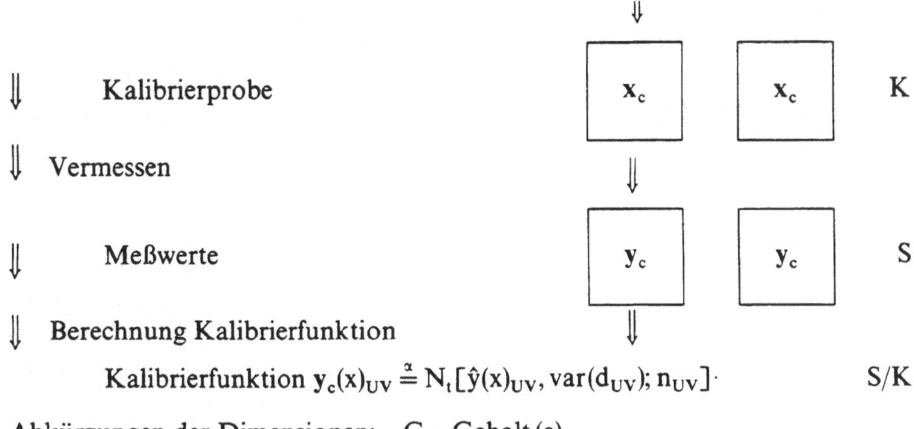

Abkürzungen der Dimensionen: G Gehalt (e)
K Konzentration
S Signal

Die Kalibrierung und die Berechnung eines Analysenergebnisses sind zwei grundsätzlich verschiedene Operationen und können demzufolge auch nicht zu einer gemeinsamen statistisch definierten Grundgeamtheit gehören. Einzige gemeinsame Basis ist die Meßstandardabweichung $var(y_m)$ und die Kalibrierfunktion $\hat{y}(x)$ mit ihrer Umkehrfunktion (Analysenfunktion).

Es soll noch einmal ausdrücklich betont werden, daß die Meßwerte einer Kalibrierprobe und einer Analysenprobe im Hinblick auf den eigentlichen Meßvorgang *dieselbe* durch das Meßverfahren bedingte Streuung aufweisen. Sind auch die statistischen Fehlerquellen bei der Probenvorbereitung gleich und existieren keine Homogenitätsunterschiede bei der Probenziehung, dann sind die geschätzten Streuungsmaße insgesamt gleich. Demzufolge müssen alle im Verlaufes dieses Beitrages aufgeführten Gleichungen für beide Fälle gelten.

Eine Sonderstellung nehmen Kontrollanalysen zur internen oder externen Qualitätskontrolle oder Qualitätssicherung ein. Hier werden Stichproben x_s aus der Grundgesamtheit der Laborstandards $\bar{s}$ als Kontrolle wie Analysen bearbeitet, d.h. Meßwerte y_s und über die Analysenfunktion als Umkehrfunktion der Kalibrierfunktion in Ergebnisse x_s^* umgerechnet. Im Idealfall gilt dabei $x_s = x_s^*$, in der Regel wird bei Erfüllung der analytischen Qualität $x_s \stackrel{\alpha}{=} x_s^*$ gelten, d.h. die gefundenen Ergebnisse sind innerhalb der Irrtumswahrscheinlichkeit α von dem Sollwert nicht unterscheidbar.

3 Datenvektoren

Eine statistische Stichprobe entspricht einem Datenvektor **y** (3-1) oder auch **x** mit den in der Reihenfolge der Datengewinnung geordneten *Meßwerten* (Zufallsvariable) y_i oder *Ergebnissen* x_i. Im weiteren Verlauf soll davon ausgegangen werden, daß die Daten innerhalb einer Irrtumswahrscheinlichkeit α von normalverteilten Zufallsvariablen (3-2) bzw. bei kleineren Datenzahlen von t-verteilten Zufallsvariablen (3-3) statistisch nicht unterscheidbar sind. Damit kann die Stichprobe y durch den Punktschätzer Mittelwert $\bar{y}$ (3-4) für den wahren Wert μ_y und die geschätzte Varianz var(y) (3-5) für das wahre Streuungsmaß σ_y^2 beschrieben werden.

$$y = |y_1, y_2, y_3 \ldots y_n| \tag{3-1}$$

$$y \stackrel{\alpha}{=} N[\bar{y}, \mathrm{var}(y)] \tag{3-2}$$

$$y \stackrel{\alpha}{=} N_t[\bar{y}, \mathrm{var}(y); n] \tag{3-3}$$

$$\bar{y} = \frac{1}{n} \sum y_i \tag{3-4}$$

$$\mathrm{var}(y) = \frac{\sum (y_i - \bar{y})^2}{n - 1} \tag{3-5}$$

Der Erwartungsbereich der Einzelwerte cnf(y) (3-6) bzw. (3-7) gibt an, innerhalb welcher Grenzen $1 - \alpha$ aller Einzelwerte liegen würden. Für $2\alpha/2 = 0{,}1$ würden also innerhalb dieser Schranken 90% aller Daten zu erwarten sein (helle Fläche in der breiteren Dichtefunktion in Abb. 3-1).

$$\mathrm{cnf}(y) = \bar{y} \pm t_{\alpha, n-1}\, \mathrm{sdv}(y) \tag{3-6}$$

$$\bar{y} - t_{\alpha, n-1}\, \mathrm{sdv}(y) < y < \bar{y} + t_{\alpha, n-1}\, \mathrm{sdv}(y) \tag{3-7}$$

Für den Anwender spielt die geschätzte Standardabweichung sdv(y) (3-8) eine größere Rolle als die Varianz var(y), da sdv(y) dieselbe Dimension wie der Mittelwert $\bar{y}$ besitzt. Oftmals wird auch die relative Standardabweichung relsdv(y) (3-9) oder deren mit 100 multiplizierter Wert als prozentuale relative Standardabweichung – oftmals unzulässigerweise als Variationskoeffizient bezeichnet – angegeben.

$$\mathrm{sdv}(y) = \sqrt{\mathrm{var}(y)} \tag{3-8}$$

$$\mathrm{relsdv}(y) = \frac{\mathrm{sdv}(y)}{\bar{y}} \tag{3-9}$$

Die geschätzte Varianz des Mittelwertes ergibt sich aufgrund des allgemeinen Fehlerfortpflanzungsgesetzes zu (3-10). Daraus folgt für die geschätzte Standardabweichung des Mittelwertes unmittelbar (3-11). In diesem Zusammenhang sei darauf hingewiesen, daß die Bezeichnung Standardfehler durch nichts gerechtfertigt ist und daß dieser Wert oftmals unzulässigerweise zum „Schönen" statistischer Ergebnisse verwendet wird. Es ist somit problemlos möglich, eine Stichprobe durch die geschätzten Werte $\bar{y}$, sdv(y) und die Datenzahl n zu beschreiben.

$$\mathrm{var}(\bar{y}) = \frac{\mathrm{var}(y)}{n} \tag{3-10}$$

$$\mathrm{sdv}(\bar{y}) = \frac{\mathrm{sdv}(y)}{\sqrt{n}} \tag{3-11}$$

Der Vertrauensbereich des Mittelwertes $\mathrm{cnf}(\bar{y})$ (3-12) gibt an, innerhalb welcher Grenzen der wahre Wert μ_y liegt, falls keine systematischen Fehler auftreten (3-13).

$$\mathrm{cnf}(\bar{y}) = \bar{y} \pm t_{\alpha,n-1}\,\mathrm{sdv}(\bar{y}) \tag{3-12}$$

$$\bar{y} - t_{\alpha,n-1}\,\mathrm{sdv}(\bar{y}) < \mu_y < \bar{y} + t_{\alpha,n-1}\,\mathrm{sdv}(\bar{y}) \tag{3-13}$$

In Abb. 1 ist für eine Stichprobe mit $\bar{y}$ und sdv(y) der Verlauf der Dichtefunktion der t-Verteilung für die Einzelwerte (flache Kurve) und für den Mittelwert (steile Kurve). Eingetragen ist bei der Dichtefunktion des Mittelwertes der Vertrauensbereich (hell markierte Flächen) für $2\alpha/2 = 0{,}1$ (entspricht $\alpha = 0{,}05$, zweiseitig) und bei der Dichtefunktion der Verteilung der Einzelwerte der Erwartungsbereich für 90% der Einzelwerte (nicht markierte Fläche).

In diesem Zusammenhang sei noch auf den *Vorhersagebereich* (*prediction interval, Prognosebereich*) (3-14) hingewiesen der angibt, innerhalb welcher Grenzen ein weiterer Mittelwert einer Stichprobe *derselben* Grundgesamtheit angehört, wenn n_n neue Daten gewonnen werden.

$$\mathrm{prd}(\bar{y}_m) = \bar{y}_m \pm t_{\alpha,n_m-1}\,\mathrm{sdv}(y_m)\sqrt{\frac{1}{n_n} + \frac{1}{n_m}} \tag{3-14}$$

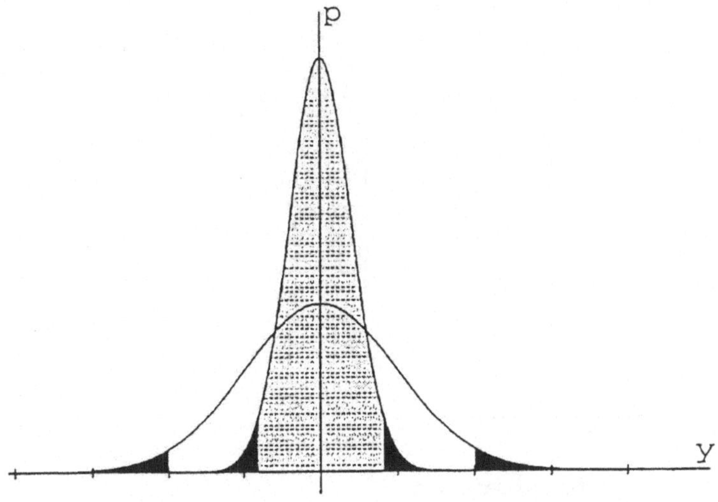

Abb. 1. Dichtefunktion der t-Verteilung der Einzelwerte und der Mittelwerte

Es ist zu beachten, daß sich alle mit dem Index $_m$ versehenen Daten auf die bis hier vorliegenden Daten beziehen. Der Vorhersagebereich ist also einer der ganz wenigen statistischen Aussagen für $n_n = 1$ – also auch für einen einzelnen neuen Wert *derselben* Stichprobe – definiert.

Besondere Beachtung im Hinblick auf das Vorliegen von Datenvektoren bedarf die Kalibrierung. An mehreren Kalibrierpunkten $x_1, x_2, x_3 \ldots x_c$, die primär in der Domäne der Zustandsgröße (unabhängige Variable x) definiert sind, wird die Stichprobe der Zustandsgröße x_c durch die Probenvorbereitung erzeugt. Es handelt sich bei validiertem Vorgehen um randomisierte Kalibrierproben x_i. Diese werden anschließend aufgearbeitet und vermessen. Es entsteht somit eine Stichprobe von Meßwerten y_c in der Signaldomäne (abhängige Variable y). Dabei ist über die Platzziffer (*Rangzahl*, Laufvariable) i jedem Wert x_i genau und eindeutig ein Wert y_i zugeordnet, d.h. es existieren definierte Wertepaare $[x_i/y_i]$. Aus diesen Wertepaaren wird die *geschätzte Kalibrierfunktion* $\hat{y}(x)$ – z.B. als geschätzte *Kalibriergerade* (3-15) – nach den Rechenregeln der *linearen Regression* ermittelt.

$$\hat{y}(x) = \bar{y}_c + a_1(x - \bar{x}_c) \tag{3-15}$$

$$a_1 = \frac{\sum(x_i - \bar{x}_c)(y_i - \bar{y}_c)}{\sum(x_i - \bar{x}_c)^2} = \frac{S_{xy}}{S_{yy}} \tag{3-16}$$

Für diese Kalibriergerade gelten einige wichtige Aussagen zur Fehlerrechnung und Statistik. Eine Kalibriergerade ist statistisch immer nur im Bereich x_{min}

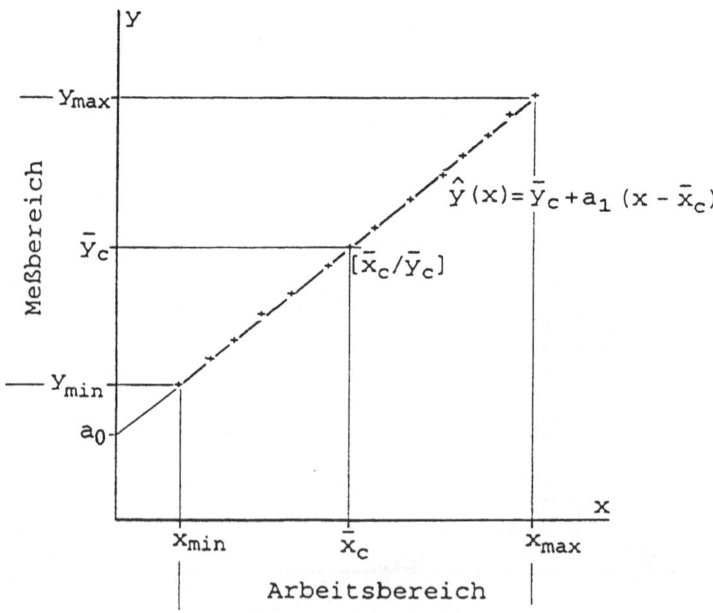

Abb. 2. Darstellung einer Kalibriergerade

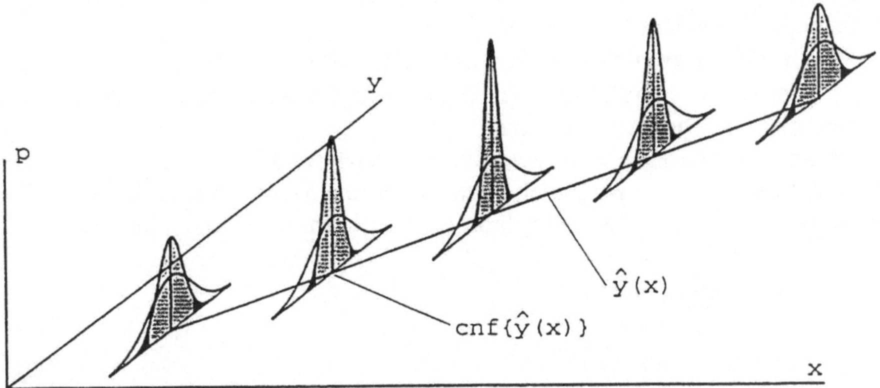

Abb. 3. Kalibriergerade mit den Dichtefunktionen der Verteilung der Einzelwerte (hell) und des Vertrauensbereiches (dunkel)

bis x_{max} als *Arbeitsbereich* und y_{min} bis y_{max} als *Meßbereich* definiert (Abb. 2). Extrapolationen sind unzulässig.

Im gesamten Meßbereich muß *Homogenität der Varianzen* (*Homoskedaszitität*) gelten. Dies bedeutet, daß die Dichtefunktionen der Verteilung der Einzelwerte überall gleich groß sind (flachere Fehlerkurven in Abb. 3). Für die Kalibriergerade (3-17) ergibt sich aus der Anwendung des allgemeinen Fehlerfortpflanzungsgesetzes der *Vertrauensbereich* $\mathrm{cnf}\{\hat{y}(x)\}$. Die Dichtefunktion dieses Vertrauensbereiches (*confidence intervall*) ist in Abb. 3 – allerdings ohne eine Sigifikanzgrenze – ebenfalls eingezeichnet. Die Dichtefunktion und der daraus durch eine festgelegte Signifikanzschranke definierte Vertrauensbereich ist im Datenschwerpunkt am schmalsten und weitet sich zu den Grenzen des Meßbereiches auf.

$$\mathrm{cnf}\{\hat{y}(x)\} = \hat{y}(x) \pm t_{\alpha,n-2}\,\mathrm{sdv}(y)\sqrt{\frac{1}{n_c} + \frac{(x-\bar{x}_c)^2}{S_{xx}}} \tag{3-17}$$

4 Verarbeiten von Datenvektoren

Grundsätzlich gibt es bei der statistischen Verarbeitung von zwei – oder auch mehreren – Datenvektoren drei gänzlich unterschiedliche Aufgaben.

Bei einem *Vergleich der Meßdaten* zweier Stichproben $\mathbf{y}_1$ und $\mathbf{y}_2$ geht es z.B. um die Fragestellung „sind die beiden geschätzten Mittelwerte $\bar{y}_1$ und $\bar{y}_2$ statistisch unterscheidbar oder nicht". Bei einem Vergleich zweier Analysenverfahren, deren Ergebnisse als Datenvektoren $\mathbf{x}_1$ bzw. $\mathbf{x}_2$ vorliegen, lautet die entsprechende Fragestellung (Nullhypothese) „führen beide Verfahren zu vergleichbaren Ergebnissen". Aber auch die beiden geschätzten Streuungsmaße $\mathrm{sdv}(\mathbf{x}_1)$ und $\mathrm{sdv}(\mathbf{x}_2)$

können Gegenstand des Vergleiches sein: „Welches der beiden Verfahren ergibt besser reproduzierbare Ergebnisse?"

Der Vergleich zweier Datenvektoren betrifft primär immer nur *eine* Größe – also $\bar{y}$ oder var(y) – und führt zu einer *Aussage*. Die zu vergleichenden Größen müssen dieselbe Dimension besitzen.

Beim *Zusammenfassen* von zwei Stichproben $\mathbf{y}_1$ und $\mathbf{y}_2$ zu einer gemeinsamen Stichprobe $\mathbf{y}_{ges}$ ist zu beachten, ob beide Stichproben einer gemeinsamen Grundgesamtheit angehören, denn nur dann ist ein Zusammenfassen möglich.

$$\mathbf{y}_1 \stackrel{\alpha}{=} N_t[\bar{y}_1, \mathrm{var}(y_1); n_1] \tag{4-1}$$

$$\mathbf{y}_2 \stackrel{\alpha}{=} N_t[\bar{y}_2, \mathrm{var}(y_2); n_2] \tag{4-2}$$

$$\mathbf{y}_{ges} = \mathbf{y}_1 \,\&\, \mathbf{y}_2 \tag{4-3}$$

So müssen beim Zusammenfassen Varianzenhomogenität und Homogenität der Mittelwerte vorliegen, d.h. die beiden Mittelwerte dürfen sich statistisch nicht unterscheiden. Prüfkriterien sind z.B. der F-Test und der t-Test.

$$\mathrm{var}(y_1) \stackrel{\alpha}{=} \mathrm{var}(y_2) \tag{4-4}$$

$$\bar{y}_1 \stackrel{\alpha}{=} \bar{y}_2 \tag{4-5}$$

Sind diese beiden Bedingungen erfüllt, so dürfen die beiden Stichproben *vereinigt* (zusammengefaßt) werden. Die beiden ursprünglichen Stichproben besitzen $f_1 = n_1 - 1$ bzw. $f_2 = n_2 - 1$ Freiheitsgrade, die neue Stichprobe besitzt $f_{ges} = n_1 + n_2 - 1$ Freiheitsgrade. Der neu zu berechnende Mittelwert und Varianz besitzen aufgrund der größeren Datenzahl eine größere Aussagekraft.

Die Vereinigung setzt die Nichtunterscheidbarkeit von *zwei* Größen – nämlich $\bar{y}$ und var(y) – voraus und führt zu einer *neuen* erweiterten *Stichprobe*. Alle zu vereinigenden Größen müssen dieselbe Dimension besitzen.

Ganz anders sieht das aus, wenn zwei Stichproben $\mathbf{y}_1$ und $\mathbf{y}_2$ miteinander *verrechnet* werden, also z.B. die geschätzten Mittelwerte $\bar{y}_1$ und $\bar{y}_2$ addiert (4-6) oder multipliziert oder dividiert werden (4-7).

$$\bar{y}_R = \bar{y}_1 + \bar{y}_2 \tag{4-6}$$

$$\bar{y}_R = \bar{y}_1 \bar{y}_2 \tag{4-7}$$

Hierbei entsteht *keine neue Stichprobe*, sondern ein *Ergebnis*. Sind beide Stichproben $\mathbf{y}_1$ und $\mathbf{y}_2$ gleichmächtig – d.h. $f_1 = f_2$ – so besitzt das Ergebnis ebenfalls $f_{ges} = f_1 = f_2$ Freiheitsgrade, d.h. es entspricht $n_{ges} = n_1 = n_2$. Sind die beiden Stichproben nicht gleichmächtig, so wäre dem Ergebnis eine effektive Datenzahl n_{eff} zuzuordnen. Dabei sollte n_{eff} größer als das kleinere n, aber kleiner als das größere n sein.

Die Verrechnung von zwei charakteristischen Werten – also z.B. $\bar{y}_1$ mit $\bar{y}_2$ oder $\bar{u}$ mit $\bar{v}$ – ist weder an eine statistische Nichtunterscheidbarkeit der charakteristischen Werte noch deren Streuungsmaße gebunden. Bei einer Multiplikation oder Division brauchen auch die Dimensionen nicht übereinzustimmen.

5 Vergleich von Datenvektoren

Eine ganz andere Fragestellung als die Beschreibung oder Beurteilung eines Datenvektors ergibt sich durch den Vergleich von zwei Datenvektoren, z.B. im Hinblick auf eine innerhalb einer vorgegebenen Irrtumswahrscheinlichkeit statistische Nichtunterscheidbarkeit der Mittelwerte – also das Ergebnis $\bar{y}_1 \stackrel{\alpha}{=} \bar{y}_2$ – oder Varianzen – also $\mathrm{var}(y_1) \stackrel{\alpha}{=} \mathrm{var}(y_2)$. Hiermit kann die Fragestellung der Vereinigung von zwei Stichproben $\mathbf{y}_1$ und $\mathbf{y}_2$ zu einer neuen (größeren) Stichprobe $\mathbf{y}$ verknüpft sein. Aber auch der Vergleich eines Punktschätzers $\bar{y}$ bzw. var(y) mit einem Sollwert kann von Interesse sein.

Alle hier besprochenen Tets sind auf *zwei* Datenvektoren beschränkt. Es wird deshalb auch immer von einem Vergleich zweier Parameter gesprochen. Vergleiche und Tests für mehr als zwei Datenvektoren werden bei der Auswertung von Ringversuchen benötigt [W_SA 1.9.2 (1992)].

5.1 Vergleich der Varianzen

5.1.1 F-Test

Gegeben sind zwei Stichproben, die n_A bzw. n_B Zufallsvariablen enthalten und geschätzt einer t-Verteilung gehorchen.

$$\mathbf{y}_A = N_t[\bar{y}_A, \mathrm{var}(y_A); n_A]$$

$$\mathbf{y}_B = N_t[\bar{y}_B, \mathrm{var}(y_b); n_B]$$

Die statistische Fragestellung lautet: Ist $\mathrm{var}(y_A) \stackrel{?}{=} \mathrm{var}(y_B)$, d.h. sind die beiden numerisch nicht gleichgroßen Varianzen $\mathrm{var}(y_A)$ und $\mathrm{var}(y_B)$ statistisch unterscheidbar oder nicht. Der Quotient zweier Varianzen folgt der Fisher'schen F-Verteilung. Als Testgröße wird folglich von (5-1) ausgegangen. Hierbei ist zu beachten, daß $T_F > 1$ ist, d.h. die größere der zu vergleichenden Varianzen steht im Zähler. Diese Festlegung erfolgt lediglich, um den Aufwand der Vertafelung der Grenzen zu halbieren und stellt keinerelei Einschränkung dar.

$$T_F = \frac{\mathrm{var}(y_A)}{\mathrm{var}(y_B)} \tag{5-1}$$

Diese Prüfgröße wird direkt mit den Schranken der F-Verteilung mit f_A und f_B Freiheitsgraden bei der vorgegebenen Irrtumswahrscheinlichkeit $2\alpha/2$ verglichen. Gilt dabei $T_F > F(f_A, f_B, \alpha)$ so ist die Nullhypothese $H_0[\mathrm{var}(y_A) \stackrel{\alpha}{=} \mathrm{var}(y_B)]$ zu verwerfen.

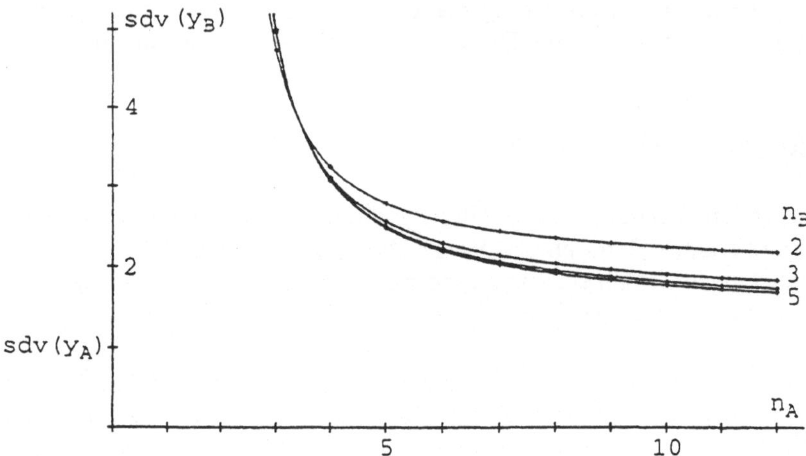

Abb. 4. Testschärfe des F-Test für $2\alpha/2 = 0{,}1$: Aufgezeichnet ist, wieviel mal größer sdv (y_B) sein darf, damit die Varianzen unterscheidbar sind

Hat der F-Test ergeben, daß $\mathrm{var}(y_A) \stackrel{\alpha}{\neq} \mathrm{var}(y_B)$ ist – also keine Varianzenhomogenität besteht –, folgen hieraus je nach Fragestellung die Konsequenzen:

1. Die beiden Stichproben dürfen *nicht* zusammengefaßt werden. Dies ist vor allem bei Regressionsrechnungen von immenser Bedeutung.
2. Das Verfahren mit der kleineren Varianz ist reproduzierbarer als das andere. Dies bedeutet jedoch nicht, daß dieses Verfahren richtiger als das andere ist!

Für die Praxis stellt sich somit sofort die Frage, wieviel mal größer darf die größere Varianz in Bezug auf die kleinere sein bzw. wieviel mal größer darf die größere Standardabweichung in Bezug auf die kleinere Standardabweichung sein. Die Antwort auf diese Frage hängt von den beiden Datenzahlen ab und natürlich von der vorgegebenen Irrtumswahrscheinlichkeit α. In Abb. 4 ist dieser Zusammenhang für die den Analytiker mehr interessierende Standardabweichung graphisch dargestellt.

5.2 Vergleich von Mittelwerten

5.2.1 t-Test

Der üblicherweise durchgeführte t-Test auf statistische Nichtunterscheidbarkeit von zwei Mittelwerten $\bar{y}_A$ und $\bar{y}_B$ setzt voraus, daß die zugehörigen geschätzten Varianzen statistisch nicht unterscheidbar sind, d.h. es muß $\mathrm{var}(\bar{y}_A) \stackrel{\alpha}{=} \mathrm{var}(\bar{y}_B)$ gelten. Zunächst werden die Varianzen oder Standardabweichungen gepoolt. Für die gepoolte Varianz gilt Gl. (5-2) bzw. (5-3)

$$\overline{\mathrm{var}}(y) = \frac{(n_A - 1)\mathrm{var}(y_A) + (n_B - 1)\mathrm{var}(y_B)}{n_A + n_B - 2} \tag{5-2}$$

$$\overline{\text{var}}(y) = \frac{f_A \, \text{var}(y_A) + f_B \, \text{var}(y_B)}{f_A + f_B} \tag{5-3}$$

Die gepoolte Standardabweichung $\overline{\text{sdv}}(y)$ berechnet sich nach Gl. (5-4) oder nach (5-5).

$$\overline{\text{sdv}}(y) = \sqrt{\overline{\text{var}}(y)} \tag{5-4}$$

$$\overline{\text{sdv}}(y) = \sqrt{\frac{(n_A - 1)\text{var}(y_A) + (n_B - 1)\text{var}(y_B)}{n_A + n_B - 2}} \tag{5-5}$$

Bei der Überprüfung geht man von einem dieser Mittelwerte aus und überprüft die Lage des anderen innerhalb der Standardnormalverteilung, d.h. man bildet die z-Transformation (5-6).

$$z = \frac{\bar{y}_A - \bar{y}_B}{\overline{\text{sdv}}(y)} \tag{5-6}$$

Aus rechentechnischen Gründen wählt man $\bar{y}_A > \bar{y}_B$ oder man ersetzt $\bar{y}_A - \bar{y}_B$ durch $|\bar{y}_A - \bar{y}_B|$. Aus dem nach (5-6) errechneten Wert für z wird die Prüfgröße T_t nach Gl. (5-7) oder nach (5-8) berechnet.

$$T_t = \frac{|\bar{y}_A - \bar{y}_B|}{\overline{\text{sdv}}(y)} \sqrt{\frac{n_A n_B}{n_A + n_B}} \tag{5-7}$$

$$T_t = \sqrt{\frac{(\bar{y}_A - \bar{y}_B)^2}{\overline{\text{var}}(y)} \frac{n_A n_B}{(n_A + n_B)}} \tag{5-8}$$

Für gleichmächtige Datenvektoren – d.h. es gilt $n_A = n_A = n$ – vereinfachen sich (5-7) und (5-8) zu (5-9) und (5-10).

$$T_t = \frac{|\bar{y}_A - \bar{y}_B|}{\overline{\text{sdv}}(y)} \sqrt{\frac{n}{2}} \tag{5-9}$$

$$T_t = \sqrt{\frac{n(\bar{y}_A - \bar{y}_B)^2}{2\,\overline{\text{var}}(y)}} \tag{5-10}$$

Die Prüfgröße T_t wird mit den Schranken der t-Verteilung verglichen. Ergibt sich dabei $T_t > t_{2\alpha/2, n+n-2}$ so ist die Nullhypothese $H_0[\bar{y}_A \overset{\alpha}{=} \bar{y}_B]$ zu verwerfen, d.h. die Mittelwerte sind statistisch unterscheidbar.

Auch hier stellt sich für die Praxis die Frage, wie stark dürfen zwei Mittelwerte voneinander abweichen, damit sie statistisch gerade nicht unterscheidbar sind. Außer von der Irrtumswahrscheinlichkeit α und von der gepoolten Varianz ist die Abweichung von den beiden Datenzahlen abhängig.

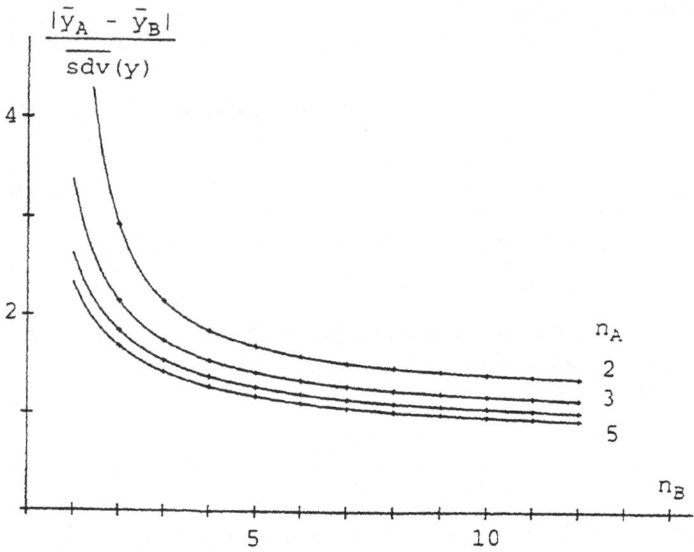

Abb. 5. Testschärfe für den t-Test bei $2\alpha/2 = 0{,}1$: Aufgezeichnet ist, wieviel mal größer $|\bar{y}_A - \bar{y}_B|$ verglichen mit der gepoolten Standardabweichung sein darf, damit die beiden Mittelwerte gerade nicht unterscheidbar sind

5.2.2 Allgemeiner t-Test

Der übliche t-Test setzt Varianzenhomogenität voraus, da die geschätzten Varianzen im Verlaufe der Testdurchführung gepoolt werden. Liegen jedoch geschätzte und statistisch unterscheidbare Varianzen vor, so ist der t-Test zunächst nicht anwendbar. Erste Ansätze zur Lösung dieses Problems stammen von Behrens (1929) und Fisher (1936). Welch (1937) konnte durch Betrachtungen von Verteilungen zeigen, daß die allgemeine Testgröße (5-11) anwendbar ist.

$$T_z = \frac{|\bar{y}_A - \bar{y}_B|}{\sqrt{\dfrac{\mathrm{var}(y_A)}{n_A} + \dfrac{\mathrm{var}(y_B)}{n_B}}} \tag{5-11}$$

Durch Verteilungsbetrachtungen konnte Welch (1937) weiterhin zeigen, daß die Testgröße T_z geschätzt t-verteilt ist. Die berechnete Zahl der dieser Größe zuzuordnenden Freiheitsgrade f_{ber} ergibt sich zu (5-12).

$$f_{ber} = \frac{\left(\dfrac{\mathrm{var}(y_A)}{n_A} + \dfrac{\mathrm{var}(y_B)}{n_B}\right)^2}{\dfrac{\left(\dfrac{\mathrm{var}(y_A)}{n_A}\right)^2}{n_A - 1} + \dfrac{\left(\dfrac{\mathrm{var}(y_B)}{n_B}\right)^2}{n_B - 1}} \tag{5-12}$$

Dieser Ansatz zeigt, daß der Vergleich zweier Mittelwerte ganz allgemein lösbar ist. Es ist deshalb mehr als bedauerlich, daß selbst DIN-Vorschriften immer noch eine Varianzenhomogenität voraussetzen und somit 1992 den Wissensstand von 1936 repräsentieren.

5.2.3 Fehlerfortpflanzungsrechnung

Die Frage der Nichtunterscheidbarkeit von zwei Mittelwerten kann man auch über eine Fehlerfortpflanzungsrechnung betrachten. Gebildet wird die Differenz d (5-13). Sind beide Mittelwerte $\bar{y}_A$ und $\bar{y}_B$ statistisch nicht unterscheidbar, so ist auch d von 0 nicht unterscheidbar, d.h. es gilt (5-14)

$$d = \bar{y}_A - \bar{y}_B \tag{5-13}$$

$$d \overset{\alpha}{=} 0 \quad \text{für } \bar{y}_A \overset{\alpha}{=} \bar{y}_B \tag{5-14}$$

Wendet man auf Gl. (5-13) das allgemeine Fehlerfortpflanzungsgesetz an, so resultiert (5-15) bzw. (5-16). Es tritt kein Covarianzterm auf, da die beiden Datenvektoren $\mathbf{y}_A$ und $\mathbf{y}_B$ voneinander stochastisch unabhängig sind.

$$\text{var}(d) = \text{var}(\bar{y}_A) + \text{var}(\bar{y}_B) \tag{5-15}$$

$$\text{var}(d) = \frac{\text{var}(y_A)}{n_A} + \frac{\text{var}(y_B)}{n_B} \tag{5-16}$$

Überführt man die Verteilung von d aus der Normalverteilung in die Standardnormalverteilung gemäß dem allgemeinen Ansatz (5-17), so resultiert zunächst d_z (5-18). Hieraus folgt mit (5-13) und (5-15) letztlich der Ausdruck (5-19).

$$z = \frac{|y - \mu_y|}{\sqrt{\text{var}(y)}} \tag{5-17}$$

$$d_z = \frac{d}{\sqrt{\text{var}(d)}} = \frac{d}{\text{sdv}(d)} \tag{5-18}$$

$$d_z = \frac{|\bar{y}_A - \bar{y}_B|}{\sqrt{\text{var}(\bar{y})_A + \text{var}(\bar{y})_B}} \tag{5-19}$$

$$d_z = \frac{|\bar{y}_A - \bar{y}_B|}{\sqrt{\frac{\text{var}(y)_A}{n_A} + \frac{\text{var}(y)_B}{n_B}}} \tag{5-20}$$

Betrachtet man die Dichtefunktion der Verteilung von d_z, so folgt daraus der Schluß: Liegt der Wert 0 innerhalb der Grenzen $d_z \pm z_\alpha$, so schließt d_z innerhalb der vorgegebenen Irrtumswahrscheinlichkeit α den Wert 0 ein. Dies wiederum besagt, daß d_z von 0 statistisch nicht unterscheidbar ist. Somit ist auch $\bar{y}_A$

statistisch von $\bar{y}_B$ nicht unterscheidbar. Der Ansatz (5-4) bzw. (5-5) gilt – da außer des Vorliegens von Normalverteilungen keine weiteren Voraussetzungen gemacht wurden – ganz allgemein, also auch für den Fall, daß $var(y_A)$ und $var(y_B)$ statistisch nicht unterscheidbar sind. Somit lassen sich alle Gleichungen für den t-Test wie auch für den allgemeinen t-Test hieraus herleiten. Allgemein berechnet sich die Testgröße T_z für den anzuwendenden Test über die Standardnormalverteilung nach Gl. (5-21). Es gilt folglich $T_z = d_z$.

$$T_z = \frac{|\bar{y}_A - \bar{y}_B|}{\sqrt{\frac{var(y)_A}{n_A} + \frac{var(y)_B}{n_B}}} \tag{5-21}$$

Zu beachten ist, daß die Verwendung der Standardnormalverteilung (z-Verteilung) große Datenzahlen voraussetzt. In der Regel wird man in der Analytik aber immer nur begrenzte Datenzahlen vermessen haben. Demzufolge muß von der t-Verteilung anstelle der z-Verteilung ausgegangen werden. Dies setzt aber voraus, daß die Zahl der Freiheitsgrade bekannt ist. Man könnte nun mit dem über die geschätzten Varianzen gewichteten harmonischen Mittel der Freiheitsgrade f_w (5-22) [Ebel (1990)] ausgehen oder aber die von Welch (1937) angegebene Formel für eine berechnete Zahl von Freiheitsgraden f_{ber} (5-12). Beide Wege führen bei den analytisch üblichen Datenzahlen zu sehr ähnlichen Ergebnissen. Dies wird auch verständlich, wenn man Gl. (5-12) in (5-23) umformt und mit (5-22) vergleicht. Unterschiede bestehen jedoch, wenn ein Datenvektor sehr groß wird, da dann in (5-12) wegen der Division durch n jeweils ein Term im Zähler und Nenner gegen Null läuft.

$$f_w = \frac{f_A f_B [var(y_A) + var(y_B)]}{f_B\, var(y_A) + f_A\, var(y_B)} \tag{5-22}$$

$$f_{ber} = \frac{\left(\frac{var(y_A)}{n_A} + \frac{var(y_B)}{n_B}\right)^2}{\frac{\left(\frac{var(y_A)}{n_A}\right)^2}{n_A - 1} + \frac{\left(\frac{var(y_B)}{n_B}\right)^2}{n_B - 1}} \tag{5-23}$$

$$f_{ber} = \frac{f_A f_B [var(\bar{y}_A) + var(\bar{y}_B)]^2}{f_B [var(\bar{y}_A)]^2 + f_A [var(\bar{y}_B)]^2} \tag{5-24}$$

Da f_w wie auch f_{ber} nicht ganzzahlig sind, muß bei Verwendung einer Tabelle der Schranken der t-Verteilung entsprechend interpoliert werden. Bei Rechenprogrammen wird man von Lösungswegen ausgehen, die von vornherein nicht der Einschränkung durch Ganzzahligkeit unterliegen.

6 Zusammenfassen von Datenvektoren

In der Praxis steht man öfter vor der Fragestellung, ob zwei oder mehrere Stichproben zu einer gemeinsamen Stichprobe zusammengefaßt werden können. Voraussetzung ist, daß die Stichproben zu einer gemeinsamen Grundgesamtheit gehören. Statistisch bedeutet dies, daß die Punktschätzer Mittelwerte und die geschätzten Streuungsmaße innerhalb einer vorgegebenen Irrtumswahrscheinlichkeit α nicht unterscheidbar sein dürfen. Gilt folglich $\mathrm{var}(y_A) \stackrel{\alpha}{=} \mathrm{var}(y_B)$ *und* $\bar{y}_A \stackrel{\alpha}{=} \bar{y}_B$, so können die beiden Stichproben $\mathbf{y}_A$ und $\mathbf{y}_B$ zu einer gemeinsamen Stichprobe vereinigt werden.

Der neue gemeinsame Mittelwert errechnet sich dabei nach (6-1).

$$\bar{y} = \frac{n_A \bar{y}_A + n_B \bar{y}_B}{n_A + n_B} \tag{6-1}$$

Nach dem Zusammenfassen muß die Varianz nach dem üblichen Ansatz neu berechnet werden. Bei größeren Datenzahlen ist es oftmals günstiger, Gl. (6-2) zu verwenden. Aufgrund der geänderten Zahl der Freiheitsgrade ist die nach (6-2) berechnete geschätzte Varianz var(y) *nicht* mit der bei der Durchführung des t-Tests notwendigen und nach (5-3) berechneten gepoolten Varianz $\overline{\mathrm{var}}(y)$ identisch.

$$\mathrm{var}(y) = \frac{(n_A - 1)\mathrm{var}(y_A) + (n_B - 1)\mathrm{var}(y_B)}{n_A + n_B - 1} + \frac{n_A n_B (\bar{y}_A - \bar{y}_B)^2}{(n_A + n_B)(n_A + n_B - 1)} \tag{6-2}$$

$$\overline{\mathrm{var}}(y) = \frac{(n_A - 1)\mathrm{var}(y_A) + (n_B - 1)\mathrm{var}(y_B)}{n_A + n_B - 2} \tag{6-3}$$

Das Zusammenfassen von Stichproben ergibt kein genaueres Ergebnis. Das Ergebnis ist jedoch statistisch zuverlässiger und aussagekräftiger.

7 Verrechnen von Datenvektoren: Addition/Subtraktion

7.1 Darstellung der Problematik

Werden zwei Mittelwerte $\bar{y}_1$ und $\bar{y}_2$ zweier Datenvektoren $\mathbf{y}_1$ und $\mathbf{y}_2$ zu einem neuen Ergebnis $\bar{y}_R$ durch Addition (7-1) oder Substraktion (7-2) verrechnet, so läßt sich auf diese Berechnung das allgemeine Fehlerfortpflanzungsgesetz (7-3) anwenden. In der Regel sind die Covarianzterme 0, da die Meßdaten stochastisch unabhängig sind, d.h. (7-3) vereinfacht sich zu (7-4). In beiden Fällen ergibt sich dasselbe Ergebnis (7-5)

$$\bar{y}_R = \bar{y}_1 + \bar{y}_2 \tag{7-1}$$

$$\bar{y}_R = \bar{y}_1 - \bar{y}_2 \tag{7-2}$$

$$\mathrm{var}(y_R) = \sum \left(\frac{\partial R}{\partial p_i}\right)^2 \mathrm{var}(p) + \sum_{i \neq j} \frac{\partial R}{\partial p_i} \frac{\partial R}{\partial p_j} \mathrm{cov}(p_i, p_j) \tag{7-3}$$

$$\mathrm{var}(y_R) = \sum \left(\frac{\partial R}{\partial p_i}\right)^2 \mathrm{var}(p) \tag{7-4}$$

$$\mathrm{var}(\bar{y}_R) = \mathrm{var}(\bar{y}_1) + \mathrm{var}(\bar{y}_2) \tag{7-5}$$

Dabei kommt in der praktischen Analytik dem Fall mit Gl. (7-2) die größere Bedeutung zu. Ein Beispiel aus dem Gebiete der Direktpotentiometrie mit einer ionensensitiven Elektrode soll dies erläutern. Aus einem Abwasser wurde eine Probe (*Urprobe*) gezogen und der Vorschrift entsprechend viermal aufgearbeitet (*Analysenproben*). Dabei wurde ein störendes Ion durch Zugabe eines Komplexbildners maskiert, der pH-Wert eingestellt und die Ionenstärke auf einen konstanten und definierten Wert gestellt. Anschließend wurde in diesen Analysenlösungen die Potentialdifferenz der Meßelektrode gegen eine geeignete Bezugselektrode vermessen. Die Meßwerte sind als Datenvektor y_m in Tabelle 7-1 mit den zugehörigen statistischen Kenndaten aufgelistet. Es entsteht statistisch gesehen eine Stichprobe y_m (7-6) mit dem geschätzten Mittelwert $\bar{y}_m$, und der geschätzten Varianz $\mathrm{var}(y_m)$ und der Datenzahl n_m.

$$y_m \stackrel{\alpha}{=} N_t[\bar{y}_m, \mathrm{var}(y_m); n_m] \tag{7-6}$$

Aus dem gleichen Abwasser wurden vier weitere Proben gezogen und als Blindproben aufgearbeitet. Diese Aufarbeitung unterscheidet sich von den Analysenproben darin, daß zusätzlich ein Komplexbildner für das zu bestimmende Ion zugesetzt wird, sodaß dieses Ion praktisch quantitativ maskiert und nicht mehr erfaßt wird. Die Meßwerte sind als Datenvektor y_b (7-7) ebenfalls in Tabelle 1 aufgelistet. Als Ergebnis resultiert eine Differenz (7-8), die über eine entsprechende Kalibrierung ausgewertet wird. Die Fehlerrechnung für die Differenz

Tabelle 1. Bestimmung eines Ions mit Hilfe einer ionensensitiven Elektrode unter Berücksichtigung eines Blindwertes

y_m [mV]	y_b [mV]
126,4	216,9
130,0	205,7
122,9	209,3
125,4	206,7
$\bar{y}_m$ = 126,38 mV	$\bar{y}_b$ = 209,65 mV
$\mathrm{sdv}(y_m)$ = 3,30 mV	$\mathrm{sdv}(y_b)$ = 5,07 mV
$\mathrm{sdv}(\bar{y}_m)$ = 1.65 mV	$\mathrm{sdv}(\bar{y}_b)$ = 2.53 mV
$\bar{y}_a$ = −83,28 mV	
$\mathrm{sdv}(y_a)$ = 6,04 mV	
$\mathrm{sdv}(\bar{y}_a)$ = 3,02 mV	

der Potentialwerte ergibt sich zu (7-9).

$$y_b \overset{\alpha}{=} N_t[\bar{y}_b, \mathrm{var}(y_b); n_b] \tag{7-7}$$

$$\bar{y}_a = \bar{y}_m - \bar{y}_b \tag{7-8}$$

$$\mathrm{var}(\bar{y}_a) = \mathrm{var}(\bar{y}_m) + \mathrm{var}(\bar{y}_b) \tag{7-9}$$

Aus diesen kann man entnehmen, daß $\mathrm{sdv}(y_b)$ und $\mathrm{sdv}(y_m)$ zwar nicht gleich groß sind, aber statistisch auch nicht unterscheidbar sind. Erwartungsgemäß ist $\mathrm{sdv}(y_a)$ größer als die beiden anderen geschätzten Standardabweichungen. Theoretisch wäre dies der Faktor $\sqrt{2}$ einer mittleren Standardabweichung.

Die Angabe von $\mathrm{sdv}(\bar{y}_a)$ – das geschätzte Streuungsmaß des Mittelwertes anstelle des Streuungsmaßes der Einzelwerte – ist in diesem Falle allenfalls von geringem Interesse, wird hier aber einmal der Vollständigkeit halber und zum anderen deshalb angegeben, weil es rechentechnisch vergleichbare Fälle gibt, bei denen diese Angabe durchaus sinnvoll ist.

Eine Angabe der Vertrauensbereiche ist ebenfalls problemlos. Der Vertrauensbereich erechnet sich über das geschätzte Streuungsmaß des Mittelwertes (7-10). Der Vertrauensbereich des Mittelwertes $\mathrm{cnf}(\bar{y})$ (7-11) gibt an, innerhalb welcher Grenzen der wahre Wert μ_y liegt, falls keine systematischen Fehler auftreten.

$$\mathrm{sdv}(\bar{y}) = \frac{\mathrm{sdv}(y)}{\sqrt{n}} \tag{7-10}$$

$$\mathrm{cnf}(\bar{y}) = \bar{y} \pm t_{\alpha,n-1}\,\mathrm{sdv}(\bar{y}) \tag{7-11}$$

$$\bar{y} - t_{\alpha,n-1}\,\mathrm{sdv}(\bar{y}) < \mu_y < \bar{y} + t_{\alpha,n-1}\,\mathrm{sdv}(\bar{y}) \tag{7-12}$$

Die erhaltenen Ergebnisse für die beiden ursprünglichen Datenvektoren sind in Tabelle 2 aufgelistet. Es bereitet keine Schwierigkeiten, den Vertrauensbereich des Ergebnisses $\bar{y}_a$ ebenfalls anzugeben. Man kann (7-13) mit $t^2_{\alpha,f}$ multiplizieren und erhält somit über (7-14) und (7-15) das gewünschte Ergebnis (7-16).

$$\mathrm{var}(\bar{y}_a) = \mathrm{var}(\bar{m}_m) + \mathrm{var}(\bar{m}_b) \tag{7-13}$$

$$t^2_{\alpha,f}\,\mathrm{var}(\bar{y}_a) = t^2_{\alpha,f}[\mathrm{var}(\bar{y}_m) + \mathrm{var}(\bar{y}_b)] \tag{7-14}$$

$$t_{\alpha,f}\,\mathrm{sdv}(\bar{y}_a) = t_{\alpha,f}\sqrt{\mathrm{var}(\bar{y}_m) + \mathrm{var}(\bar{y}_b)} \tag{7-15}$$

$$\mathrm{cnf}(\bar{y}_a) = \bar{y}_a \pm t_{\alpha,f}\sqrt{\frac{\mathrm{var}(y_m)}{n_m} + \frac{\mathrm{var}(y_b)}{n_b}} \tag{7-16}$$

Tabelle 2. Vertrauensbereiche der Mittelwerte

$\mathrm{cnf}(\bar{y}_m) =$	$126{,}38 \pm 3{,}88$ mV
$\mathrm{cnf}(\bar{y}_b) =$	$209{,}65 \pm 5{,}96$ mV
$\mathrm{cnf}(\bar{y}_a) =$	$-83{,}28 \pm 6{,}44$ mV

Der nach (7-16) berechnete Vertrauensbereich ist ebenfalls in Tabelle 2 aufgelistet.

Gl. (7-16) gilt nur für den speziellen Fall $n_m = n_b$, da nur in diesem Falle die Signifikanzschranken der t-Verteilung gleich sind. Das Ergebnis y_a entsteht durch Verrechnung der beiden Stichproben. Beide besitzen $f = n - 1 = 3$ Freiheitsgrade. Damit besitzt auch das Ergebnis $\bar{y}_a$ drei Freiheitsgrade. Die beiden Stichproben sind *nicht* vereinigt worden.

Man beachte, daß in diesem Falle eine Vereinigung der Stichproben – falls diese statistisch zulässig wäre – zu einem absolut unsinnigen Wert von $\bar{y} = 336{,}03 \pm 3{,}96$ mV führen würde, der einer geradezu unsinnigen Chimäre eines Blindanalysenwertes entsprechen würde.

Das hier beschriebene Analysenverfahren für ein Abwasser wurde im Routinebetrieb leicht abgewandelt: Auch weiterhin werden regelmäßig Analysenproben gezogen und entsprechend aufgearbeitet und vermessen. Bei den Blindproben hat sich herausgestellt, daß diese nur einmal täglich bestimmt werden müssen. Da nun aber $\mathrm{sdv}(y_b) > \mathrm{sdv}(y_m)$ ist, wurde die Zahl der Blindproben auf $n_b = 8$ festgelegt. Ein typischer Datensatz – zur besseren Vergleichbarkeit wurde y_m hier nicht verändert – ist in Tabelle 3 aufgeführt.

Da dem Wert $\bar{y}_b = 210{,}34$ mV jetzt $n_b = 8$ Daten zugrundeliegen, ist seine statistische Aussagekraft gestiegen. Erreicht wurde durch dieses Vorgehen auch, daß $\mathrm{sdv}(\bar{y}_m)$ und $\mathrm{sdv}(\bar{y}_b)$ annähernd gleich groß sind.

Es ist jedoch nicht möglich, einen Wert für $\mathrm{sdv}(y_a)$ – also das geschätzte Streuungsmaß der Einzelwerte nach der Differenzbildung – anzugeben, da n_a nicht bekannt ist. Zwar ist es möglich, die Vertrauensbereiche von $\bar{y}_m$ (7-17) und $\bar{y}_b$ (7-18) anzugeben, doch gilt dies wiederum nicht für $\mathrm{cnf}(\bar{y}_a)$, da auch hierfür n_a

Tabelle 3. Bestimmung eines Ions mit Hilfe einer ionensensitiven Elektrode unter Berücksichtigung eines Blindwertes

y_m [mV]	y_b [mV]
126,4	216,9
130,0	205,7
122,9	209,3
125,4	206,7
	212,4
	208,2
	206,4
	217,1
$\bar{y}_m = 126{,}38$ mV	$\bar{y}_b = 210{,}34$ mV
$\mathrm{sdv}(y_m) = 3{,}30$ mV	$\mathrm{sdv}(y_b) = 4{,}61$ mV
$\mathrm{sdv}(\bar{y}_m) = 1{,}65$ mV	$\mathrm{sdv}(\bar{y}_b) = 1{,}63$ mV
$\bar{y}_a = -83{,}96$ mV	
$\mathrm{sdv}(\bar{y}_a) = 2{,}32$ mV	

bekannt sein muß.

$$\mathrm{cnf}(\bar{y}_m) = \bar{y}_m \pm t_{\alpha,n-1} \frac{\mathrm{sdv}(y_m)}{\sqrt{n_m}} \tag{7-17}$$

$$\mathrm{cnf}(\bar{y}_b) = \bar{y}_b \pm t_{\alpha,n-1} \frac{\mathrm{sdv}(y_b)}{\sqrt{n_b}} \tag{7-18}$$

Der Wert für $\bar{y}_a$ entsteht nicht durch Vereinigung von $\mathbf{y}_m$ und $\mathbf{y}_b$, sondern durch Verrechnen dieser beiden Stichproben. Damit wäre $\bar{y}_a$ eine fiktive Datenzahl zuzuordnen, die zwar größer als die kleinere, aber kleiner als die größere Datenzahl n_m bzw. n_b sein sollte.

7.2 Übertragung des Ansatzes von Welch

Im weiteren Verlauf wird von den Datenvektoren **u** (7-19) und **v** (7-20) ausgegangen und das Ergebnis mit y bezeichnet. Dies erfolgt einmal um Indizierungen zu umgehen und zum anderen wegen der weiteren Übertragung auf dem Fall der Multiplikation.

$$\mathbf{u} = N_t[\bar{u}, \mathrm{var}(u); n_u] \tag{7-19}$$

$$\mathbf{v} = N_t[\bar{v}, \mathrm{var}(v); n_v] \tag{7-20}$$

Ein möglicher Ansatz zur Lösung des Problems der zunächst unbekannten Anzahl der Freiheitsgrade bei der Verrechnung unterschiedlich mächtiger Stichproben könnte in Analogie zur Lösung des Problems des Vergleiches von Mittelwerten bei Kenntnis geschätzter Varianzen, wenn diese als verschieden große Schätzer vorliegen, d.h. statistisch unterscheidbar sind, erfolgen. Erste Ansätze einer Lösung dieses Problems finden sich bei Behrens (1929) und Fisher (1936). Der Ansatz des Vergleiches zweier Mittelwerte $\bar{u}$ und $\bar{v}$ erfolgt über die Differenz d_z (7-21), wobei bei der hier zur Diskussion stehenden Fragestellung des Vergleichs zweier Datenvektoren d gegen 0 läuft. Die Transformation in die Standardnormalverteilung führt zu dem Ansatz (7-22) bzw. (7-23). Welch (1937) konnte nun zeigen, daß auch bei unterscheidbaren geschätzten Varianzen der beiden Stichproben die Differenz d mit f_d Freiheitsgraden (7-24) geschätzt t-verteilt ist, sodaß ein allgemeiner t-Test durchführbar ist. Die Gleichung (7-24) läßt sich über (7-25) in (7-26) umformen.

$$d = \bar{u} - \bar{v} \tag{7-21}$$

$$d_z = \frac{\bar{u} - \bar{v}}{\sqrt{\mathrm{var}(\bar{u}) + \mathrm{var}(\bar{v})}} \tag{7-22}$$

$$d_z = \frac{\bar{u} - \bar{v}}{\sqrt{\frac{\mathrm{var}(u)}{n_u} + \frac{\mathrm{var}(v)}{n_v}}} \tag{7-23}$$

$$f_d = \frac{\left[\dfrac{var(u)}{n_u} + \dfrac{var(v)}{n_v}\right]^2}{\dfrac{\dfrac{var(u)^2}{n_u^2}}{f_u} + \dfrac{\dfrac{var(v)^2}{n_v^2}}{f_v}} \tag{7-24}$$

$$f_d = \frac{[var(\bar{u}) + var(\bar{v})]^2}{\dfrac{var(\bar{u})^2}{f_u} + \dfrac{var(\bar{v})^2}{f_v}} \tag{7-25}$$

$$f_d = \frac{f_u f_v [var(\bar{u}) + var(\bar{v})]^2}{f_v\, var(\bar{u})^2 + f_u\, var(\bar{v})^2} \tag{7-26}$$

Aus dieser Gleichung (7-24) erkennt man, daß die Zahl der Freiheitsgrade im Ergebnis als harmonisches Mittel der Freiheitsgrade der zu verrechnenden Stichproben aufzufassen ist, die teilweise mit dem Quadrat der zugehörigen geschätzten Varianzen gewichtet sind. Zur Vereinfachung der weiteren Diskussion wird ohne Beschränkung der Gültigkeit der Aussagen von Gl. (7-27) ausgegangen. Dies besagt, daß sich die geschätzte Varianz der Variablen v als bestimmtes Verhältnis zur geschätzten Varianz der Variablen u ausdrücken läßt. Damit geht (7-24) über (7-28) in Gl. (7-29) über.

$$var(v) = k\, var(u) \tag{7-27}$$

$$f_d = \frac{f_u f_v \left[\dfrac{1}{n_u} + \dfrac{k}{n_v}\right]^2}{\dfrac{f_v}{n_u^2} + \dfrac{k^2 f_u}{n_v^2}} \tag{7-28}$$

$$f_d = \frac{f_u f_v [n_v + k n_u]^2}{f_v n_v^2 + f_u k^2 n_u^2} \tag{7-29}$$

Wendet man diesen Ansatz auf das hier besprochene Problem der Verrechnung zweier Stichproben an, so ergeben sich die folgenden für verschiedene n_u, n_v und k tabellierten Werte für $2\alpha/2 = 0{,}1$.

Bei den Grenzwertbetrachtungen ist zu beachten, daß bei sehr großen Datenzahlen wegen der Division durch n die geschätzte Varianz des Mittelwertes $var(\bar{u})$ bzw. $var(\bar{v})$ gegen 0 läuft und gleichzeitig f sehr groß wird. Damit ergeben sich die beiden Grenzwerte (7-30) und (7-31). In den Tabellen 4 und 5 sind in der letzten Spalte die Grenzwerte für $n_u \gg n_v$ und in der letzten Zeile die für $n_v \gg n_u$ aufgelistet.

$$f_d \rightarrow f_v \quad \text{für } n_u \gg n_v \tag{7-30}$$

$$f_d \rightarrow f_u \quad \text{für } n_v \gg n_u \tag{7-31}$$

Tabelle 4. Anzahl der Freiheitsgrade f_d nach Welch für verschiedene n_u und n_v und der Voraussetzung var(v) = var(u)

n_v \ n_u	2	3	4	5	6	$n_u \gg n_v$
2	2,000	2,273	2,077	1,885	1,739	1,000
3	*2,273*	4,000	4,455	4,339	4,091	2,000
4	2,077	*4,455*	6,000	6,568	6,579	3,000
5	1,885	4,339	*6,658*	8,000	8,643	4,000
6	1,739	4,091	6,579	*8,643*	10,000	5,000
7	1,631	3,846	6,368	8,772	10,696	6,000
8	1,549	3,635	6,097	8,365	*10,924*	7,000
9	1,485	3,459	5,828	8,385	10,870	8,000
10	1,434	3,314	5,582	8,100	10,667	9,000
11	1,392	3,192	5,366	7,817	10,396	10,000
12	1,358	3,090	5,176	7,551	10,102	11,000
$n_v \gg n_u$	1,000	2,000	3,000	4,000	5,000	

Tabelle 5. Anzahl der Freiheitsgrade f_d nach Welch für verschiedene n_u und n_v und der Voraussetzung var(v) = 4 var(u)

n_v \ n_u:	2	3	4	5	6	$n_u \gg n_v$
2	1,471	1,342	1,259	1,207	1,172	1,000
3	2,951	2,941	2,756	2,616	2,516	2,000
4	3,857	4,571	4,412	4,194	4,016	3,000
5	*4,122*	5,959	6,097	5,882	5,644	4,000
6	4,016	6,923	7,658	7,596	7,353	5,000
7	3,771	7,443	8,966	9,238	9,083	6,000
8	3,500	*7,609*	9,947	10,719	10,769	7,000
9	3,247	7,538	10,593	11,972	12,347	8,000
10	3,025	7,333	10,942	12,960	13,762	9,000
11	2,834	7,063	*11,057*	13,680	14,976	10,000
12	2,670	6,769	11,000	14,151	15,968	11,000
$n_v \gg n_u$	1,000	2,000	3,000	4,000	5,000	

Beide Tabellen sind wie folgt zu interpretieren: In den Zeilen nimmt die Datenzahl der reproduzierbareren Meßwerte – also des Datenvektors **u** –, in den Spalten dagegen die Datenzahl des Datenvektors **v** mit der größeren Varianz zu.

Den Analytiker interessiert aber mehr die Breite des Vertrauensbereiches. In diesem Falle ist die Berechnung der halben Breite sehr einfach, da lediglich t_{α,f_d} aus den erhaltenen Werten aus f_d ermittelt werden muß.

$$b = t_{\alpha,f_d}\,\mathrm{sdv}(\bar{y}) \tag{7-32}$$

$$b = t_{\alpha,f_d}\sqrt{\frac{1}{n_u}+\frac{k}{n_v}} \tag{7-33}$$

Die folgenden Darstellungen der halben Breite des Vertrauensbereiches sind in Einheiten von sdv(u) skaliert und wie folgt zu interpretieren: Die Datenzahl des

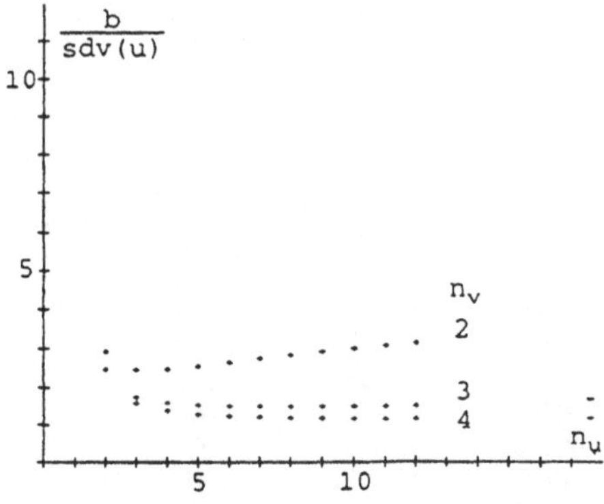

Abb. 6. Halbe Breite des Vertrauensbereiches bei der Anwendung des Ansatzes nach Welch für var(v) = var(u)

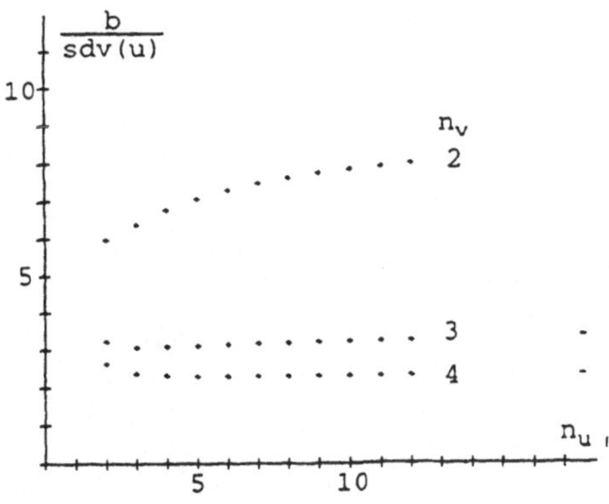

Abb. 7. Halbe Breite des Vertrauensbereiches bei der Anwendung des Ansatzes nach Welch für var(v) = 4 var(u)

Datenvektors mit der größeren Varianz n_v ist festgelegt, die Datenzahl der reproduzierbararen Meßwerte nimmt zu (s. Abb. 6 und 7).

Dieses Modell kann für *diesen* Anwendungsfall nicht richtig sein, da bei feststehender Datenzahl eines Datenvektors eine Erhöhung der Datenzahl des anderen Datenvektors zunächst wie erwartet eine Einengung des Vertrauensbereiches nach sich zieht, aber eine weitere Erhöhung dann eine Aufweitung des Vertrauensbereiches ergibt. Im Extremfall bedeutet dies, daß ein großer Meßaufwand der Komponente mit der besseren Reproduzierbarkeit zu einer schlechteren Reproduzierbarkeit im Ergebnis führt. Unlogisch erscheint auch die Aufweitung des Vertrauensbereiches mit zunehmender Datenzahl.

7.3 Effektive Datenzahl

Wendet man auf die Addition oder Subtraktion von $\bar{u}$ und $\bar{v}$ zum Ergebnis y Gl. (7-34) das allgemeine Fehlerfortpflanzungsgesetz an, so ergibt sich zunächst Gl. (7-35)

$$\bar{y} = \bar{u} - \bar{v} \tag{7-34}$$

$$\mathrm{var}(\bar{y}) = \mathrm{var}(\bar{u}) + \mathrm{var}(\bar{v}) \tag{7-35}$$

Die Anwendung des Fehlerfortpflanzungsgesetzes auf die Einzelwerte führt zu Gl. (7-36).

$$\mathrm{var}(y) = \mathrm{var}(u) + \mathrm{var}(v) \tag{7-36}$$

Unter Berücksichtigung der Datenzahlen läßt sich (7-35) in (7-37) überführen, wobei allerdings die effektive Datenzahl n_{eff} zunächst nicht bekannt ist.

$$\frac{\mathrm{var}(y)}{n_{eff}} = \frac{\mathrm{var}(u)}{n_u} + \frac{\mathrm{var}(v)}{n_v} \tag{7-37}$$

Diese Unbekannte läßt sich wie folgt berechnen: Durch Umformen von (7-37) in die Form (7-38) erhält man durch Einsetzen von (7-36) die Gleichung (7-39), die sich nach der effektiven Datenzahl n_{eff} auflösen läßt (7-40) [Ebel (1991)].

$$\frac{\mathrm{var}(y)}{n_{eff}} = \frac{n_v\,\mathrm{var}(u) - n_u\,\mathrm{var}(v)}{n_u n_v} \tag{7-38}$$

$$\frac{\mathrm{var}(u) + \mathrm{var}(v)}{n_{eff}} = \frac{n_v\,\mathrm{var}(u) - n_u\,\mathrm{var}(v)}{n_u n_v} \tag{7-39}$$

$$n_{eff} = \frac{n_u n_v [\mathrm{var}(u) + \mathrm{var}(v)]}{n_v\,\mathrm{var}(u) + n_u\,\mathrm{var}(v)} \tag{7-40}$$

Damit ist n_{eff} das mit den geschätzten Varianzen gewichtete harmonische Mittel der beiden Datenzahlen n_u und n_v. Da bei beiden Datenvektoren aber $f = n - 1$ gilt, muß mit $f_{eff} = n_{eff} - 1$ bei der Ermittlung des Vertrauensbereiches weitergerechnet werden.

Für $\mathrm{var}(u) = \mathrm{var}(v)$ vereinfacht sich (7-40) zu (7-41). Setzt man nun $n_u = n_v = n$, so gilt selbstverständlich $n_{eff} = n$, d.h. es gelten die oben in Tabellen 2 und 1 gemachten Angaben für die Vertrauensbereiche.

$$n_{eff} = \frac{2 n_u n_v}{n_u + n_v} \quad \text{für } \mathrm{var}(u) = \mathrm{var}(v) \tag{7-41}$$

In diesem Zusammenhang soll zunächst Gl. (7-41) noch diskutiert und erläutert werden. In Tabelle 6 sind die effektiven Datenzahlen n_{eff} für verschiedene n_u und n_v aufgelistet. In der Diagonale ist kursiv der Spezielfall $n_u = n_v = n_{eff}$ hervorgehoben. Man erkennt ferner, daß es sich nicht einfach um eine "mittlere Datenzahl" handelt. Ist eine der beiden Zahlen klein (z.B. $n_u = 2$), so macht sich eine fortwährende Vergrößerung von n_v immer weniger bemerkbar (vgl. z.B. erste Spalte in Tabelle 6). Tabelle 6 ist zu den Diagonalelementen symmetrisch, da Gl. (7-41) gegen Vertauschen von n_u und n_v invariant ist.

Wird eine Datenzahl dominierend – also z.B. für den Grenzfall $n_v \to \infty$, real also für $n_v \gg n_u$ – so strebt die effektive Datenzahl (7-42) gegen einen Grenzwert (7-43).

$$n_{eff} \to 2 n_u \quad \text{für } n_v \gg n_u \tag{7-42}$$

Tabelle 6. Effektive Datenzahl n_{eff} für verschiedene n_u und n_v und der Voraussetzung var(v) = var(u)

n_v \ n_u:	2	3	4	5	6	$n_u \gg n_v$
2	*2,000*	2,400	2,667	2,857	3,000	4,000
3	2,400	*3,000*	3,429	3,750	4,000	6,000
4	2,667	3,429	*4,000*	4,444	4,800	8,000
5	3,857	3,750	4,444	*5,000*	5,455	10,000
6	3,000	4,000	4,800	5,455	*6,000*	12,000
7	3,111	4,200	5,091	5,833	6,462	14,000
8	3,200	4,364	5,333	6,154	6,857	16,000
9	3,273	4,000	5,538	6,429	7,200	18,000
10	3,333	4,615	5,714	6,667	7,500	20,000
11	3,385	4,714	5,867	6,875	7,765	22,000
12	3,429	4,800	6,000	7,059	8,000	24,000
$n_v \gg n_u$	4,000	6,000	8,000	10,000	12,000	

Tabelle 7. Effektive Datenzahl n_{eff} für verschiedene n_u und n_v und der Voraussetzung var(v) = 4 var(u)

n_v \ n_u:	2	3	4	5	6	$n_u \gg n_v$
2	*2,000*	2,143	2,222	2,273	2,308	2,500
3	2,727	*3,000*	3,158	3,261	3,333	3,750
4	3,333	3,750	*4,000*	4,167	4,286	5,000
5	3,846	4,412	4,762	*5,000*	5,172	6,250
6	4,286	5,000	5,455	5,769	*6,000*	7,500
7	4,667	5,526	6,087	6,481	6,774	8,750
8	5,000	6,000	6,667	7,143	7,500	10,000
9	5,294	6,439	7,200	7,759	8,182	11,250
10	5,556	6,818	7,692	8,333	8,824	12,500
11	5,789	7,174	8,148	8,871	9,429	13,750
12	6,000	7,500	8,751	9,375	10,000	15,000
$n_v \gg n_u$	10,000	15,000	20,000	25,000	30,000	

$$n_{eff} \rightarrow 2n_v \quad \text{für } n_u \gg n_v \tag{7-43}$$

In den Tabellen 6 und 7 sind in der letzten Spalte die Grenzwerte für $n_u \gg n_v$ und in der letzten Zeile die für $n_v \gg n_u$ aufgelistet.

Zur Vereinfachung der weiteren Diskussion wird ohne Beschränkung der Gültigkeit der Aussagen wiederum von Gl.(7-27) ausgegangen. Dies besagt, daß sich die geschätzte Varianz der Variablen v als bestimmtes Verhältnis zur geschätzten Varianz der Variablen u ausdrücken läßt. Damit geht (7-40) über (7-44) in (7-45) über.

$$\text{var}(v) = k\,\text{var}(u) \tag{7-27}$$

$$n_{eff} = \frac{n_u n_v [\text{var}(u) + \text{var}(v)]}{n_v\,\text{var}(u) + n_u\,\text{var}(v)} \tag{7-40}$$

$$n_{eff} = \frac{n_u n_v (1 + k) \mathrm{var}(u)}{n_v \,\mathrm{var}(u) + k n_u \,\mathrm{var}(u)} \tag{7-44}$$

$$n_{eff} = \frac{n_u n_v (1 + k)}{n_v + k n_u} \tag{7-45}$$

Aus Gl. (7-45) kann man entnehmen – da der Zähler schneller zunimmt als der Nenner –, daß mit zunehmender var(v) auch n_{eff} anwächst. Dies hat wiederum zur Konsequenz, daß bei gleichem var($\bar{y}$) das geschätzte Streuungsmaß der Einzelwerte var(y) größer wird. Hieraus lassen sich weiterhin für den allgemeinen Fall folgende Grenzbetrachtungen ableiten: Die effektive Datenzahl n_{eff} ist gegen ein Vertauschen von n_v und n_u nicht invariant. Ist var(u) = var(v), so ist k = 1 und (7-45) geht in die bereits diskutierte Gl. (7-25) über. Für große Datenzahlen des Datenvektors mit der kleineren geschätzten Varianz – im betrachteten Falle wäre dies **u**, falls k > 1 ist – geht (7-45) in (7-46) über. Für dominierende Datenzahlen des Datenvektors **v** strebt (7-45) gegen den Grenzwert (7-47). Der Grenzwert (7-46) ist in den Tabellen in der letzten Spalte und der Grenzwert (7-47) jeweils in der letzten Zeile ausgedruckt.

$$n_{eff} \to n_v \frac{1 + k}{k} \quad \text{für } n_u \gg n_v \tag{7-46}$$

$$n_{eff} \to n_u (1 + k) \quad \text{für } n_v \gg n_u \tag{7-47}$$

Den Einfluß der Varianzen auf die effektive Datenzahl n_{eff} kann man der Tabelle 7 entnehmen. Dabei ist angenommen, daß var(u) = 4 var(v) ist.

Auch hierbei gilt für die Diagonalelemente $n_u = n_v = n_{eff}$. Je größer eine Varianz im Vergleich zur anderen wird, desto geringer wird der Einfluß der anderen Datenzahl auf die effektive Datenzahl. Dies geht z.B. auf einem Vergleich der jeweils ersten Spalte hervor: Bei gleicher Varianz steigt n_{eff} für $n_v = 10$ auf 3,333, bei doppelter Varianz nur noch auf 2,727 und bei vierfacher Varianz nur noch auf 2,381 an.

Abschließend sei darauf hingewiesen, daß Gl. (7-40) nur dann definiert ist, wenn bei Datenzahlen n_u und n_v größer 1 sind, da sonst eine Varianz nicht definiert ist. Für eine Einzelmessung gilt in der Regel keine Statistik.

Interessant ist außer der effektiven Datenzahl der Einfluß auf den Vertrauensbereich. Geht man von (7-35) aus und verwendet die Vereinfachung var(v) = k var(u), so ergibt sich Gl. (7-48).

$$\mathrm{var}(\bar{y}) = \mathrm{var}(\bar{u}) + \mathrm{var}(\bar{v}) \tag{7-35}$$

$$\mathrm{var}(\bar{y}) = \frac{1}{n_u} + \frac{k}{n_v} \tag{7-48}$$

Setzt man weiterhin für die Zahl der Freiheitsgrade $f_{eff} = n_{eff} - 1$, so gilt für den Vertrauensbereich (7-49).

$$\mathrm{cnf}(\bar{y}) = \bar{y} \pm t_{\alpha, n_{eff} - 1} \sqrt{\frac{1}{n_u} + \frac{k}{n_v}} \tag{7-49}$$

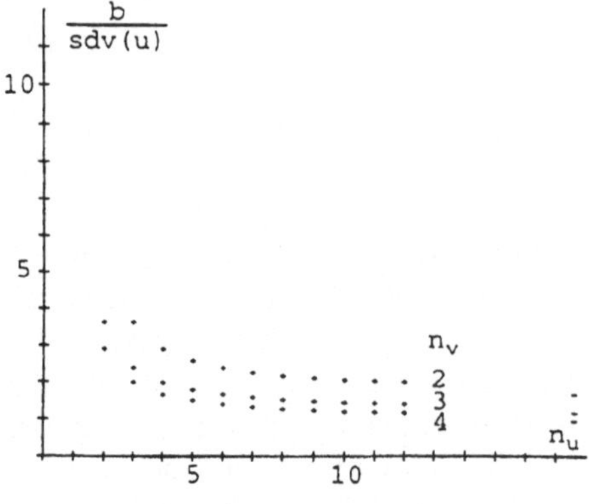

Abb. 8. Abhängigkeit der halben Breite des Vertrauensbereiches von den Datenzahlen n_u und n_v für var(u) = var(v)

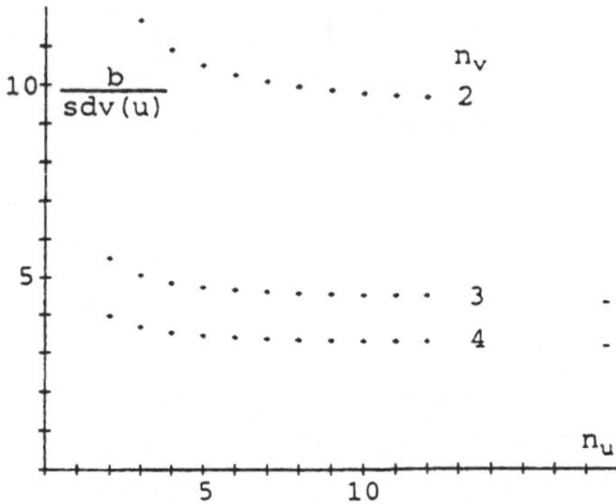

Abb. 9. Abhängigkeit der halben Breite des Vertrauensbereiches von den Datenzahlen n_u und n_v für var(u) = 8 var(v)

In den Abbildungen 8 und 9 ist die halbe Breite b des Vertrauensbereiches für verschiedene n_u, n_v und k dargestellt.

$$b = t_{\alpha, n_{eff}-1}\, \mathrm{sdv}(\bar{y}) \tag{7-50}$$

Diese Abbildungen sind wie folgt zu interpretieren: Die Datenzahl n_v des Datenvektors mit der größeren Varianz ist festgelegt, die Datenzahl der reproduzierbareren Meßwerte nimmt zu. Man erkennt sehr gut, daß der Vertrauensbereich mit zunehmender Datenzahl schmaler wird und einem Grenzwert zustrebt.

Das Problem des Berechnungsweges über n_{eff} stellt sich dann, wenn die beiden zu verrechnenden Datenvektoren einmal $f_u = n_u - 1$ und zum anderen $f_v = n_v - 2$ Freiheitsgrade aufweisen, wie dies bei der Auswetung von Analysenmeßwerten über eine lineare Kalibrierung der Fall ist.

7.4 Geometrische Deutung der Fehlerfortpflanzung

Innerhalb einer Stichprobe geschätzt normalverteilter Meßdaten definieren die Schranken $\bar{y} \pm z_\alpha$ eine Wahrscheinlichkeit $p = 1 - 2\alpha/2$, innerhalb der ein bestimmter Anteil der Meßdaten zu erwarten ist. So liegen z.B. innerhalb von

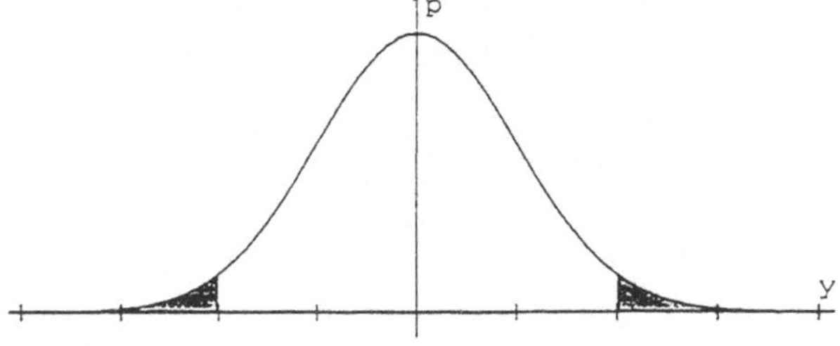

Abb. 10. Schranken einer Normalverteilung

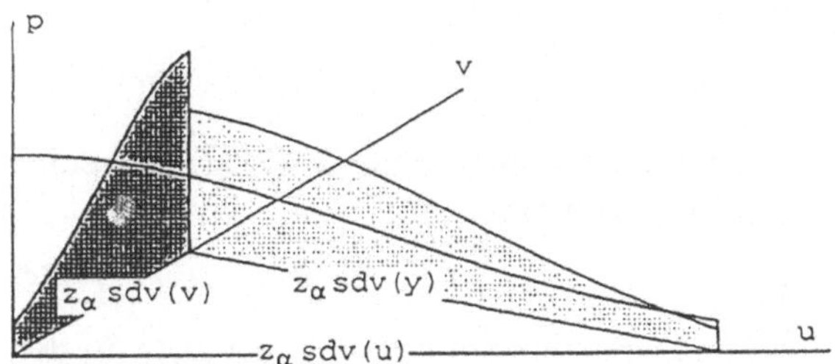

Abb. 11. Trigonometrische Deutung von Gl. (7-53) (Satz des Pythagoras)

$\bar{y} \pm 1{,}645\,\mathrm{sdv}(y)$ bei einer Irrtumswahrscheinlichkeit von $\alpha = 0{,}1$ 90% aller gefundenen Meßwerte, s. Abb. 10.

Betrachtet man für die Addition (7-51) – für die Subtraktion ergibt sich dasselbe Ergebnis – die Fehlerfortpflanzung (7-52) and führt die Schranke z_α ein, so folgt (7-53). Diesen Zusammenhang kann man trigonometrisch deuten (Satz des Pythagoras) (Abb. 11) [Ebel (1987)].

$$y = u + v \tag{7-51}$$

$$\mathrm{var}(y) = \mathrm{var}(u) + \mathrm{var}(v) \tag{7-52}$$

$$z_\alpha^2\,\mathrm{var}(y) = z_\alpha^2\,\mathrm{var}(u) + z_\alpha^2\,\mathrm{var}(v) \tag{7-53}$$

An den beiden Katheten sind die Dichtefunktion der Normalverteilung von **u** und **v** in den Grenzen von $z_\alpha\,\mathrm{sdv}(u)$ bis $\bar{u}$ bzw. $\bar{v}$ bis $z_\alpha\,\mathrm{sdv}(u)$ aufgetragen. Auf der Hypothenuse entsteht damit die Dichtefunktion der geschätzten Normalverteilung von **y** in den Grenzen von $\bar{y}$ bis $z_\alpha\,\mathrm{sdv}(u)$.

Gl. (7-53) läßt sich aber ebensogut als Vektorprodukt auffassen Abb. (12). In dieser Abbildung ist die Dichtefunktion nicht mit eingezeichnet. Die beiden orthogonalen Vektoren haben die Länge $z_\alpha\,\mathrm{sdv}(u)$ und $z_\alpha\,\mathrm{sdv}(v)$. Die Resultierende besitzt die Länge $z_\alpha\,\mathrm{sdv}(y)$. Diese Darstellung läßt sich auf einen mehrdimensionalen Raum erweitern.

Diese beiden geometrischen Deutungen und Darstellungen legen es nahe, von der Normalverteilung zur t-Verteilung überzugehen, d.h. anstelle der Schranke z_α die Schranke $t_{\alpha,f}$ einzusetzen. Es würde dann Gl. (7-54) resultieren. Insoweit beide Datenvektoren **u** and **v** gleich mächtig sind – d.h. auf gleichen Datenzahlen

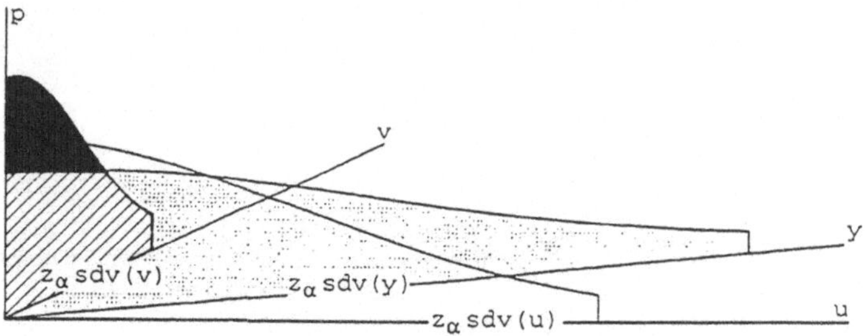

Abb. 12. Darstellung der Fehlerfortpflanzung als Vektorprodukt

basieren –, ergeben sich keine Probleme, da in diesem Falle Gl. (7-52) auf beiden Seiten mit derselben Konstante multipliziert worden ist.

$$t_{\alpha,f}^2 \operatorname{var}(y) = t_{\alpha,f}^2 [\operatorname{var}(u) + \operatorname{var}(v)] \tag{7-54}$$

In reiner Analogie zur graphischen Darstellung müßte dies aber auch für den allgemeinen Fall mit $n_u \neq n_v$ und somit $t_{\alpha,u} \neq t_{\alpha,v}$ möglich sein (7-55). Damit ergäbe sich die Schranke des Ergebnisses $t_{\alpha,y}$ zu (7-56).

$$t_{\alpha,y}^2 \operatorname{var}(y) = t_{\alpha,u}^2 \operatorname{var}(u) + t_{\alpha,v}^2 \operatorname{var}(v) \tag{7-55}$$

$$t_{\alpha,y} = \sqrt{\frac{t_{\alpha,u}^2 \operatorname{var}(u) + t_{\alpha,v}^2 \operatorname{var}(v)}{\operatorname{var}(y)}} \tag{7-56}$$

7.5 Überführung von Verteilungen

Grundidee der folgenden Überlegungen ist die Tatsache, daß die üblichen Verteilungen – Normalverteilung, t-Verteilung, F-Verteilung und χ^2-Verteilung – ineinander überführbar sind oder aber untereinander als Spezialfälle aufzufassen sind. So gilt z.B. folgende Hierarchie [Sachs (1984) S. 127]:

$$t_f = \sqrt{F_{1,f}} \quad z = \sqrt{F_{1,\infty}} \quad \chi_f^2 = f F_{f,\infty}$$

Wendet man auf die allgemeine Gleichung (7-57) das allgemeine Fehlerfortpflanzungsgesetz an, so folgt zunächst (7-58). Bei großen Datenzahlen soll von einer Normalverteilung ausgegangen werden. Damit gilt (7-58) auch für eine durch eine Irrtumswahrscheinlichkeit α definierte Schranke z_α (7-59).

$$y = u + v \tag{7-57}$$

$$\operatorname{var}(y) = \operatorname{var}(u) + \operatorname{var}(v) \tag{7-58}$$

$$z_\alpha^2 \operatorname{var}(y) = z_\alpha^2 \operatorname{var}(u) + z_\alpha^2 \operatorname{var}(v) \tag{7-59}$$

Geht man zu kleineren Datenzahlen über, so ist anstelle von der Normalverteilung von einer t-Verteilung auszugehen. Der Zusammenhang zwischen den

Grenzen (Signifikanzschranken) beider Verteilungen ist durch Gl. (7-60) gegeben [Sachs (1984) S. 127], d.h. es gilt ebenso (7-61) bzw. die Auflösung (7-62).

$$t_{\alpha,f} = \frac{z_\alpha}{\sqrt{\frac{\chi_f^2}{f}}} \tag{7-60}$$

$$t_{\alpha,f}^2 = \frac{z_\alpha^2 f}{\chi_f^2} \tag{7-61}$$

$$z_\alpha^2 = \frac{t_{\alpha,f}^2 \chi_f^2}{f} \tag{7-62}$$

Setzt man (7-62) in (7-59) ein, so resultiert zunächst (7-63).

$$\frac{t_{\alpha,y}^2 \chi_{f_y}^2}{f_y} \operatorname{var}(y) = \frac{t_{\alpha,u}^2 \chi_{f_u}^2}{f_u} \operatorname{var}(u) + \frac{t_{\alpha,v}^2 \chi_{f_v}^2}{f_v} \operatorname{var}(v) \tag{7-63}$$

Zwischen der geschätzten Varianz var(y) und dem wahren Streuungsmaß σ_y^2 besteht der Zusammenhang (7-64) [Sachs (1984) S. 128]. Damit folgt aber aus (7-63) die Gleichung (7-65).

$$\frac{\chi_{f_y}^2}{f_y} = \frac{\operatorname{var}(y)}{\sigma_y^2} \tag{7-64}$$

$$t_{\alpha,y}^2 \frac{\operatorname{var}^2(y)}{\sigma_y^2} = t_{\alpha,u}^2 \frac{\operatorname{var}^2(u)}{\sigma_u^2} + t_{\alpha,v}^2 \frac{\operatorname{var}^2(v)}{\sigma_v^2} \tag{7-65}$$

Liegen keine systematischen Fehler vor oder treten sonst keine signifikanten zusätzlichen statistischen Fehler auf, so sollte var(y) ein Punktschätzer für das wahre Streuungsmaß σ_y^2 sein. Somit vereinfacht sich für „gute" Daten Gl. (7-65) zu Gleichung (7-55). Damit entspricht dieser Ansatz im Ergebnis der oben gebrachten geometrischen Deutung.

$$\sigma_u^2 \approx \operatorname{var}(u)$$

$$\sigma_v^2 \approx \operatorname{var}(v)$$

$$t_{\alpha,y}^2 \operatorname{var}(y) = t_{\alpha,u}^2 \operatorname{var}(u) + t_{\alpha,v}^2 \operatorname{var}(v) \tag{7-55}$$

$$t_{\alpha,y} = \sqrt{\frac{t_{\alpha,u}^2 \operatorname{var}(u) + t_{\alpha,v}^2 \operatorname{var}(v)}{\operatorname{var}(u) + \operatorname{var}(v)}} \tag{7-66}$$

Es sei nich verschwiegen, daß „wunde Punkt" dieser Ableitung in Gl. (6-36) mit der Annahme $\operatorname{var}(y) \approx \sigma_y^2$ bei guten Daten liegt, da der Quotient $\chi_{f_y}^2/f_y$ erst für große Datenzahlen gegen 1 konvergiert, da var(y) kein besonders erwartungstreuer Punktschätzer für das wahre Streuungsmaß σ_y^2 ist.

Auch für diesen Fall lassen sich Konvergenzbetrachtungen anstellen. Für den Fall var(u) = var(v) vereinfacht sich (6-43) zu Gl. (7-67). Für dominierende

Datenzahlen eines Datenvektors strebt diese Gleichung dem Grenzwert (7-68) zu, d.h. anstelle eines t-Faktors steht z_α.

$$t_{\alpha,y} = \sqrt{\frac{t_{\alpha,u}^2 + t_{\alpha,v}^2}{2}} \quad \text{für var(u)} = \text{var(v)} \tag{7-67}$$

$$t_{\alpha,y} \rightarrow \sqrt{\frac{t_{\alpha,u}^2 + z_\alpha^2}{2}} \quad \text{für } n_v \gg n_u \tag{7-68}$$

Führt man wiederum wie im vorangegangenen Diskussionsbeispiel die Beziehung $\text{var(v)} = k\,\text{var(u)}$ ein, so vereinfacht sich (7-66) zu Gl. (7-69). Für $n_u \gg n_v$ strebt (7-69) gegen den Grenzwert (7-70) und für $n_v \gg n_u$ gegen (7-71).

$$t_{\alpha,y} = \sqrt{\frac{t_{\alpha,u}^2 + k\,t_{\alpha,v}^2}{1+k}} \tag{7-69}$$

$$t_{\alpha,y} \rightarrow \sqrt{\frac{z_\alpha^2 + k\,t_{\alpha,v}^2}{1+k}} \quad \text{für } n_u \gg n_v \tag{7-70}$$

$$t_{\alpha,y} \rightarrow \sqrt{\frac{t_{\alpha,u}^2 + k\,z_\alpha^2}{1+k}} \quad \text{für } n_v \gg n_u \tag{7-71}$$

Die Tabellen 8 und 9 enthalten Werte für $t_{\alpha,y}$ in Abhängigkeit von n_u, n_v und k für $2\alpha/2 = 0{,}1$. Die Grenzwerte sind jeweils in der letzten Zeile der beiden Tabellen ausgewiesen.

Auch hier läßt sich die Breite b der Vertrauensbereiches angeben. Bekannt ist zunächst $t_{\alpha,f}$. Hieraus läßt sich die Größe f_y berechnen. Damit ergibt sich die halbe Breite zu (7-72).

$$b = t_{\alpha,y}\sqrt{\frac{1}{n_u} + \frac{t}{n_v}} \tag{7-72}$$

Tabelle 8. Berechneter t-Faktor nach Gl. (7-67) für verschiedene n_u und n_v und der Voraussetzung $\text{var(v)} = \text{var(u)}$

n_v \ n_u:	2	3	4	5	6	$n_u \gg n_v$
2	6,314	4,919	4,765	4,712	4,687	4,614
3	4,919	2,920	2,652	2,557	2,509	2,370
4	4,765	2,652	2,353	2,245	2,191	2,030
5	4,712	2,557	2,245	2,132	2,074	1,904
6	4,687	2,509	2,191	2,074	2,015	1,839
7	4,671	2,480	2,158	2,040	1,979	1,800
8	4,661	2,461	2,136	2,017	1,956	1,775
9	4,654	2,448	2,121	2,001	1,939	1,756
10	4,649	2,438	2,109	1,988	1,926	1,742
11	4,465	2,430	2,100	1,978	1,916	1,731
12	4,642	2,424	2,093	1,971	1,909	1,722
$n_v \gg n_u$	4,614	2,370	2,030	1,904	1,839	

Tabelle 9. Berechneter t-Faktor nach Gl. (7-67) für verschiedene n_u und n_v und der Voraussetzung var(v) = 4 var(u)

n_v \ n_u:	2	3	4	5	6	$n_u \gg n_v$
2	6,314	5,796	5,745	5,727	5,719	5,678
3	3,846	2,910	2,816	2,780	2,763	2,707
4	3,522	2,477	2,353	2,310	2,289	2,285
5	3,407	2,311	2,178	2,132	2,109	2,084
6	3,350	2,226	2,087	2,039	2,015	1,977
7	3,316	2,174	2,032	1,982	1,958	1,912
8	3,293	2,140	1,995	1,945	1,920	1,869
9	3,277	2,115	1,969	1,917	1,892	1,837
10	3,265	2,096	1,948	1,897	1,871	1,813
11	3,256	2,081	1,932	1,880	1,854	1,794
12	3,249	2,070	1,920	1,868	1,842	1,780
$n_v \gg n_u$	3,184	1,967	1,809	1,753	1,725	

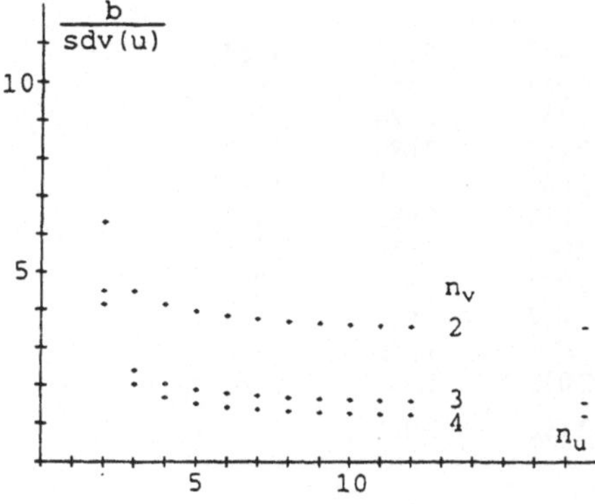

Abb. 13. Abhängigkeit der halben Breite des Vertrauensbereiches von den Datenzahlen für var(v) = var(u)

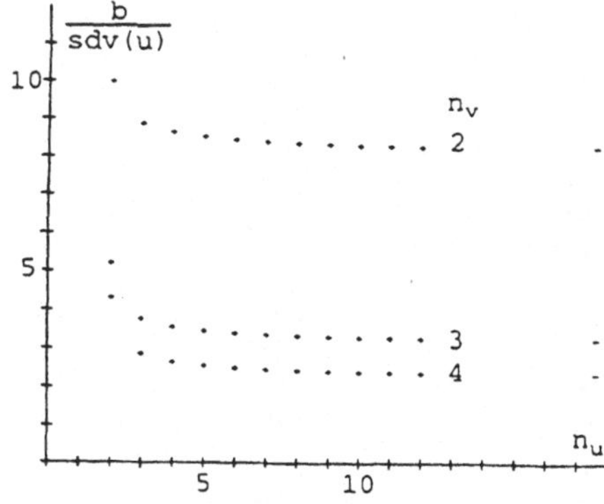

Abb. 14. Abhängigkeit der halben Breite des Vertrauensbereiches von den Datenzahlen für var(v) = 4 var(u)

Prinzipiell könnte man anstelle von Gl. (7-57) auch von Gl. (7-73) ausgehen.

$$y = u + v \tag{7-57}$$

$$\bar{y} = \bar{u} + \bar{v} \tag{7-73}$$

Bei diesem Ansatz ändert sich (7-55) in Gl. (7-74) bzw. (7-75), wenn man die Herleitung ganz entsprechend durchführt.

$$t_{\alpha,y}^2 \operatorname{var}(\bar{y}) = t_{\alpha,u}^2 \operatorname{var}(\bar{u}) + t_{\alpha,v}^2 \operatorname{var}(\bar{v}) \tag{7-55}$$

$$t_{\alpha,y} = \sqrt{\frac{t_{\alpha,u}^2 \operatorname{var}(\bar{u}) + t_{\alpha,v}^2 \operatorname{var}(\bar{v})}{\operatorname{var}(\bar{u}) + \operatorname{var}(\bar{v})}} \tag{7-74}$$

$$t_{\alpha,\bar{y}} = \sqrt{\frac{n_v t_{\alpha,u}^2 + n_u k t_{\alpha,v}^2}{n_v + k n_u}} \tag{7-75}$$

Tabelle 10. Berechneter t-Faktor nach Gl. (7-75) für verschiedene n_u und n_v und der Voraussetzung var(v) = var(u)

n_v \ n_u:	2	3	4	5	6	$n_u \gg n_v$
2	6,314	5,228	5,331	5,457	5,560	6,314
3	*5,228*	2,920	2,692	2,652	2,653	2,920
4	5,331	2,692	2,353	2,257	2,224	2,353
5	5,457	*2,652*	2,257	2,132	2,080	2,132
6	5,560	2,653	2,224	2,080	2,015	2,015
7	5,643	2,665	2,213	2,055	1,982	1,943
8	5,711	2,680	*2,211*	2,044	1,964	1,895
9	5,766	2,694	2,213	2,039	1,954	1,860
10	5,812	2,709	2,217	2,037	1,949	1,833
11	5,851	2,271	2,222	*2,037*	1,946	1,812
12	5,885	2,732	2,227	2,039	1,945	1,796
$n_v \gg n_u$	6,314	2,920	2,352	2,132	2,015	

Tabelle 11. Berechneter t-Faktor nach Gl. (7-75) für verschiedene n_u und n_v und der Voraussetzung var(v) = 4 var(u)

n_v \ n_u:	2	3	4	5	6	$n_u \gg n_v$
2	6,314	5,949	6,004	6,054	6,092	6,314
3	4,132	2,920	2,838	2,830	2,834	2,920
4	*4,121*	2,507	2,353	2,318	2,308	2,353
5	4,258	2,391	2,187	2,132	2,112	2,132
6	4,405	2,356	2,113	2,043	2,015	2,015
7	4,541	*2,351*	2,076	1,994	1,959	1,943
8	4,661	2,359	2,059	1,966	1,926	1,895
9	4,768	2,373	2,051	1,948	1,904	1,860
10	4,862	2,389	*2,049*	1,938	1,888	1,833
11	4,946	2,406	2,050	1,932	1,878	1,812
12	5,021	2,424	2,053	*1,929*	1,872	1,796
$n_v \gg n_u$	6,314	2,920	2,353	2,132	2,015	

In diesem Falle ergeben sich jedoch ganz andere Grenzwerte, da mit sehr großem n wegen der Division durch n die Varianz der Mittelwerte var($\bar{u}$) bzw. var($\bar{v}$) gegen 0 läuft. Somit strebt für sehr große n_u der Wert für $t_{\alpha,y}$ gegen $t_{\alpha,u}$ und für sehr große n_v läuft $t_{\alpha,v}$ gegen $t_{\alpha,u}$.

Die Tabellen 10 & 11 enthalten die nach in diesem Modell errechneten Werte für $t_{\alpha,y}$ für verschiedene n_u, n_v und k für $2\alpha/2 = 0{,}1$ einschließlich der berechneten Grenzwerte. Die Abbildungen enthalten die halbe Breite des Vertrauensbereiches.

7.6 Diskussion und Beispielrechnung

Es wurden vier Modelle zur Berechnung des Vertrauensbereiches von Ergebnissen der Verrechnung und nicht Vereinigung von Analysenergebnissen vorgestellt und begründet. Alle vier Modelle basieren auf einer bestimmten „Philosophie“. Dies ist das typische Vorgehen in der Statistik. Es gibt mehrere statistische Tests auf Vorliegen einer geschätzten Normalverteilung oder auf Trendfreiheit der Daten, die unterschiedliche Grundlagen nutzen. Hier wurden unterschiediche Grundlagen genutzt, Aussagen über den Vertrauensbereich zu machen. Auffälligster Unterschied sind die jeweiligen Grenzwerte für den Fall, daß einer der beiden Datenvektoren im Hinblick auf die Datenzahl wirklich dominiert. Aus diesem Grunde wurden die Grenzwertbetrachtungen jeweils mit angeführt.

Die Tabelle 12 enthält die nach den verschiedenen Modellen berechneten Vertrauensbereiche. Die verwendeten Gleichungen sind:

$$n_{eff} = \frac{n_u n_v [\mathrm{var}(u) + \mathrm{var}(v)]}{n_v \,\mathrm{var}(u) + n_u \,\mathrm{var}(v)} \tag{7-40}$$

$$f_d = \frac{f_u f_v [\mathrm{var}(\bar{u}) + \mathrm{var}(\bar{v})]^2}{f_v \,\mathrm{var}(\bar{u})^2 + f_u \,\mathrm{var}(\bar{v})^2} \tag{7-24}$$

Tabelle 12. Bestimmung eines Ions mit Hilfe einer ionensensitiven Elektrode unter Berücksichtigung eines Blindwertes (Daten vgl. Tabelle).

y_m	y_b
$\bar{y}_m = 126{,}38$ mV	$\bar{y}_b = 210{,}34$ mV
$\mathrm{sdv}(y_m) = 3{,}30$ mV	$\mathrm{sdv}(y_b) = 4{,}61$ mV
$\mathrm{sdv}(\bar{y}_m) = 1{,}65$ mV	$\mathrm{sdv}(\bar{y}_b) = 1{,}63$ mV
$n_m = 4$	$n_b = 8$
$\bar{y}_a = \bar{y}_m - \bar{y}_b$	
$\bar{y}_a = -83{,}96$ mV	
$\mathrm{sdv}(\bar{y}_a) = 2{,}32$ mV	
n_{eff}: $\mathrm{cnf}(\bar{y}_a) = -83{,}96 \pm 4{,}67$ mV	$n_{eff} = 5{,}98$
f_d: $\mathrm{cnf}(\bar{y}_a) = -83{,}96 \pm 4{,}29$ mV	$f_d = 8{,}31$
$t_{\alpha,y}$: $\mathrm{cnf}(\bar{y}_a) = -83{,}96 \pm 4{,}78$ mV	$t_{\alpha,f} = 2{,}06$
$t_{\alpha,\bar{y}}$: $\mathrm{cnf}(\bar{y}_a) = -83{,}96 \pm 4{,}96$ mV	$t_{\alpha,f} = 2{,}14$

$$t_{\alpha,y} = \sqrt{\frac{t^2_{\alpha,u}\,\mathrm{var}(u) + t^2_{\alpha,v}\,\mathrm{var}(v)}{\mathrm{var}(y)}} \qquad (7\text{-}56)$$

$$t_{\alpha,\bar{y}} = \sqrt{\frac{n_v t^2_{\alpha,u} + n_u k t^2_{\alpha,v}}{n_v + k n_u}} \qquad (7\text{-}75)$$

Bedenkt man, daß alle vier Modelle, die nicht erwartungstreuen Schätzer var( ) für das jeweilige wahre Streuungsmaß σ^2 in unterschiedlicher Weiterrechnung verwenden, so ist es eigentlich erstaunlich, wie gut die Übereinstimmung der Modelle über die effektive Datenzahl and über die – zugegebenermaßen unkonventionelle – Verwendung von zwei t-Faktoren ist. Lediglich die Übertragung der Berechnung der Freiheitsgrade nach Welch (1937) weicht erwartungsgemäß etwas stärker ab und ist nicht so konservativ wie die anderen Modelle.

8 Verrechnen von Datenvektoren: Multiplikation/Division

Es wurde die durchschnittliche Leistungsaufnahme eines elektronischen Bauteils während des Betriebes vermessen. Während die hier angelegt Spannung U nur geringfügig schwankte, war der Strom I je nach zufälligem Betriebszustand größeren Schwankungen unterworfen. Die Meßwerte für Strom und Spannung U_i und I_i werden von einem geeigneten Meßgerät gleichzeitig gemessen und unmittelbar in die jeweilige Leistung W_i (8-1) umgerechnet. Die Daten mit der statistischen Auswertung sind in Tabelle 13 aufgelistet.

$$W_i = U_i I_i \qquad (8\text{-}1)$$

Tabelle 13. Leistungsaufnahme einer elektronischen Baugruppe und statistische Auswertung

i	U_i [V]	I_i [mA]	W_i [W]
1	9,84	104,0	1,04336
2	9,99	106,2	1,06094
3	10,03	110,4	1,10731
4	9,90	103,1	1,02069
5	10,12	115,6	1,16987
6	9,88	104,6	1,03345
7	9,96	104,0	1,03584
8	10,00	110,7	1,07000
			$\bar{W} = 1{,}0698$ W
			$\mathrm{sdv}(W) = 0{,}0534$ W
			$\mathrm{relsdv}(W) = 0{,}0490\,[-]$
			$\mathrm{cnf}(W) = 1{,}0698 \pm 0{,}0357$ W

Der Vertrauensbereich des Mittelwertes cnf($\bar{y}$) (8-2) bzw (8-3) gibt an, innerhalb welcher Grenzen der wahre Wert μ_y liegt (8-4), wenn systematische Fehler ausgeschlossen werden können.

$$\mathrm{cnf}(\bar{y}) = \bar{y} \pm t_{\alpha,n-1}\,\mathrm{sdv}(\bar{y}) \tag{8-2}$$

$$\mathrm{cnf}(\bar{y}) = \bar{y} \pm t_{\alpha,n-1}\frac{\mathrm{sdv}(y)}{\sqrt{n}} \tag{8-3}$$

$$\bar{y} - t_{\alpha,n-1} < \mu_y + t_{\alpha,n-1}\,\mathrm{sdv}(\bar{y}) \tag{8-4}$$

Verbleibt man bei demselben Datensatz, so läßt sich $\bar{W}$ nach Gl. (8-5) berechnen.

$$\bar{W} = \bar{U}\,\bar{I} \tag{8-5}$$

Wendet man auf (8-5) das allgemeine Fehlerfortpflanzungsgesetz nach Gauss an, so ergibt sich die geschätzte Varianz var($\bar{W}$) über (8-6) nach Gl. (8-7) aus den beiden geschätzten Varianzen var(U) und var(I).

$$\mathrm{var}(\bar{W}) = \left(\frac{\partial\bar{W}}{\partial\bar{U}}\right)^2 \mathrm{var}(\bar{U}) + \left(\frac{\partial\bar{W}}{\partial\bar{I}}\right)^2 \mathrm{var}(\bar{I}) \tag{8-6}$$

$$\mathrm{var}(\bar{W}) = \bar{I}^2\,\mathrm{var}(\bar{U}) + \bar{U}^2\,\mathrm{var}(\bar{I}) \tag{8-7}$$

$$\mathrm{var}(\bar{W}) = \bar{I}^2\frac{\mathrm{var}(U)}{n_U} + \bar{U}^2\frac{\mathrm{var}(I)}{n_I} \tag{8-8}$$

$$\mathrm{sdv}(\bar{W}) = \sqrt{\bar{I}^2\frac{\mathrm{var}(U)}{n_U} + \bar{U}^2\frac{\mathrm{var}(I)}{n_I}} \tag{8-9}$$

Bei diesem Beispiel ist es ganz selbstverständlich, daß aus einem Datenvektor in der Dimension einer Spannung auf $f_U = 7$ Freiheitsgraden durch Verrechnen mit einem Datenvektor in der Dimension einer Stromstärke mit $f_I = 7$ Freiheitsgrade ein Ergebnis in der Dimension einer Leistung mit $f_U = 7$ Freiheitsgraden resultiert. Die Anzahl der Freiheitsgrade kann niemals 14 oder gar 15 betragen!

Ähnliches gilt ganz allgemein für die Berechnung eines analytischen Ergebnisses über eine Multiplikation oder Division. Ohne Beschränkung der Allgemeinheit kann man folglich von (8-10) ausgehen.

$$\mathrm{var}(r) = \sum k_p\,\mathrm{var}(\bar{p}) \tag{8-10}$$

Damit gelten alle im Kapitel Verrechnen von Datenvektoren: Addition/Subtraktion angegebenen Formeln mit geringfügigen Änderungen.

$$n_{eff} = \frac{n_u n_v[k_u\,\mathrm{var}(u) + k_v\,\mathrm{var}(v)]}{n_v k_u\,\mathrm{var}(u) + n_u k_v\,\mathrm{var}(v)} \tag{8-11}$$

$$f_d = \frac{f_u f_v[k_u\,\mathrm{var}(\bar{u}) + k_v\,\mathrm{var}(\bar{v})]^2}{f_v k_u\,\mathrm{var}(\bar{u})^2 + f_u k_v\,\mathrm{var}(\bar{v})^2} \tag{8-12}$$

$$t_{\alpha,y} = \sqrt{\frac{t^2_{\alpha,u} k_u \operatorname{var}(u) + t^2_{\alpha,v} k_v \operatorname{var}(v)}{\operatorname{var}(y)}} \tag{8-13}$$

$$t_{\alpha,y} = \sqrt{\frac{n_v k_u t^2_{\alpha,u} + n_u k_v t^2_{\alpha,v}}{k_u n_v + k_v n_u}} \tag{8-14}$$

9 Verrechnen von Datenvektoren: Kalibrierung

9.1 Einführung

Zum besseren Verständnis sei ausdrücklich noch einmal auf das Kapitel Grundgesamtheiten und Stichproben verwiesen.

Bei einer Kalibrierung werden in einem Kalibrierexperiment aus einer von x abhängigen Stichprobe von x abhängige Meßwerte gewommen. Es entsteht eine von x abhängige zweidimensionale Stichprobe $y_c(x)$. Aus dieser Stichprobe wird die Kalibrierfunktion $\hat{y}(x)$ berechnet. Diese ist im einfachsten Fall der üblichen linearen Regression durch die statistisch definierte Geradengleichung mit den Regressionskoeffizienten a_1 und $\bar{y}_c$ sowie den per definitionem fehlerfreien Term $\bar{x}_c$ sowie das geschätzte Streuungsmaß beschreibbar.

Bei der Analysenmessung muß nun eine Stichprobe von Meßdaten y_a, die zunächst zu einem unbekannten Wert x_a in der Zustandsgröße gehört, zu einem Analysenergebnis mit der Kalibrierfunktion verrechnet werden. Hierzu wird die Umkehrfunktion – im weiteren als Analysenfunktion bezeichnet – herangezogen. Die Koeffizienten a_1 und $\bar{y}_c$ sind bei der Kalibrierfunktion und Analysenfunktion selbstverständlich mit allen Konsequenzen identisch.

Diese Vorgehensweise ist ein ganz üblicher Weg in der Mathematik. Kennt man einen Winkel α, so errechnet sich die Steigung als $\tan(\alpha)$, kennt man eine Mantisse (z.B. Aktivität des H_3O^+-Ions), so errechnet sich der Logarithmus zu $-\log(a)$. Kennt man eine Steigung a_1, so errechnet sich der zugehörige Winkel α aus der Umkehrfunktion $\operatorname{atan}(a_1)$, kennt man einen pH-Wert, so errechnet sich die zugehörige Aktivität aus der Umkehrfunktion 10^(−pH).

9.2 Kalibrierfunktion

Grundlage eines Kalibrierexperimentes ist eine Stichprobe der Kalibrierpunkte x_c aus denen durch Messungen die Daten der Stichproben y_c gewonnen werden und eine Kalibrierfunktion $\hat{y}(x)$ ermittelt wird, die letztlich einer Stichprobe $y_c(x)$ entspricht.

Als Kalibrierfunktion soll auf den einfachen Fall einer Kalibriergerade eingegangen werden. Als Ergebnis der Berechnung nach den Ansätzen der linearen Regression ergibt sich $\hat{y}(x)$ zu (9-1). Über die Fehlerfortpflanzungsrechnung läßt sich der Vertrauensbereich $\operatorname{cnf}\{\hat{y}(x)\}$ angeben (9-2).

$$\hat{y}(x) = \bar{y}_c + a_1(x - \bar{x}_c) \tag{9-1}$$

$$\mathrm{cnf}\{\hat{y}(x)\} = \hat{y}(x) \pm t_{\alpha,n-2}\,\mathrm{sdv}(y)\sqrt{\frac{1}{n_c} + \frac{(x - \bar{x}_c)^2}{S_{xx}}}\;. \tag{9-2}$$

Als Beispiel sei hier eine Kalibrierung angeführt. Die zugrundeliegenden Daten finden sich in Tabelle 14, das Ergebnis der linearen Regression in Tabelle 15. In Abb. 15 ist die resultierende Regressionsgerade mit ihrem Vertrauensbereich wiedergegeben.

Tabelle 14. Daten einer Kalibrierung

i	x_i	y_i	$\hat{y}_i$	Δy	rel Δy [%]
1	36,0	74,07	74,33	−0,26	−0,35
2	43,4	86,28	89,26	−2,98	−3,45
3	40,2	80,90	82,80	−1,90	−2,35
4	40,2	83,60	82,80	0,80	0,96
5	48,8	100,79	100,15	0,64	0,63
6	36,0	76,99	74,33	2,66	3,46
7	48,8	102,16	100,15	2,01	1,97
8	43,4	88,28	89,26	−0,98	−1,11

Tabelle 15. Ergebnisse der Kalibrierung

$\mathrm{sdv}(y_c) = 2{,}068$
$\mathrm{sdv}(\bar{y}_c) = 0{,}731$
$a_1 = 2{,}0176 \pm 0{,}1564$
$y[x = 0) = 1{,}69 \pm 12{,}87$
$r = 0{,}9824$
$r_u = 0{,}9257$

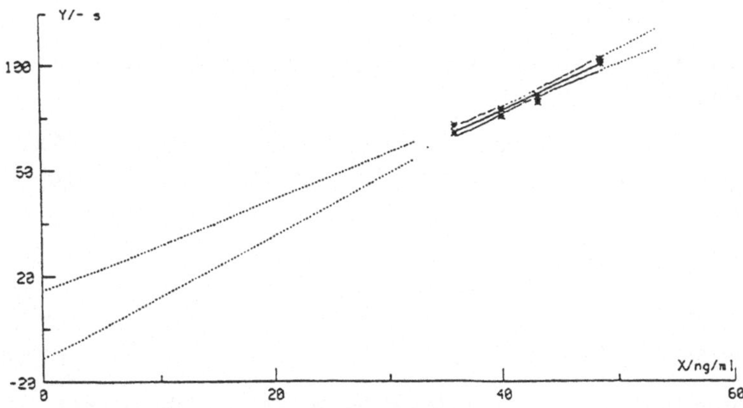

Abb. 15. Kalibriergerade mit Vertrauensbereich

In diesem Zusammenhang sei ausdrücklich auf den Vorhersagebereich hingewiesen. Der Vorhersagebereich (9-3) sagt aus, innerhalb welcher Grenzen eine weitere Stichprobe von Kalibrierdaten einer Kalibrierprobe mit dem Gehalt x_n liegt. Dabei ist es unerheblich, ob x_n ein bereits vermessener Kalibrierpunkt ist oder ein neuer.

$$\mathrm{prd}[\hat{y}(\bar{x}_n)] = \hat{y}[\bar{x}_n] \pm t_{\alpha,n_c-2}\,\mathrm{sdv}(y_c)\sqrt{\frac{1}{n_n}+\frac{1}{n_c}+\frac{(\bar{x}_n-\bar{x}_c)^2}{S_{xx}}} \tag{9-3}$$

Hierbei ist zu beachten, daß mit $\mathrm{sdv}(y_c)$ und n_c die entsprechenden Daten des vorangegangenen Kalibrierexperimentes bezeichnet sind. Der Vorhersagebereich ist ein wertvolles Hilfsmittel bei der Validierung von Kalibrierungen und bei der referenzbezogenen Richtigkeit.

Aus den Analysenstichproben **p** entstehen letztlich Meßwerte der Stichprobe $\mathbf{y}_a$ als Informationsgröße. Aus der Verrechnung der Stichprobe $\mathbf{y}_a$ mit der Stichprobe $\mathbf{y}_c(x)$ resultieren die Analysenergebnisse $\mathbf{x}_a$.

Somit gilt für die Stichprobe der Analysenmeßwerte die Definition (9-4) mit dem geschätzten Mittelwert $\bar{y}_a$ (9-5), dem geschätzten Streuungsmaß $\mathrm{var}(y_a)$ (9-6) und der Vertrauensbereich des Mittelwertes $\mathrm{cnf}(\bar{y}_a)$ Gl. (9-7).

$$\bar{y}_a \overset{\alpha}{=} N_t[\bar{y}_a, \mathrm{var}(y_a); n_a] \tag{9-4}$$

$$\bar{y}_a = \frac{1}{n_a}\sum y_{a,i} \tag{9-5}$$

$$\mathrm{var}(y_a) = \frac{\sum(y_{a,i}-\bar{y}_a)^2}{n_a-1} \tag{9-6}$$

$$\mathrm{cnf}(\bar{y}_a) = \bar{y}_a \pm t_{\alpha,n_a-1}\frac{\mathrm{sdv}(y_a)}{\sqrt{n_a}} \tag{9-7}$$

Eine Analysenstichprobe muß aus mindestens zwei Meßwerten bestehen, da sonst weder $\bar{y}_a$, $\mathrm{sdv}(y_a)$ noch $\mathrm{cnf}(\bar{y}_a)$ definiert sind.

Ein einzelner Meßwert sagt nur aus, daß gemessen wurde; jegliche weitere Aussagen sind unzulässig!

Innerhalb der oben angeführten Kalibrierung wurde eine Analyse als Dreifachbestimmung durchgeführt. Dabei ergibt sich aus den Daten (9-8) das Ergebnis (9-9) mit dem Vertrauensbereich (9-10).

$$\mathbf{y}_a = |89{,}46,\ 87{,}27,\ 87{,}55| \tag{9-8}$$

$$\bar{y}_a = 88{,}093 \pm 1{,}192 \tag{9-9}$$

$$\mathrm{cnf}(\bar{y}_a) = 88{,}093 \pm 2{,}010 \tag{9-10}$$

Berücksichtigt man lediglich die beiden ersten Werte, so ergibt sich mit dem Mittelwert $\bar{y}_a = 88{,}36 \pm 1{,}54$ wegen des wesentlich ungünstigeren t-Faktors ein

Vertrauensbereich von 88,36 ± 6,87, d.h. es tritt aufgrund der geringen Datenzahl eine sehr starke Aufweitung ein. Bei nur einer Analysenmessung ist kein Vertrauensbereich mehr definiert.

9.3 Analysenfunktion

Aus dem Mittelwert $\bar{y}_a$ läßt sich das Analysenergebnis $\bar{x}_a$ über die Analysenfunktion (9-11) berechnen (9-12).

$$\hat{x}_a(y) = \frac{\bar{y}_a - \bar{y}_c}{a_1} + \bar{x}_c \tag{9-11}$$

$$\bar{x}_a = \frac{\bar{y}_a - \bar{y}_c}{a_1} + \bar{x}_c \tag{9-12}$$

Die rein formale Auswertung über die Einzelergebnisse mit der üblichen Berechnung von Mittelwert und geschätzter Standardabweichung führt zu dem Ergebnis (9-13).

$$\bar{x}_a = 42{,}977 \pm 0{,}591 \tag{9-13}$$

Die Analysenfunktion ist mathematisch die Umkehrfunktion der Kalibrierfunktion und graphisch mit der Kalibrierfunktion identisch. Die Analysenfunktion enthält somit alle Information der Kalibrierfunktion, also a_1, $\bar{y}_c$, $\bar{x}_c$ und ebenso $\hat{y}[x = 0]$, also die übliche Schätzgröße a_0. Statistisch unterscheidet sich die Analysenfunktion von der Kalibrierfunktion dadurch, daß sie zusätzlich zu $\bar{y}_c$ und a_1 einen weiteren fehlerbehafteten Term – den Mittelwert $\bar{y}_a$ der Meßwerte der Analysenstichprobe y_a – enthält. Auch für die Analysenfunktion läßt sich zunächst ein Vertrauensbereich $\text{cnf}\{x_a(y)\}_c$ angeben, der lediglich auf der Streuung der Kalibriermessungen beruht (9-14), also die eigentliche Analysenmessung außer Betracht läßt. Im Gegensatz zum Vertrauensbereich der Kalibrierfunktion geht bei der Analysenfunktion die Empfindlichkeit a_1 ein. Der Vertrauensbereich der Analysenfunktion ist in der Dimension der Zustandsgröße definiert (Abb. 16).

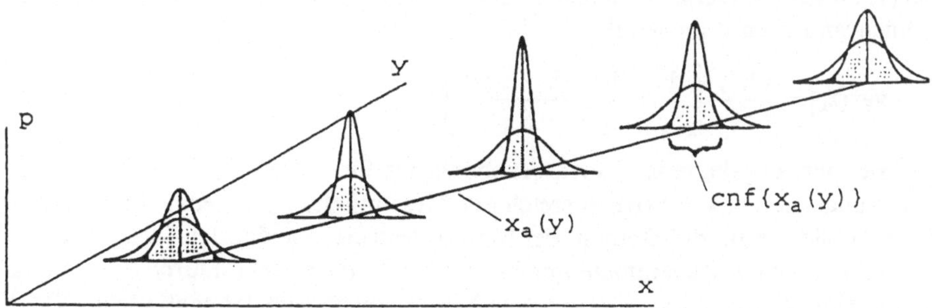

Abb. 16. Vertrauensbereich der Analysenfunktion als Umkehrfunktion der Kalibrierfunktion aus den Daten der Kalibrierung

$$\mathrm{cnf}\{x_a(x)\} = x_a(y) \pm t_{\alpha,n_c-2} \frac{\mathrm{sdv}(y_c)}{a_1} \sqrt{\frac{1}{n_c} + \frac{(x - \bar{x}_c)^2}{S_{xx}}} \tag{9-14}$$

9.4 Gesamtfehler

Für die geschätzte Varianz im Analysenergebnis $\mathrm{var}(\bar{x}_a)$ ergibt sich durch die Anwendung des allgemeinen Fehlerfortpflanzungsgesetzes auf Gl. (9-12) – also unter Berücksichtigung des Kalibrierexperimentes *und* der Analysenmessung – der Ausdruck (9-15) bzw. (9-16) und letztlich (9-17)

$$\mathrm{var}(\bar{x}_a) = \frac{1}{a_1^2}\left[\mathrm{var}(\bar{y}_a) + \mathrm{var}(\bar{y}_c) + \frac{(\bar{y}_a - \bar{y}_c)^2}{a_1^2}\mathrm{var}(a_1)\right] \tag{9-15}$$

$$\mathrm{var}(\bar{x}_a) = \frac{1}{a_1^2}\left[\mathrm{var}(\bar{y}_a) + \mathrm{var}(\bar{y}_c) + \frac{(\bar{x}_a - \bar{x}_c)^2\,\mathrm{var}(y)}{S_{xx}}\right] \tag{9-16}$$

$$\mathrm{var}(\bar{x}_a) = \frac{1}{a_1^2}\left[\frac{\mathrm{var}(y_a)}{n_a} + \mathrm{var}(y_c)\left\{\frac{1}{n_c} + \frac{(\bar{x}_a - \bar{x}_c)^2}{S_{xx}}\right\}\right] \tag{9-17}$$

In Gl. (9-17) ist bewußt zwischen $\mathrm{var}(y_a)$ und $\mathrm{var}(y_c)$ unterschieden worden. Zwar gilt in der Regel ab der Probenvorbereitung, daß die Varianzen gleich bzw. statistisch nicht unterscheidbar sein sollen. In $\mathrm{var}(y_a)$ gehen im Gegensatz zu $\mathrm{var}(y_c)$ noch die Inhomogenität der Urprobe, die Probenziehung, Probenteilung usw. als fehlerbehaftete Schritte ein, sodaß in der Regel $\mathrm{var}(y_a) > \mathrm{var}(y_c)$ sein wird. Die Analysenstichprobe y_a und die Kalibrierstichprobe $y_c(x)$ gehören nur bezüglich der eigentlichen Messung einer gemeinsamen Grundgesamtheit an. Die Meßdaten der Analysenstichprobe sind ein Datenvektor, die Meßdaten der Kalibrierstichprobe dagegen ein zweidimensionales Datenarray.

Selbstverständlich gelten alle Gleichungen auch für den Fall, daß bei der Aufarbeitung der Analysenprobe keine zusätzlichen Fehler auftreten, d.h. für den Fall $\mathrm{var}(y_c) \overset{\alpha}{=} \mathrm{var}(y_a)$. Man kann somit von einem für Kalibrierung und Analysenmessung gleichermaßen gültigen geschätzten Streuungsmaß $\mathrm{var}(y_c) \overset{\alpha}{=} \mathrm{var}(y_a) = \mathrm{var}(y)$ ausgehen. Damit vereinfacht sich (9-16) zu (9-18). Alle weiteren Betrachtungen sind ebenso anwendbar.

$$\mathrm{var}(\bar{x}_a) = \frac{\mathrm{var}(y)}{a_1^2}\left[\frac{1}{n_a} + \frac{1}{n_c} + \frac{(\bar{x}_a - \bar{x}_c)^2}{S_{xx}}\right] \tag{9-18}$$

Bei der Angabe eines Vertrauensbereiches für das Analysenergebnis muß man zunächst den Vertrauensbereich der Messung der Analysenstichprobe und seine Abbildung aus der Domäne der Meßwerte in die Domäne der Zustandsgröße betrachten. Dieser Zusammenhang ist in Abb. 17 dargestellt. Durch Spiegelung an der Kalibrierfunktion wird aus dem Vertrauensbereich der Meßwerte $\mathrm{cnf}(\bar{y}_a)$ der auf der Messung basierende Anteil des Vertrauensbereiches $\mathrm{cnf}(\bar{x}_a)_m$ (9-19) in der Dimension der Zustandsgröße (9-20).

$$\mathrm{cnf}(\bar{x}_a)_m = \frac{\mathrm{cnf}(\bar{y}_a)}{\alpha_1} \tag{9-19}$$

$$\mathrm{cnf}(\bar{x}_a)_m = \bar{x}_a \pm t_{\alpha,n_a-1}\frac{\mathrm{sdv}(y_a)}{n_a\alpha_1} \tag{9-20}$$

Hierbei ist zu beachten, daß die Kalibrier- bzw. Analysenfunktion im Hinblick auf die beiden Regressionskoeffizienten $\bar{y}_c$ und a_1 als fehlerfrei angesehen wird, d.h. Abb. 17 gilt für den Fall $\varphi(x) = \mu_y\alpha_1(x - \mu_x)$ bzw. $\varphi(x) = \alpha_0 + \alpha_1 x$. Die Verwendung von α_1 anstelle von a_1 in Gl. (9-19) soll verdeutlichen, daß mit der – real nicht bekannten – wahren Kalibrierfunktion gerechnet wurde. Es ist somit eindeutig eine Breite des Vertrauensbereiches in der Dimension der Zustandsgröße anzugeben, dessen Wert unmittelbar auf der Breite in der Signaldomäne basiert. Deutlich wird in diesem Falle, daß die Breite des Vertrauensbereiches in der Domäne der Zustandsgröße von der Empfindlichkeit abhängt. Im vorliegenden Falle ist $a_1 > 1$ und somit wird der Vertrauensbereich schmaler.

Für das gewählte Beispiel ergibt sich der lediglich auf der Analysenmessung basierende Vertrauensbereich zu (9-21). Zu demselben Ergebnis gelangt man, wenn man von der üblichen Rechnung mit dem Ergebnis (9-13) ausgeht.

$$\mathrm{cnf}(\bar{x}_a)_m = 42{,}977 \pm 0{,}966 \tag{9-21}$$

Geht man auch hier wiederum lediglich von den beiden ersten Daten der Analysenmessung aus, so ergibt sich $\mathrm{cnf}(\bar{x}_a)_m = 43{,}79 \pm 3{,}41$. Für einen Einzelwert ist $\mathrm{cnf}(\bar{x}_a)_m$ nicht definiert.

Die übliche Berechnung von Analysenergebnissen mit Mittelwert, Standardabweichung und Vertrauensbereich berücksichtigt nicht die Unsicherheit des Kalibrierexperimentes und ist somit schlichtweg falsch.

Genauso kann man nun eine zweite Aufweitung des Vertrauensbereiches, diesesmal durch die geschätzte Kalibierfunktion angeben. Gefunden sei der wahre Wert $\mu_{y,a}$, d.h. bei dieser Berechnung werden die Meßwerte als fehlerfrei angesehen. Durch die statistische Unsicherheit der Kalibrierfunktion – ausgedrückt als Vertrauensbereich in der Domäne der Zustandsgröße (9-14) – ergibt

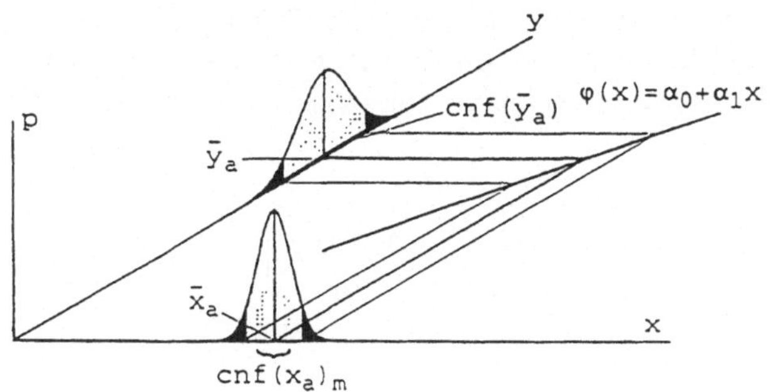

Abb. 17. Übertragung des Vertrauensbereiches aus der Signaldomäne in die Domäne der Zustandsgröße durch eine wahre Analysenfunktion

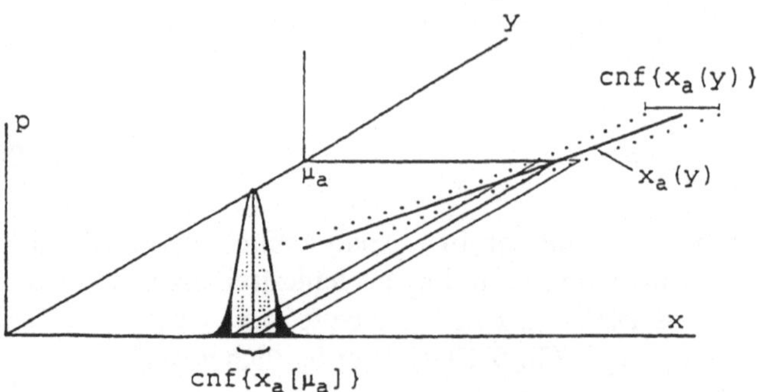

Abb. 18. Fehlerfortpflanzung für einen wahren Wert aus der Signaldomäne durch eine geschätzte Analysenfunktion

sich aus einem wahren Wert $\mu_{y,a}$ ein Vertrauensbereich in x_a (9-22), der lediglich auf der Kalibriermessung basiert. Dieser Sachverhalt ist in Abb. 18 wiedergegeben.

$$\mathrm{cnf}(\bar{x}_a)_c = \bar{x}_a \pm t_{\alpha,n_c-2} \frac{\mathrm{sdv}(y_c)}{a_1} \sqrt{\frac{1}{n_c} + \frac{(\mu_a - \bar{x}_c)^2}{S_{xx}}} \qquad (9\text{-}22)$$

Hier wird deutlich, daß ein wahrer Wert in der Signaldimension durch eine geschätzte Funktion bei der Umrechnung zu einem fehlerbehafteten Folgewert wird.

Für das gewählte Beispiel ergibt sich der lediglich auf dem Kalibrierexperiment basierende Vertrauensbereich zu (9-23).

$$\mathrm{cnf}(\bar{x}_a)_c = 42{,}977 \pm 0{,}699 \qquad (9\text{-}23)$$

Der in der Dimension der Zustandsgröße definierte Vertrauensbereich des Analysenergebnisses muß sich folglich aus den beiden Anteilen, dem der Analysenmessung und dem der Kalibrierung zusammensetzen. Insgesamt ergibt sich der Vertrauensbereich des Analysenergebnisses aus den beiden Ansätzen (9-20) und (9-22). Da der Ansatz (9-20) t_{α,n_a-1} und der andere Ansatz (9-22) dagegen t_{α,n_c-1} enthält, muß folglich der Gesamtansatz beide t-Faktoren enthalten. Daraus folgt aber wiederum, daß sich der Vertrauensbereich eines Analysenergebnisses $\mathrm{cnf}(\bar{x}_a)$ stochastisch unabhängig voneinander aus dem durch Messung und dem durch die Kalibrierung bedingten Anteil zusammensetzen muß. Damit ist der resultierende Vertrauensbereich größer als die beiden Anteile. Insgesamt gilt folglich für der Vertrauensbereich des Analysenergebnisses eines kalibrierungsbedürftigen Analysenverfahrens der Ansatz (9-24).

$$\mathrm{cnf}(\bar{x}_a) = \bar{x}_a \pm \frac{1}{a_1} \sqrt{\frac{t_a^2\,\mathrm{var}(y_a)}{n_a} + t_c^2\,\mathrm{var}(y_c)\left[\frac{1}{n_c} + \frac{(\bar{x}_a - \bar{x}_c)^2}{S_{xx}}\right]} \qquad (9\text{-}24)$$

mit $t_a = t_{\alpha,n_a-1}$

$t_c = t_{\alpha,n_c-2}$

Damit ergibt sich für das gewählte Beispiel der auf der Analysenmessung und dem Kalibrierexperiment basierende Vertrauensbereich nach Gl. (9-24) zu (9-25).

$$\mathrm{cnf}(\bar{x}_a) = 42{,}977 \pm 1{,}272 \tag{9-25}$$

Verringert man die Datenzahl auf $n_a = 2$ – es wird nur mit den beiden ersten Analysenmeßwerten gerechnet –, so erweitert sich der Vertrauensbereich wegen des relativ großen t-Faktors der Analysenmessung auf $\mathrm{cnf}(\bar{x}_a) = 43{,}79 \pm 3{,}49$.

Zugegebenermaßen ist ein Vertrauensbereich mit zwei Signifikanzschranken t_a und t_c ungewöhnlich. In diesem Zusammenhang sei nochmals darauf hingewiesen, daß die Meßwerte der Analysenstichprobe mit dem Ergebnis der Kalibrierung zum eigentlichen Analysenergebnis *verrechnet* werden und nicht zu einer Analysenstichprobe *vereinigt* werden. Es gibt kein Chimäre einer *„Anal-cal-"* oder *„Cal-anal-Stichprobe"*.

Selbstverständlich ist auch die Verwendung eines gewichteten harmonischen Mittels der Freiheitsgrade f_w denkbar. Es würde für die Fehlerfortpflanzung Gl. (9-26) gelten. Die Berechnung von f_w erfolgt über Gl. (9-27). Der Vertrauensbereich ist dann durch Gl. (9-28) definiert.

$$\mathrm{var}(\bar{x}_a) = \frac{1}{a_1^2}\left\{\frac{\mathrm{var}(y_a)}{n_a} + \mathrm{var}(\bar{y}_c)\left[\frac{1}{n_c} + \frac{(\bar{x}_a - \bar{x}_c)^2}{S_{xx}}\right]\right\} \tag{9-26}$$

$$f_w = \frac{f_A f_B[\mathrm{var}(y_A) + \mathrm{var}(y_B)]}{f_B\,\mathrm{var}(y_A) + f_A\,\mathrm{var}(y_B)} \tag{9-27}$$

$$\mathrm{cnf}\{x_a\} = \frac{t_{\alpha,f_w}}{a_1}\sqrt{\frac{\mathrm{var}(y_a)}{n_a} + \mathrm{var}(\bar{y}_c)\left[\frac{1}{n_c} + \frac{(\bar{x}_a - \bar{x}_c)^2}{S_{xx}}\right]} \tag{9-28}$$

Im Blickpunkt des Problems Stichprobe/Grundgesamtheit gilt: $\mathbf{y}_a$ und $\mathbf{y}_c$ sind Bestandteile von $\bar{\mathbf{y}}$, die zugrundeliegende Stichprobe $\mathbf{x}_a$ ist aus $\mathbf{x}_p$ entstanden und damit von $\bar{\mathbf{p}}$ abgeleitet. Die dem Datenarray $\mathbf{y}_c$ zugrundeliegende Stichprobe $\mathbf{x}_c$ ist dagegen aus $\mathbf{x}_s$ entstanden und damit von $\mathbf{s}$ abgeleitet.

Als letztes sei noch auf folgende Mißinterpretation hingewiesen: Aus n_c Meßdaten einer Kalibrierung entsteht eine Kalibrierfunktion $\hat{y}(x)$ und $n_c - 2$

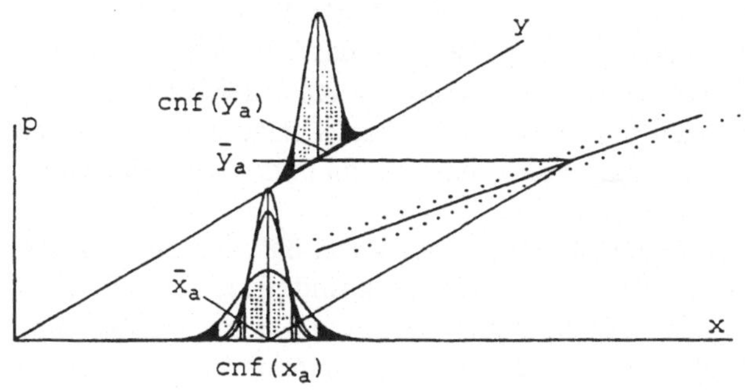

Abb. 19. Gesamtfehlerfortpflanzung und Vertrauensbereich einer Analysenmessung

Freiheitsgraden (richtig!). Es wird *eine* Analysenmessung y_a durchgeführt und das Ergebnis x_a berechnet. Der Vertrauensbereich ergibt sich dann zu (9-29) mit $n_a = 1$. Es würde sich dabei für die beiden ersten Daten des gewählten Beispiels mit $cnf(\bar{x}_a)_p = 43{,}79 \pm 1{,}55$ ein Vertrauensbereich ergeben, der gerade halb so breit ist wie der lediglich auf der Analysenmessung beruhende Anteil!

$$cnf\{x_a(y)\} = \bar{x}_a \pm t_{\alpha,n_c-2} \frac{sdv(y_c)}{a_1} \sqrt{\frac{1}{n_a} + \frac{1}{n_c} + \frac{(x_a - \bar{x}_c)^2}{S_{xx}}} \tag{9-29}$$

Diese Gleichung ist in jedem Falle falsch, da hier eine unzulässige Übertragung des Vorhersagebereiches der Kalibrierfunktion (9-30) auf der Analysenfunktion erfolgt ist.

$$prd\{\hat{y}(x)\} = \hat{y}(x) \pm t_{\alpha,n_c-2}\, sdv(y_c) \sqrt{\frac{1}{n_n} + \frac{1}{n_c} + \frac{(x - \bar{x}_{nc})^2}{S_{xx}}} \tag{9-30}$$

Der Vorhersagebereich gilt für n_n neue Kalibriermessungen *derselben* Stichprobe – also von aufgearbeiteten Kalibrierstandards (!) – an der Stelle x_n. Die Verwendung dieser Gleichung ist also vor allem deshalb nicht zulässig, weil hier aus einer Stichprobe y(x) eine Vorhersage auf eine Stichprobe x_a gemacht wird. Auch eine Vorhersage auf eine Stichprobe y_a ist nicht möglich, da $\bar{y}_a$ im gesamten Kalibrierbereich liegen kann.

10 Schlußbemerkung

Der Vertrauensbereich eines analytischen Ergebnisses gibt an, innerhalb welcher Grenzen zu einem gefunden Mittelwert $\bar{x}$ oder $\bar{y}$ – Achtung, es gibt folglich keinen Vertrauensbereich für einen Einzelwert – der wahre Wert μ_x oder μ_y liegt, wenn die Voraussetzung erfüllt ist, daß keine zusätzlichen systematischen Fehler das Ergebnis verfälschen. Werden zwei Stichproben – also z.B. ein Kalibrierexperiment mit n_c Daten und eine Analysenmessung mit n_a Daten – verrechnet, so muß ein angegebener Vertrauensbereich die Unsicherheit des Kalibrierexperimentes und der Analysenmessung einschließlich der jeweiligen zugehörigen Datenzahlen widerspiegeln. Eine statistische Angabe muß unbedingt alle Streuungsmaße enthalten und darf nicht dazu dienen, geschönte Werte wiederzugeben. Die Verwendung des sog. Standardfehlers anstelle der Standardabweichung und die Verwendung des Vorhersagebereiches anstelle des Vertrauensbereiches sind falsch verstandene Statistik oder grenzen, falls dies bewußt geschieht, an den Tatbestand der bewußten Verfälschung von Analysenergebnissen, da in diesem Falle Streuungsmaße bewußt geschönt werden.

Es sei abschließend noch einmal darauf hingewiesen, daß alle angeführten Gliederungen auch für den Fall $var(y_a) = var(y_c)$ gültig sind. Es gehen selbstverständlich alle Informationen des Kalibrierexperimentes in das Endergebnis ein. Allerdings gibt es keine Möglichkeit – auch bei gleicher oder statistisch nicht unterscheidbarer Varianz – für eine *Einzelmessung* einer Analysenprobe einen Vertrauensbereich anzugeben. Für eine Einzelmessung gibt es keine geschätzte Varianz und somit auch keine Möglichkeit einer Entscheidung, ob Varianzenhomogenität vorliegt. Eine Einzelmessung sagt nur aus, daß gemessen wurde, es sind keinerlei statistische Rückschlüsse und erst recht keine Validierung möglich.

Dank. Diese Arbeit entstand aus einer Reihe von Diskussionen im Arbeitskreis und in den von uns durchgeführten GDCh-Kursen Validierte Kalibrierung. Mein Dank gilt all denen, die dieses Problem erkannt und diskutiert haben. In die vorliegende Fassung gingen noch Anregungen der Herausgeber Dr. Huber und Prof. Dr. Danzer ein, für die ich mich ausdrücklich bedanken möchte, da diese Anmerkungen zur Klärung des vorliegenden und mit an Sicherheit grenzender Wahrscheinlichkeit nicht trivialen Problems der Vertrauensbereiche analytischer Ergebnisse beigetragen haben.

11 Abkürzungen und Symbole

Wahre Werte

α wahrer Koeffizient (Parameter)
α Irrtumswahrscheinlichkeit
μ wahrer Wert
φ wahre Funktion
σ^2 wahres Streuungsmmaß

Geschätzte Werte

$\bar{y}$ Mittelwert
sdv(y) geschätzte Standardabweichung
var(y) geschätzte Varianz
cnf($\bar{y}$) Vertrauensbereich eines Mittelwertes
T Statistische Testgröße (steht immer mit dem zugehörigen Index T_t, T_p)
V Statistische Vergleichsgröße

Geschätzte Funktionen

$\hat{y}(x)$ Kalibrierfunktion
$x_a(y)$ Analysenfunktion (Umkehrfunktion der Kalibrierfunktion)
var$\{\hat{y}(x)\}$ Varianzfunktion der Kalibrierfunktion
cnf$\{\hat{y}(x)\}$ Vertrauensbereich der Kalibrierfunktion
prd$\{\hat{y}(x)\}$ Vorhersagebereich der Kalibrierfunktion

Beschreibung von Datenvektoren

$\mathbf{p}, \mathbf{s}, \mathbf{x}, \mathbf{y}$ Stichproben
$\bar{\mathbf{p}}, \bar{\mathbf{s}}, \bar{\mathbf{x}}, \bar{\mathbf{y}}$ Grundgesamtheiten
Im statistischen Schrifttum finden sich zwei Schreibweisen für Grundgesamtheiten: In diesem Falle wäre dies π und $\bar{\mathbf{p}}$. Wegen der leichteren

Verknüpfbarkeit einer Stichprobe p wurde die Schreibweise $\bar{\bar{p}}$ bevorzugt. Hinzu kommt die Schwierigkeit, zu den Stichproben x und y entsprechende griechische Symbole zuzuordnen. Bei der Grundgesamtheit $\bar{\bar{s}}$ würde die Schreibweise σ leicht zu Verwechslungen Anlaß geben.

$N[\mu, \sigma^2]$ Normalverteilung
$N[\bar{y}, var(y)]$ geschätzte Normalverteilung bei sehr großen Datenzahlen
$N_t[\bar{y}, var(y); n]$ geschätzte t-Verteilung bei kleinen Datenzahlen

Mathematische Funktion

ln( ) natürlicher Logarithmus (Basis: e)
log( ) dekadischer Logarithmus (Basis: 10)
exp( ) Exponentialfunktion (Basis: e)
10^( ) Exponentialfunktion (Basis: 10)

Symbole

$=$ mathematisch gleich
$\stackrel{\alpha}{=}$ innerhalb der Irrtumswahrscheinlichkeit α statistisch nicht unterscheidbar
$\stackrel{\alpha}{\neq}$ innerhalb der Irrtumswahrscheinlichkeit α statistisch unterscheidbar

Variablen

x unabhängige Variable (Zustandsgröße)
y abhängige Variable (Signalgröße)
n Datenzahl
f Zahl der Freiheitsgrade
$t_{\alpha,f}$ Schranke der t-Verteilung
z_α Schranke der Standardnormalverteilung (z-Verteilung)
F_{α,f_1,f_2} Schranke der F-Verteilung

Indizes

a Analyse
b Blindwert
c Kalibrierung
i Laufindex in der Reihenfolge der Datengewinnung
j Laufindex einer geordneten Datenfolge
k Kalibrierpunkt, Klassierung
m Messung
s Standard

12 Literatur

Grundlagen der verwendeten Statistik finden sich in den gängigen Lehrbüchern der Statistik [Sachs (1984), Doerffel (1984), (1990), Hartung, Elpelt, Klösener (1982)].

Eine Publikation über die Bestimmungs- und Nachweisgrenze [Ebel, Kamm (1983)] wurde in Diskussionen, niemals aber in der Literatur, angegriffen, weil dort zwei t-Faktoren verwendet wurden. Als der Autor 1987 sich mit der Fehlerfortpflanzung als Basis des t-Testes auseinandersetzte, mußte er bei längerem Literaturstudium feststellen, daß der Ansatz von Welch (1937) fast identisch war. Es besteht somit der begründete Verdacht, daß bereits an anderer Stelle auch für das Problem des Vertrauensbereiches analytischer Ergebnisse ebenfalls ein ähnlicher Ansatz diskutiert wurde. Der Autor wäre deshalb für eventuelle Literaturhinweise sehr dankbar.

Behrens WV (1929) Landw Jahrb 68: 822
Doerffel K (1984): Statistik in der Analytischen Chemie; VCH Verlagsgesellschaft Weinheim
Doerffel K (1990): Statistik in der Analytischen Chemie; VEB Deutscher Verlag für Grundstoffindustrie, Leipzig
Ebel S, Kamm U (1983) Fresenius Z Anal Chem 316: 382–385
Ebel S, Ledermann M, Mümmler B (1989) Arch Pharmaz 323: 195–200
Ebel S (1990) unveröffentlichte Ergebnisse
Ebel S (1991) unveröffentlichte Ergebnisse
Ebel S (1987) unveröffentlichte Ergebnisse
Fisher RA (1936) Ann Eugen 6(4): 396
Hartung J, Elpelt B, Klösener KH (1982): Statistik; Oldenbourg Verlag, München
Sachs L (1984): Angewandte Statistik; Springer Verlag, Berlin uaO
Welch BL (1936) Biometrika 29: 350–361
WsA Würzburger Skripten zur Analytik, Reihe 1 Statistik
(1992) 1.3 Datenvektoren
(1992) 1.4 Lineare Kalibrierfunktion
(1992) 1.8.3 Auswertung von Ringversuchen

Nachweis-, Erfassungs- und Bestimmungsgrenze

Walter Huber

Weimarerstr. 69, D-67071 Ludwigshafen

1 Einführung

Analysiert man Proben mit abnehmenden Gehalten des gesuchten Bestandteils (im Regelfall Konzentrationen), stößt man irgendwann einmal auf ein Ergebnis, dessen Interpretation nicht mehr eindeutig möglich ist. Das gefundene Signal ist so klein, daß man damit rechnen muß, es bei der Untersuchung *jeder* Probe zu finden, auch bei einer solchen, die den gesuchten Stoff gar nicht enthält.

Um ein fundierteres Ergebnis zu bekommen, muß man in möglichst direkter Weise das Probensignal mit dem Signal einer Probe vergleichen, die den gesuchten Stoff nicht enthält. Dabei genügt es nicht, nur den Reagentienblindwert zu messen. Es muß eine Probe analysiert werden, die der Analysenprobe in der Zusammensetzung möglichst ähnlich ist und die auch die gleiche Analysenprozedur durchlaufen hat. Andernfalls vergliche man Unvergleichbares.

Eine solche Probe heißt *Leerprobe.* Fällt ihr Meßsignal (*Leerwert*) gleichgroß oder sogar größer aus, als das Meßsignal der Analysenprobe, war der Nachweis natürlich negativ. Fällt es kleiner aus, ist eine einwandfreie Entscheidung noch nicht möglich: Da alle Signale Zufallsabweichungen enthalten, könnte die gefundene Signaldifferenz rein zufällig besonders groß ausgefallen sein und der Unterschied wäre vorgetäuscht.

Diese Unsicherheit kann zwar nicht völlig beseitigt, aber doch auf ein akzeptables Maß reduziert werden, wenn man für einen positiven Nachweis einen Mindestabstand zwischen dem Meßwert der Analysenprobe und dem Leerwert fordert. Zur Berechnung dieser Abstandsgröße müssen Annahmen über die Verteilung der Zufallsabweichungen der Meßwerte gemacht werden.

In den meisten Fällen akzeptabel ist die Annahme einer Normalverteilung. Die Gesamtzufallsabweichung wird fast immer durch das Zusammenwirken zahlreicher kleiner Einzelabweichungen hervorgerufen, weil eine Analysenprozedur aus vielen kleinen fehlerträchtigen Einzelschritten besteht. Unabhängig von der—unbekannten—Fehlerverteilung dieser Einzelschritte sorgt der zentrale Grenzwertsatz (die Fehlerverteilung eines Mittelwerts konvergiert mit wachsender Anzahl der Einzelwerte gegen die Normalverteilung) dafür, daß sich die Verteilung der Summe dieser Einzelabweichungen von der Normalverteilung nicht allzusehr unterscheidet. *Genau* kann die Übereinstimmung allerdings nicht sein: Bei der Normalverteilung ist prinzipiell jeder Wert möglich, wenn auch vielleicht mit sehr geringer Wahrscheinlichkeit. Analysenergebnisse können aber gewisse Schranken nach oben und unten niemals überschreiten, weil apparative Hemmnisse dem entgegenstehen.

Es gibt aber Ausnahmen vom Postulat der Normalverteilung, besonders bei sehr kleinen Signalen: Da negative Ergebnisse in der Regel aus apparativen Gründen unmöglich sind (s.o.), können die Ergebnisse frei nur nach oben streuen. Dadurch wird eine asymmetrische Verteilung erzwungen. Eine weitere Ausnahme ist ebenfalls nicht selten: Wegen unzureichender Auflösung des Meßgeräts ergibt sich zwangsläufig eine zu starke Rundung der Ergebnisse. Dadurch wird eine Anhäufung identischer Daten bewirkt, die mit den Anforderungen einer Normalverteilung nicht verträglich ist. Diese setzt nämlich ein Kontinuum voraus.

Das Problem ist, daß die verfügbare Anzahl von Analysenergebnissen fast niemals groß genug ist, um korrekt auf einen bestimmten Verteilungstyp schließen zu können. Dazu wären mindestens 50 Einzelergebnisse notwendig. Zur Ablehnung der Nullhypothese der Normalverteilung genügen zwar deutlich weniger Daten, aber auch 10 bis 20 dürften schon unrealistisch viel sein, Immerhin kann es sinnvoll sein, an Stelle der Normalverteilung die logarithmische Normalverteilung (besser: Normalverteilung der logarithmierten Werte) zu unterstellen, um die Asymmetrie der Verteilungskurve zu berücksichtigen. Als eine in den meisten Fällen befriedigende Kompromißlösung ergibt sich das Postulat einer Normalverteilung unter gleichzeitiger Anwendung einer hohen Anforderung an die tolerierte Irrtumswahrscheinlichkeit, um bei Abweichungen von den angenommenen Voraussetzungen kein zu großes Risiko einzugehen.

Bei gleichen Varianzen der Ergebnisse für Leer- und Analysenprobe (*Homoskedastizität*) läßt sich ein *Prognoseintervall* für den notwendigen Abstand zwischen Leerwert und Signalwert der Analysenprobe berechnen (*Leerwertmethode*). Wird dieser kritische Abstand eingehalten, besteht das Risiko, einen nicht vorhandenen Stoff irrtümlich trotzdem nachzuweisen und damit einen *Fehler 1. Art* zu begehen, nur noch in Höhe des zur Berechnung festgelegten *Signifikanzniveaus* α.

Damit besitzt man in der Größe eines bestimmten Meßwerts ein objektives Kriterium für den *qualitativen Nachweis*. Eine Kalibrierfunktion braucht dazu nicht bekannt zu sein, als Voraussetzung genügt der außer Homoskedastizität eine positive, stetige Korrelation zwischen Signalen und Gehalten im relevanten Bereich.

Den auf diese Weise gewonnenen *kritischen Wert der Meßgröße* Nachweisgrenze zu nennen, wäre aus heutiger Sicht nicht sinnvoll. Signale sind reine Rechengrößen innerhalb eines Laboratoriums und können mit den Daten anderer Laboratorien in keiner Weise verglichen werden. Sie sind auch völlig nichtssagend für den Außenstehenden. Möchte man ein anschauliches und vergleichbares Bild von der Leistungsfähigkeit eines Analysenverfahrens haben, muß der kritische Wert der Meßgröße auf einen Gehalt umgerechnet werden. Dazu muß die Kalibrierfunktion bekannt sein. Sie sollte linear sein, da andernfalls die Berechnung nicht auf solider Basis steht. Es ist nämlich eine Extrapolation notwendig, die bei nichtlinearen Funktionen nicht verläßlich ist. Außerdem ist es problematisch, die richtige nichtlineare Funktion zu finden, da die Auswahl theoretisch unbegrenzt ist (die häufige Anwendung einer allgemeinen Parabel für diesen Zweck ist ein zweifelhaftes Hilfsmittel).

Eine in der *Nähe der Nachweisgrenze* erstellte Kalibriergerade bietet eine zweite Möglichkeit zur Ermittlung des kritischen Werts der Signalgröße (*Kalibriergeradenmethode*) (vgl. Abb. 1) Dabei wird der Leerwert und dessen Prognoseintervall durch eine Extrapolation von Kalibriergerade und deren Prognosestreifen auf die Ordinate erhalten. Für die Korrektheit der Berechnung entscheidend ist auch hier wieder die Homoskedastizität innerhalb des Arbeitsbereichs einschließlich des Leerwerts.

Der aus dem kritischen Wert der Meßgröße mit Hilfe der Kalibrierfunktion errechnete Gehalt heißt *Nachweisgrenze*. Er ist die kleinste *gefundene* Gehalt, über den analytisch unter den gegebenen Bedingungen mit einer definierten Irrtumswahrscheinlichkeit noch eine Aussage möglich ist.

Die Entscheidung über den Nachweis ergibt sich somit a posteriori: Bei einer durchgeführten Analyse wurde die Nachweisgrenze überschritten oder auch nicht. Anstelle dieser nachträglichen Entscheidung wird aber häufig auch eine a priori-Entscheidung verlangt. Dabei wird gefragt, wie groß ein Gehalt sein muß, damit sich bei einer *durchzuführenden* Analyse ein Meßwert ergibt, der *mit hoher Wahrscheinlichkeit* über dem kritischen Wert der Meßgröße liegen wird und damit einen positiven Nachweis erzeugt.

Analysiert man Proben mit dem Gehalt der Nachweisgrenze, wird der Nachweis nur in 50% der Fälle geführt werden können, da bei symmetrischer Verteilung der Zufallsabweichungen die Hälfte der Ergebnisse unterhalb des kritischen Werts der Meßgröße zu erwarten ist. Damit wird ein *Fehler 2. Art*, also einen *vorhandenen* Bestandteil *nicht* zu finden, mit dieser Wahrscheinlichkeit eintreten (Signifikanzniveau $\beta = 0{,}5$). Da dies unbefriedigend ist, muß eine weitere Gehaltsgrenze, die *Erfassungsgrenze*, eingeführt werden. Sie ist doppelt so groß wie die Nachweisgrenze, sofern man für die Signifikanzniveaus α und β der Fehler 1. und 2. Art denselben Wert festlegt.

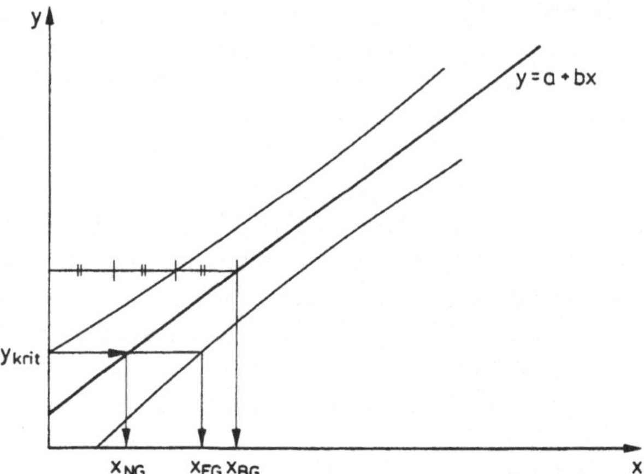

Abb. 1. Konstruktion von Nachweis-, Erfassungs- und Bestimmungsgrenze nach dem Kalibriergeradenverfahren. Auf der Abszisse sind die Gehalte (in der Regel Massenkonzentrationen), auf der Ordinate die gemessenen Signale aufgetragen. Bei einem Kalibrierversuch mit Gehalten in der Nähe der Nachweisgrenze wurde die eingezeichnete Kalibriergerade erhalten.
Zur Konstruktion der Nachweisgrenze geht man vom Schnittpunkt der oberen Prognosegrenze mit der Ordinate aus und erhält damit y_{krit}. Dieser Punkt wird an der Kalibriergerade auf die Abszisse gespiegelt. Daraus ergibt sich die Nachweisgrenze x_{NG}. Die Erfassungsgrenze x_{EG} entspricht unter Standardbedingungen einer Verdoppelung der Nachweisgrenze.
Davon unabhängig ist die Konstruktion der Bestimmungsgrenze x_{BG}: Ein Schnitt parallel zur Abszisse wird so plaziert, daß die sich ergebende Breite des Prognosebands k-mal in den Gehalt paßt, der durch die Lage des Schnitts festgelegt ist (auf der Zeichnung $k = 3$). Dieser Gehalt ist die Bestimmungsgrenze.
Bei der Leerwertmethode wird y_{krit} durch Mehrfachbestimmung der Leerprobe mit dem Gehalt Null direkt ermittelt.
Die Zeichnung ist zur besseren Übersichtlichkeit etwas vereinfacht. In Wirklichkeit gibt es *zwei* in geringem Abstand parallel zueinander verlaufende Prognosebänder, weil bei x_{NG} und x_{EG} die einseitige, bei x_{BG} die zweiseitige Fragestellung angewendet wird

Bei quantitativen Bestimmungen sehr kleiner Gehalte ist die relative Ergebnisunsicherheit, hervorgerufen durch unvermeidliche Zufallsabweichungen, sehr groß, Sie beträgt an der Nachweisgrenze genau 100% (bei einseitiger Fragestellung). Das ist unvermeidlich, weil die Nachweisgrenze der kleinste gefundene Gehalt ist, der sich vom Gehalt Null gerade noch signifikant unterscheidet (bei Nichtunterscheidbarkeit wäre der Nachweis negativ). Oder anders ausgedrückt, das Prognoseintervall einer Nachweisgrenze ist genau so groß wie sie selbst (s. Bild). Bei zweiseitiger Fragestellung, die für Analysenergebnisse üblich ist, liegt die relative Ergebnisunsicherheit sogar über 100%.

Man kann solche Gehalte zwar angeben, steht aber dann vor dem Problem der sehr geringen Präzision dieser Daten. Will man dies vermeiden, muß man einen Mindestgehalt festlegen, bei dem die relative Ergebnisunsicherheit einen definierten Wert nicht überschreitet. Als Definition für die relative Ergebnisunsicherheit wird der Quotient aus (zweiseitigem) Prognoseintervall und Gehalt angewendet. Er wird willkürlich auf einen akzeptabel erscheinenden Maximalwert auf der Basis eines definierten Signifikanzniveaus festgelegt. Die Festlegung einer maximalen relativen Standardabweichung – wie schon mehrfach vorgeschlagen – ist weniger geeignet, weil hierbei die Anzahl der Freiheitsgrade und damit das Signifikanzniveau unbekannt bleibt.

Der so berechnete Gehalt wird *Bestimmungsgrenze* genannt. Hierbei handelt es sich im Gegensatz zu Nachweis- und Erfassungsgrenze um eine aus Zweckmäßigkeitsgründen gewählte, willkürliche Definition. Sie ist der kleinste Gehalt, von dem ab *nach einer Übereinkunft* quantitative Ergebnisse angegeben werden dürfen. Sie kann im Prinzip jeden Wert oberhalb der Nachweisgrenze annehmen, sollte bei größeren Ansprüchen an dei Präzision der Ergebnisse allerdings deutlich größer sein als diese.

2 Mathematischer Teil

2.1 Definitionen

a_0	Ordinatenabschnitt der Kalibriergeraden
a_1	Steigung der Kalibriergeraden
m	Anzahl der Bestimmungen an der Analysenprobe
n	Anzahl der Kalibriermessungen oder Anzahl der Messungen bei der Bestimmung des Leerwerts
Q_x	Summe der Abweichungsquadrate von x bei der Kalibrierung $= \Sigma(x_i - \bar{x})^2$
s_L	Standardabweichung der Meßwerte der Leerprobe $= \sqrt{\Sigma(y_i - \bar{y}_L)^2/(n-1)}$
$s_{y.x}$	Reststandardabweichung der Meßwerte der Kalibrierung
$t_{f,\alpha}$	Tabellenwert der Quantile der t-Verteilung für f Freiheitsgrade und das Irrtumsrisiko (Signifikanzniveau) α
x_i	Gehaltsgrße
$\bar{x}$	Arithmetisches Mittel der Gehelte aller Kalibrierproben
x_{BG}	Bestimmungsgrenze
x_{EG}	Erfassungsgrenze
x_{NG}	Nachweisgrenze
y_i	Meßwert der Kalibrierprobe
y_{krit}	Kritischer Wert der Meßgröße
$\bar{y}_L$	Leerwert (arithmetisches Mittel der Meßwerte der Leerprobe) $= \Sigma y_i/n$

2.2 Kritischer Wert der Meßgröße

Mathematische Voraussetzungen: Die Meßwerte von Leerprobe bzw. aufgestockten Leerproben und Analysenprobe sind unabhängig voneinander und normalverteilt. Die Varianzen sind voneinander nicht signifikant verschieden (eine Prüfung kann über den F-Test erfolgen). Bei der Kalibriergeradenmethode gilt dies für den gesamten Arbeitsbereich.

Der kritische Wert der Meßgröße y_{krit} ist gleich der Summe aus dem Leerwert $\bar{y}_L$ und dem einseitigen Prognoseintervall der Meßergebnisse der Leerprobe. Eine Überschreitung dieses Wertes bei einer durchgeführten Analyse führt zur Folgerung eines signifikanten Unterschieds in den beiden Signalen und damit zum qualitativen Nachweis. Der Leerwert $\bar{y}_L$ und seine Standardabweichung s_L werden durch Mehrfachanalysen der Leerprobe ermittelt.

Der kritische Wert der Meßgröße ergibt sich somit nach der *Leerwertmethode* zu:

$$y_{krit} = \bar{y}_L + t_{f,\alpha} \cdot s_L \sqrt{1/n + 1/m} \tag{1}$$

einseitige Fragestellung, n − 1 Freiheitsgrade

Da es vorkommt, daß die Leerwertsignale entweder nicht meßbar sind oder den mathematischen Voraussetzungen nicht entsprechen, wird ein weiteres Berechnungsverfahren angegeben (*Kalibriergeradenmethode*). Dabei wird der Nähe der Nachweisgrenze—da sich diese erst nachträglich ergibt, kann eine Iteration notwendig sein, Kriterium ist die Homoskedastizität—eine Kalibrierung durchgeführt. Die Leerprobe wird mit dem zu bestimmenden Bestandteil aufgestockt. Die ermittelten Daten werden einer Regressionsrechnung unterworfen. Daraus resultiert die Kalibriergerade und deren Streuungsdaten. Eine Extrapolation des Prognosestreifens auf die Ordinate ergibt den kritischen Wert der Meßgröße, der Achsenabschnitt a_0 entspricht dem Leerwert:

$$y_{krit} = a_0 + t_{f,\alpha} \cdot s_{y.x} \sqrt{1/m + 1/n + \bar{x}^2/Q_x} \tag{2}$$

einseitige Fragestellung, n − 2 Freiheitsgrade

a_0 und $\bar{y}_L$ einerseits sowie s_L und $s_{y.x}$ andererseits dürfen unter gleichen Bedingungen als gleichgroß angesehen werden. Die beiden Definitionen für y_{krit} unterscheiden sich daher prinzipiell nur durch den relativ kleinen Term $\bar{x}^2/Q_x$, der die Krümmung des hyperbolischen Prognosebands beschreibt. y_{krit} ist in erster Linie eine zur Herleitung der Nachweisgrenze benötigte Rechengröße und wird bei der späteren Analyse nicht unbedingt gebraucht.

2.3 Nachweisgrenze

y_{krit} wird in die Kalibrierfunktion $y = a_0 + a_1 x$ eingesetzt und ergibt nach Auflösung gegen x die Nachweisgrenze. Beim Leerwertverfahren kann die Steigung a_1 der für größere Gehalte normalerweise vorhandenen Kalibrierfunktion benutzt werden, a_0 wird durch den wesentlich präziseren Leerwert $\bar{y}_L$ ersetzt. Da a_0 und $\bar{y}_L$ als gleich angesehen werden, wird der Achsenabschnitt aus der Gleichung eliminiert:

$$x_{NG} = (s_L/a_1) \cdot t_{f,\alpha} \sqrt{1/m + 1/n} \quad \text{(Leerwertmethode)} \tag{3}$$

einseitige Fragestellung, n − 1 Freiheitsgrade

$$x_{NG} = (s_{y.x}/a_1) \cdot t_{f,\alpha}\sqrt{1/m + 1/n + \bar{x}^2/Q_x} \quad \text{(Kalibriergeradenmethode)} \tag{4}$$

einseitige Fragestellung, n − 2 Freiheitsgrade

2.4 Erfassungsgrenze

Setzt man die Signifikanzniveaus für die Fehler 1. und 2. Art gleich ($\beta = \alpha$), ist

$$x_{EG} = 2x_{NG} \tag{5}$$

2.5 Bestimmungsgrenze

Als relative Ergebnisunsicherheit wird der Quotient aus Prognoseintervall und Gehalt festgelegt. Dieser Wert darf einen bestimmten Betrag 1/k nicht unterschreiten (für k wird eine ganze Zahl eingesetzt). Somit ergibt sich für die Bestimmungsgrenze die Gleichung (Kalibriergeradenmethode):

$$1/k = [(s_{y.x}/a_1) \cdot t_{f,\alpha}\sqrt{1/m + 1/n + (x_{BG} - \bar{x})^2/Q_x}]/x_{BG}$$

Daraus errechnet sich für die Bestimmungsgrenze

$$x_{BG} = k \cdot (s_{y.x}/a_1) \cdot t_{f,\alpha}\sqrt{1/m + 1/n + (x_{BG} - \bar{x})^2/Q_x} \tag{6}$$

zweiseitige Fragestellung, n − 2 Freiheitsgrade

Zur Lösung dieser quadratischen Gleichung wird am einfachsten für x_{BG} im Wurzelglied $k \cdot x_{NG}$ eingesetzt. Die Abweichung vom genauen Wert ist ohne Bedeutung.

2.6 Vertrauensbereiche

Die Bestimmungsgleichungen der Gehaltsgrenzen enthalten unter gegebenen Bedingungen nur Konstanten außer der Standardabweichung s_L bzw. $s_{y,x}$ sowie der Steigung der Kalibriergeraden a_1. Beide Größen sind geschätzt und daher nur ungenau bekannt. Die Unsicherheit der Kenntnis von a_1 fällt allerdings größenmäßig nicht ins Gewicht und kann vernachlässigt werden. Dagegen ist die Unsicherheit in der Kenntnis der Standardabweichungen erheblich, falls nicht eine extrem große Anzahl von Wiederholbestimmungen durchgeführt wurden. Nach den Gesetzen der Fehlerfortpflanzung muß sie sich auf die berechneten Gehaltsgrenzen auswirken. Der asymmetrische Vertrauensbereich dieser Grenzen kann über die Quantile der χ^2-Verteilung berechnet werden:

Die obere Grenze beträgt $x_{NE(EG)(BG)} \cdot \varkappa_o$,

die untere Grenze $x_{NG(EG)(BG)} \cdot \varkappa_u$.

Tabelle 1. Faktoren zur Berechnung der Vertrauensbereiche von Standardabweichungen und den daraus abgeleiteten Größen, Signifikanzniveau $\alpha = 0{,}05$

Freiheitsgrade	$\varkappa_u$	$\varkappa_o$
2	0,52	6,28
3	0,57	3,73
4	0,60	2,87
5	0,62	2,45
6	0,64	2,20
7	0,66	2,04
8	0,68	1,92
9	0,69	1,83
10	0,70	1,75

2.7 Standardgrenzen

Um vergleichbare Resultate zu erzielen, werden nach DIN 32645 für die Versuchsparameter Standardbedingungen vorgeschlagen. Als solche wurden gewählt:

Signifikanzniveau $\alpha = 0{,}01$
Signifikanzniveau $\beta = 0{,}01$
$n = 10$, mit äquidistanten Schritten bei der Kalibrierung
$m = 1$ (Beziehung auf eine Einzelbestimmung)
$k = 3$ (entsprechend einer maximalen relativen Ergebnisunsicherheit von 33,3% auf dem vorgegebenen Signifikanzniveau α)

Für die Nachweisgrenze ergibt eine Zusammenfassung und Rundung der Konstanten einen Wert von $x_{NG} \approx 3 \cdot s_L/a_1$ (Leerwertmethode) bzw. $4 \cdot s_{y.x}/a_1$ (Kalibriergeradenmethode). Dies entspricht etwa der durch die IUPAC festgelegten Definition der Nachweisgrenze (3 s). Diese legt allerdings die Randbedingungen nicht fest, so daß das Signifikanzniveau undefiniert ist.

Die Erfassungsgrenze x_{EG} wird $2 \cdot x_{NG}$, die Bestimmungsgrenze erhält den Wert von $x_{BG} \approx 11 \cdot s_{y.x}/a_1$. Diese Schnellschätzungen sind in den meisten Fällen ausreichend genau, weil bei einer unterstellten Nachweisgrenze von $3{,}0 \cdot s$ der Vertrauensbereich unter Standardbedingungen zwischen $2{,}1 \cdot s$ und $5{,}7 \cdot s$ liegt.

3 Bedeutung der Gehaltsgrenzen

Nachweisgrenze und Bestimmungsgrenze sind Entscheidungsgrenzen für Analysenresultate unter definierten Bedingungen:

Wird bei einem Analysenresultat die Nachweisgrenze erreicht oder überschritten, gilt der Nachweis auf dem festgelegten Vertrauensniveau $1-\alpha$ als erbracht. Andernfalls gilt die Nullhypothese der Nichtunterscheidbarkeit von Leer- und Analysenprobe als nicht widerlegt. Der Bestandteil ist somit nicht nachgewiesen.

Wird die Bestimmungsgrenze unterschritten, ist die Angabe eines Zahlenwerts unzulässig, sofern eine entsprechende Übereinkunft besteht. Der Nachweis kann trotzdem positiv sein. Gehalte zwischen Nachweis- und Bestimmungsgrenze gelten daher in diesen Fällen als nachgewiesen, aber nicht bestimmbar.

Die Erfassungsgrenze ist keine Entscheidungsgrenze, sondern die Angabe eines Gehalts, der bei einer durchzuführenden Analyse mit hoher Wahrscheinlichkeit (Vertrauensniveau $1-\beta$) zu einem positiven Nachweis auf dem Vertrauensniveau $1-\alpha$ führen wird (die beiden Vertrauens-(Signifikanz-)niveaus können prinzipiell unabhängig voneinander festgelegt werden).

Sie stellt somit eine Garantiegrenze dar: War der Nachweis negativ, ist der vielleicht trotzdem noch vorhandene Maximalgehalt der Betrag der Erfassungsgrenze. Die Abwesenheit eines größeren Gehalts kann daher mit der akzeptierten Unsicherheit garantiert werden. Die Erfassungsgrenze eignet sich für Auflagen, wenn bestimmte Stoffe nicht vorhanden (nicht nachweisbar) sein dürfen.

Die kritiklose Anwendung der so gewonnenen Gehaltsgrenzen kann zu Fehlern führen. Zunächst besteht für die erhaltenen Daten ein relativ breiter Vertrauensbereich (s. o.). Für die Anwendung der Erfassungsgrenze als Garantiegrenze sollte aus Sicherheitsgründen der ungünstigste Fall (obere Vertrauensgrenze $x_{EG} \cdot \varkappa_0$) angenommen werden. Weiter ist zu prüfen, wie stabil die erhaltenen Daten zeitlich gesehen sind. Bei vielen Methoden spielt die Tagesform des Labors für die Qualität der Ergebnisse eine erhebliche Rolle.

Der wichtigste Punkt ist aber die Frage, ob die Zusammensetzung der Probe durch die Leerprobe ausreichend gut repräsentiert wird. Die Nebenkomponenten der Probe (die Matrix) können nämlich die Ergebnisse erheblich beeinflussen. Es kommt relativ selten vor, daß die Analysenproben immer sehr ähnliche Zusammensetzungen haben, wobei der Bezug auf eine definierte Leerprobe einfacher wird. Streng genommen müßte für jede Probe eine eigene Nachweisgrenze ermittelt werden.

Es gehört zu den schwierigsten und verantwortungsvollsten Aufgaben eines Analytikers, zu entscheiden

- wie lange eine einmal ermittelte Nachweisgrenze benutzt werden kann (möglicherweise nur einen Tag);
- welches Probenmaterial einer neuen separaten Ermittlung einer Nachweisgrenze mit einer optimal geeigneten Leerprobe bedarf.

Zusätzliche neue Probleme tauchen auf, wenn Vergleiche mit den Werten anderer Laboratorien durchgeführt werden müssen. Solche Fälle können bei der Überwachung behördlicher Auflagen sowie bei Qualitätsanforderungen an bestimmte Produkte eintreten. Eine Mindestforderung bei solchen Vergleichen ist eine Normung der angewendeten Analysenmethoden von der Probenahme bis zur Qualität des für die Endbestimmung verwendeten Meßgeräts. Erfahrungen aus Ringversuchen haben gezeigt, daß auch unter diesen strengen Bedingungen Unterschiede bis über eine Größenordnung bei den erhaltenen Werten auftreten können.

Repräsentative Vergleichsdaten möglichst vieler Laboratorien ergeben einen Überblick über die zu erwartenden Streuungen und können manchen Streit vermeiden, vielleicht auch eine Überarbeitung der Analysenmethode veranlassen. Die mathematische Auswertung der Ringversuchsergebnisse bei einem größeren Teilnehmerkreis ist jedoch noch nicht geregilt. Man wird aber folgendes sagen können:

Die Nachweisgrenze ist eine laborinterne Größe, die durch die Ergebnisse anderer Laboratorien kaum tangiert wird. Sie erlaubt Aussagen über die Leistungsfähigkeit eines Labors oder einer Analysenmethode.

Bei der Bestimmungsgrenze liegt der Fall etwas anders. Es gibt genormte Analysenmethoden, die einen unteren Arbeitsbereich angeben, von dem aus quantitative Bestimmungen zulässig sind, de facto also eine—statistisch undefinierte—Bestimmungsgrenze. Zur Definition dieses unteren Bereichs ist die Bestimmungsgrenze prädestiniert, aber es kann offenbar nicht diejenige eines zufällig ausgewählten Laboratoriums sein. Eine auf Vergleichsbasis erstellte Bestimmungsgrenze wäre eine sinnvolle Lösung.

Noch deutlicher wird die Sachlage bei der Erfassungsgrenze. Hier kann ein Garantiewert für das Nichtvorhandensein eines bestimmten Stoffes vorliegen. Ein solcher muß von einer größeren Anzahl von Laboratorien auch kontrolliert werden können, andernfalls ist die Analysenmethode nicht justitiabel. Für die Erfassungsgrenze *müssen* also Vergleichsdaten bereitgestellt werden.

Nicht vergessen werden darf bei der Anwendung, daß in vielen Fällen die systematischen Abweichungen in der Nähe der Nachweisgrenze weit größer sind, als die zufälligen. Es kann z.B. der Fall entreten, daß man zwar die Streuung eines Signals sorgfältig und korrekt mißt, das Signal selbst aber einer falschen Komponente zuordnet. Dagegen kennt die Statistik kein Mittel.

4 Probleme bei der Ermittlung der Gehaltsgrenzen

Die mathematischen Randbedingungen definieren ein ideales Scenario: Werden sie eingehalten, existiert eine korrekte Lösung. Die Realität sieht etwas anders aus. Es gibt zahlreiche Fälle, bei denen die Einhaltung der Randbedingungen schwierig und, besonders unangenehm, die *Kontrolle* der Einhaltung praktisch unmöglich ist. Die Probleme beim Auftreten verschiedener Verteilungstypen wurden schon erwähnt. Während leicht asymmetrische Verteilungen noch hingenommen werden können, wirkt eine Anhäufung identischer Resultate auf die Auswertung inhibierend: Im Extremfall ergibt sich eine Nachweisgrenze von Null.

Solche Fälle kommen besonders leicht bei Analysenautomaten vor, die einen digitalen Ausgang haben und Endergebnisse über Gebühr runden (einer der Fälle, wo der technische Fortschritt deutlich negative Seiten zeigt). Die Anwendung der Leerwertmethode wird damit ausgeschlossen, aber auch die Anwendung der Kalibriergeradenmethode ist meist nicht ohne weiteres möglich. Allgemein läßt sich sagen, daß für eine korrekte Auswertung die *primär anstehenden Signale* benötigt werden.

Eine Direktausgabe von Konzentrationen verfälscht die Streuungsdaten, weil die Unsicherheit in der Kenntnis der Kalibrierfunktion hierbei nicht berücksichtigt wird. Zwar ist eine nachträgliche Regressionsrechnung bei Automaten, die Konzentrationen direkt ausgeben, technisch möglich. Dazu führt man zunächst die interne Kalibrierung durch und analysiert dann die eingesetzten Standards ein zweitesmal, diesmal als Analysenproben. Die Ergebnisse werden gegen die genau bekannten Konzentrationen korreliert. Das Verfahren ist aber nur ein Notbehelf, weil die ermittelten Streuungsdaten systematisch falsch – zu tief – sind.

Weit schwererwiegend als die Probleme mit verschiedenen Verteilungstypen sind Abweichungen von der Homoskedastizität, weil die Auswirkungen erheblich größer sein können. Dabei sind zwei Fälle zu unterscheiden:

1. Der nachzuweisende Bestandteil ist ubiquitär. Typische Beispiele sind viele Schwermetalle, besonders Zink und Blei. Es ist bei diesen Stoffen außerdem fast unmöglich oder bedarf jedenfalls eines außerordentlichen Aufwands, eine Probenkontamination durch Reagentien und Laboratmosphäre völlig zu vermeiden. Das Ergebnis ist, daß *jede* Probe, auch eine sorgfältig ausgewählte Leerprobe, den Stoff schon enthält.
2. Der nachzuweisende Bestandteil ist in der Leerprobe nicht oder—gleichbedeutend – in einer Konzentration weit unter Nachweisgrenze enthalten. Das sollte eigentlich der Normalfall sein, es ist aber häufig schwierig, dessen sicher zu sein, auch wenn man kein direktes Signal beobachtet. Die Anzahl der Fälle, bei denen die Gruppe nicht eindeutig zuzuordnen ist, ist daher nicht gering. Eindeutige Fälle wären wohl synthetische organische Verbindungen, die nur in geringer Menge hergestellt werden, etwa Pharmaka, in verschiedenen Matrices, speziell etwa in Körperflüssigkeiten. Hier sollte es kein Problem sein, eine einwandfreie Leerprobe zu erhalten.

Die Gruppenzugehörigkeit hat einen Einfluß auf die Einhaltbarkeit der geforderten Homoskedastizität. Bei der Gruppe 1 ist die Wahrscheinlichkeit groß, daß diese Voraussetzung erfüllt ist: Leerwert und zu erwartender Signalwert der Analysenprobe sind auf vergleichbare Art erzeugt worden, nämlich durch Vermessung der Signale ähnlicher Stoffportionen in vergleichbaren Matrices, die dieselbe Analysenprozedur durchlaufen haben. Die Signalunterschiede sind gering und sollten sich auf die Varianzen kaum auswirken.

Allerdings gibt es grundsätzliche Auswertungsprobleme: Muß der vorhandene Restgehalt der Leerprobe, sofern er überhaupt zu ermitteln ist und nicht unerkannt in einem pauschalen Signal steckt (er hat keinen Einfluß auf die ermittelte Nachweisgrenze, weil diese nur von der Streuung abhängig ist) zum Probengehalt addiert werden oder nicht?

Einerseits nicht, falls dieser Anteil durch Kontamination während der Analyse *zugefügt* wurde (was bei der Analysenprobe ebenfalls zu erwarten ist); andererseits doch, falls er in der Leerprobe schon vor der Analyse enthalten war. Das Problem muß von Fall zu Fall entschieden werden. Sofern der Gehalt unbekannt bleibt, erhält man bei der Analyse keine Absolutgehalte, sondern die Differenzwerte zwischen Analysenprobe und Leerprobe!

Anders kann der Fall bei der Gruppe 2 liegen. Sofern Methoden betrachtet werden, die sehr summarische Signale liefern, etwa die Photometrie, stehen die Aussichten für die Einhaltung der Prämisse der Homoskedastizität immer noch gut, weil die Signalwerte wahrscheinlich erhebliche Anteile enthalten, die mit dem gesuchten Bestandteil nichts zu tun haben, wie etwa gefärbte Nebenkomponenten.

Ist das erhaltene Signal aber kompliziert und entsprechend selektiv, etwa ein Peak in der Chromatographie, der aus zahlreichen Einzelmessungen besteht, macht es einen erheblichen Unterschied aus, ob ein größerer mit einem kleineren Peak (Gruppe 1), oder ob ein kleiner Peak mit der nackten Basislinie verglichen wird (Gruppe 2).

Hier scheint ein erhebliches Anwendungsproblem zu liegen:
Die Leerwertmethode kann nicht angewendet werden, weil die Streuung eines nicht vorhandenen Peaks nicht meßbar ist. Die Streuung der Basislinie zu messen, hat wenig Sinn, weil in der Regel mehrere Streuungen mit verschiedenen Halbwertsbreiten der Einzelpeaks überlagert sind. Eine Übereinstimmung mit der Halbwertsbreite des Signalpeaks wäre rein zufällig.
Die Anwendung der Kalibriergeradenmethode andererseits ist bedenklich, weil das Signal der Leerprobe nicht durch den gesuchten Bestandteil bewirkt wird, sondern andere Ursachen hat. Die Einhaltung der Homoskedastizität ist daher zweifelhaft.

Sie besteht mit Sicherheit nicht, wenn schwer kontrollierbare Verluste bei der Probenaufbereitung eine geringe Präzision der Methode bewirken, wie häufig bei Spurenanalysen mit komplizierten Anreicherungsschritten. Da für den Leerwert diese Verluste nicht relevant sind (der Stoff ist nicht enthalten!), ist dessen Streuung kleiner. Die Nachweisgrenze wird daher bei der Anwendung der Kalibriergeradenmethode überschätzt werden.

Es muß aber festgestellt werden, daß bei deutlich verschiedenen Varianzen von Leer- und Analysenwert überhaupt keine mathematisch einwandfreie Methode zur Ermittlung der Nachweisgrenze existiert (Fisher-Behrens-Problem).

5 Literatur

Über das *Prinzip* der Ermittlung der Nachweisgrenze etc. herrscht zwar in der Literatur weitgehende Einigkeit, jedoch sind die Berechnungsmodi und Bezeichnungsweisen z.T. erheblich verschieden. Die vorliegende Arbeit orientiert sich am DIN-Entwurf 32 645. Andere Verfahren findet man unter

Kaiser H, Zum Problem der Nachweisgrenze, Z Analyt Chem **209**, 1 (1965)

Kaiser H, Zur Definition der Nachweisgrenze, der Garantiegrenze und der dabei benutzten Begriffe, Z Analyt Chem **216**, 80 (1966)

Currie LA, Limits for Qualitative Detection and Quantitative Determining. Anal Chem **40**, 58 (1968)

IUPAC: Definition der Nachweisgrenze, Spectrochim Acta B **33**, 242 (1978)

Deutsche Forschungsgemeinschaft: Rückstandsanalytik von Pflanzenschutzmitteln, Verlag Chemie, 11. Lieferung, Kap XI-A: Ableitung von Nachweisgrenze und Bestimmungsgrenze nach dem Eichkurvenverfahren (1991)

DIN 25 482 Teil 1, Erfassungsgrenze und Erfassungsvermögen

Funk W, Dammann V, Donnevert G, Qualitätssicherung in der Analytischen Chemie, Verlag Chemie, Kap 2.2.5 Nachweisgrenze (1992)

Kolb M, ua: Ermittlung der Nachweis-, Erfassungs- und Bestimmungsgrenze nach DIN 32 645 mit Hilfe eines Programms, Acta hydrochim. hydrobiologica. **21**, 6 (1993).